"十三五"江苏省高等学校

机械原理

主　编　朱龙英　黄秀琴

副主编　周　海　袁　健

高等教育出版社·北京

内容简介

　　本书详细阐述了机构学中常用机构的工作原理、分析和设计方法。本书以培养学生创新意识和机械系统方案设计能力为目标，以设计为主线，以适应本科教育大众化的时代特点和培养高级应用型人才的需要。

　　本书共分 12 章，主要内容有绪论、平面机构的组成分析、平面连杆机构、凸轮机构、齿轮机构、轮系、其他常用机构、机器人机构学、机械系统动力学、机械的平衡、机械执行系统方案设计和机械传动系统方案设计。

　　作为对教材内容的补充和深化，本书还配有网络电子资源，即在本书内容的基础上增加了图形、动画及视频文件，可扫各章节中二维码查看。

　　本书主要作为普通高等院校机械工程类专业的教学用书，也可作为近机械类和非机械类专业学生、科研人员及有关工程技术人员的参考书。

图书在版编目（CIP）数据

　　机械原理／朱龙英，黄秀琴主编. --北京：高等教育出版社，2020. 11（2021.8重印）
　　ISBN 978 - 7 - 04 - 055169 - 3

　　Ⅰ.①机…　Ⅱ.①朱…　②黄…　Ⅲ.①机械原理-高等学校-教材　Ⅳ.①TH111

　　中国版本图书馆 CIP 数据核字（2020）第 203071 号

Jixie Yuanli

策划编辑	杜惠萍	责任编辑　杜惠萍	封面设计　张　志	版式设计　马　云
插图绘制	于　博	责任校对　王　雨	责任印制　朱　琦	

出版发行	高等教育出版社		网　　址	http://www.hep.edu.cn
社　　址	北京市西城区德外大街 4 号			http://www.hep.com.cn
邮政编码	100120		网上订购	http://www.hepmall.com.cn
印　　刷	涿州市京南印刷厂			http://www.hepmall.com
开　　本	787mm×1092mm　1/16			http://www.hepmall.cn
印　　张	18			
字　　数	420 千字		版　　次	2020 年 11 月第 1 版
购书热线	010-58581118		印　　次	2021 年 8 月第 2 次印刷
咨询电话	400-810-0598		定　　价	34.70 元

本书如有缺页、倒页、脱页等质量问题，请到所购图书销售部门联系调换
版权所有　侵权必究
物 料 号　55169-00

机械原理

主编　朱龙英　黄秀琴

1　计算机访问 http://abook.hep.com.cn/1257363，或手机扫描二维码、下载并安装 Abook 应用。

2　注册并登录，进入"我的课程"。

3　输入封底数字课程账号（20位密码，刮开涂层可见），或通过 Abook 应用扫描封底数字课程账号二维码，完成课程绑定。

4　单击"进入课程"按钮，开始本数字课程的学习。

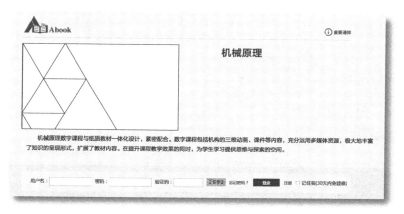

课程绑定后一年为数字课程使用有效期。受硬件限制，部分内容无法在手机端显示，请按提示通过计算机访问学习。

如有使用问题，请发邮件至 abook@hep.com.cn。

扫描二维码
下载 Abook 应用

http://abook.hep.com.cn/1257363

前言

　　机器人学的发展给传统机构学带来了新的活力，任何机械系统的创新都离不开机构的创新。机械原理是以机构学为主要内容的学科，是机械类专业一门主干的技术基础课。课程的主要任务是：在培养机械类高等工程技术人才全局中，使学生掌握机构学和机械动力学的基本理论、基本知识和基本技能，培养学生初步具有确定机械系统运动方案、分析和设计机构的能力以及创新能力。因此，本课程不仅具有培养未来机械工程技术人员的任务，还在知识结构上起到承上启下的作用，为学生学好后续专业课程奠定技术知识基础。

　　本书是针对机械工程本科专业人才培养目标多层次化的现实和需求，按照高等院校进行课程教学改革和加强教材建设的精神，结合国内外同行的教改实践和科研成果，以工程应用型人才培养为主要目标编写而成的。本书为"十三五"江苏省高等学校重点教材（2019-2-169）。

　　工程应用型大学的机械类教材建设应满足于应用型大学的实际需求，在内容的选取上要切合工程实际的需要，理论上以必需、够用为度，篇幅上适应课时要求，力求适应高校师生的教与学。本书在内容的取舍和安排上，主要有以下几方面的特点：

　　（1）在保证教学基本要求和学科知识体系完整的前提下，对教学内容进行了分层次调整，努力做到知识连贯，重点突出。从工程应用和有利于读者理解的角度出发，对语言的描述方式进行了调整，努力做到既严谨准确，又便于理解。

　　（2）强调对机械原理的基本概念、基本理论及机构分析与设计基本方法的理解和掌握，以常用机构的分析和设计为重点，精心编排教材内容。以图解法建立直观概念，加强解析法的设计与分析的内容，注重将机械原理与现代设计方法相结合，使学生掌握使用计算机处理机构设计与分析问题的算法与思路，适应未来实际工作的需要；删去了机构运动分析的图解法、机构动态静力分析、机构的摩擦等与先修课程重复的内容。

　　（3）从学科发展和技术创新的角度出发，对机构学发展的趋势和创新技术进行了必要的介绍，增加了机器人机构学的知识，使读者开阔眼界，了解学科的发展和工程应用，试图达到培养学生创新意识和素质的目的。

　　（4）增加了拓展知识。拓展知识以图片、动画及视频等形式出现，将最新的研究成果融入教学中，读者可以通过扫二维码学习相关内容。

　　本书适用于普通高等学校机械类各专业，也可供近机械类专业使用。全书各章自成系统，这为教材的灵活使用提供了条件，各校可根据自身的课程安排和学时情况选取章节内容，书中有的章节可不作教学要求。

　　参加本书编写的院校有盐城工学院和常州工学院两所院校，编写该书的作者都是两所高校中从事机械原理教学的一线教师。主要参与编写的有朱龙英（第1、7章），周海（第

2、3、4 章)，黄秀琴（第 5、8、9 章），郁倩（第 6、12 章），袁健（第 10、11 章），赵世田完成图形整理工作，邢莉完成图表整理工作，付莹莹完成习题整理工作。全书由朱龙英、黄秀琴任主编，周海、袁健任副主编。每位主编和副主编都有编写机械原理教材的经历。

全书由南京航空航天大学朱如鹏教授、盐城工学院马如宏教授审阅，他们对本书提出了许多宝贵意见，在此深表谢意。本书在编写过程中一直得到编者所在单位领导、同事和出版单位的大力支持。在此一并致以衷心的感谢。

由于编者水平有限，不当及欠妥之处在所难免，真诚希望同行和广大读者批评指正。

编　者

2020 年 2 月

目录

第1章 绪论

1.1 机械原理课程的研究对象和内容

机械原理是一门以机械为研究对象的课程和学科，机械是机器与机构的总称，故机械原理又称机器理论与机构学（machines theory and mechanisms）。因此，机械原理就是研究机器和机构的组成原理、工作原理、分析和设计方法的课程（学科）。

1.1.1 机器和机构

1. 机器

机器一词，人们并不陌生。在日常生活和生产中，人们经常见到或使用机器，如家用洗衣机、洗碗机、汽车、照相机，工业生产中各类机床、起重机、机械手、机器人等。机器是一种作机械运动的装置，它用来变换或传递能量、物料和信息，以代替或减轻人类的体力或脑力劳动。机器的种类很多，根据用途不同，机器可分为动力机器、工作机器和信息机器。

动力机器又称原动机，其功用是把其他形式的能量变换成机械能，或者把机械能转变成其他形式的能量，例如电动机、内燃机、发电机、涡轮机等。电动机就是把电能转变成机械能。

工作机器的功用是完成有用的机械功。工作机器可分为加工机器和运输机器两类，如金属切削机床、纺织机、包装机、轧钢机等属于加工机器，汽车、拖拉机、起重机、输送机等属于运输机器。

信息机器的功用是完成信息的传递和变换，如打印机、复印机、绘图机、摄像机等。

虽然机器的种类繁多，构造、性能、用途也各不相同，但机器的组成怎样？机器又有哪些特征呢？下面通过两个实例来说明。

图 1-1 所示为单缸内燃机。它是汽车、飞机、轮船等移动性机械最常用的动力装置，内燃机的功能是将热能转换成机械能。其工作原理为：活塞 4 在气缸 1 中向下移动时，排气阀 5 关闭，进气阀 7 在凸轮 8 的控制下打开，将可燃气体吸入气缸，此过程称为进气冲程；当活塞 4 向上移动时，进、排气阀均关闭，可燃气体被压缩，此过程称为

压缩冲程；压缩冲程结束后，火花塞 6 利用高压放电，使可燃气体在气缸中燃烧、膨
胀，产生的压力推动活塞 4 向下移动，此过程称为膨胀冲程；活塞 4 向下移动的同时，
通过连杆 3 推动曲轴 2 转动，向外输出机械运动和力（机械能）；当活塞 4 再向上移动
时，进气阀 7 仍处于关闭状态，而排气阀 5 在凸轮 12 的控制下打开，将废气排出，此
过程称为排气冲程。通过进气、压缩、膨胀和排气四个冲程，完成一个运动循环，活塞
上、下移动两次，曲轴转两圈。以上各部分协调动作，便能把燃气燃烧时的热能转变为
曲轴转动的机械能。内燃机常用于汽车、拖拉机等机械装置的动力系统中，图 1-2 为汽
车多缸发动机实物图。

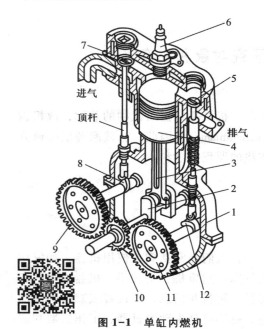

图 1-1   单缸内燃机

图 1-2   汽车多缸发动机实物图

1—气缸；2—曲轴；3—连杆；4—活塞；5—排气阀；
6—火花塞；7—进气阀；8、12—凸轮；
9、10、11—齿轮

　　图 1-3 所示为牛头刨床示意图。它是将电动机 1 的旋转运动通过带传动，使齿轮 2 带
动大齿轮 3 转动；大齿轮 3 带动滑块 4 在导杆 5 中滑动，同时推动导杆 5 绕滑块 6 的中心
作往复摆动；导杆 5 推动滑枕 7 在刨床床身的导轨中往复滑动，从而带动刀架 8 往复运
动，实现工作过程切削和空行程退回的动作，以代替人完成有用的机械功。工作台 9 的横
向进给是由齿轮 3 通过连杆和棘轮（图中未画出）及丝杠 10 使工作台横向移动一个进刀
距离。现代机床常用微机控制，图 1-4 为数控车床实物图。

　　从以上实例可以看出，虽然机器的构造、用途和性能各不相同，但从它们的组成、运
动的确定性以及功能关系来看，都具有以下三个共同特征：

　　（1）机器是由若干个人为设计的实物（构件）组成的；

　　（2）组成机器的各运动实物之间都具有确定的相对运动；

　　（3）机器能完成有用的机械功或转换机械能。

　　因此，同时具有以上三个特征的实物组合体就称为机器。

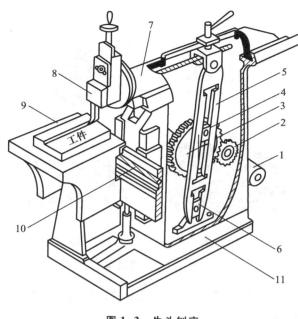

图 1-3 牛头刨床

1—电动机；2、3—齿轮；4、6—滑块；5—导杆；7—滑枕；8—刀架；9—工作台；10—丝杠；11—床身

2. 机构

机构是实现机械运动的实物（构件）组合体，是用来传递与变换运动和动力的可动装置，它是机器的重要组成部分。图 1-1 所示的单缸内燃机结构图中，由曲轴、连杆、活塞和气缸组成的机构称为曲柄滑块机构，齿轮 9、10、11 和气缸组成的机构称为齿轮机构，凸轮、顶杆和气缸组成的机构称为凸轮机构。因此，内燃机是由曲柄滑块机构、齿轮机构和凸轮机构等组成的。

图 1-4 数控车床实物图

机构具有机器的前两个特征，即：

（1）机构是由若干个人为设计的实物（构件）组成的；

（2）组成机构的各构件之间具有确定的相对运动。

常用的机构有连杆机构（图 1-5a）、凸轮机构（图 1-5b）、齿轮机构（图 1-5c）、间歇运动机构（图 1-5d）等。

由以上分析可知，机器主要是由机构组成的，它可以完成能量转换、做有用功或处理信息；而机构在机器中起着运动的传递和转换作用。一部机器可能由多个机构组成，如内燃机主要是由连杆机构、凸轮机构和齿轮机构组成；机器也可以由一个机构组成，如发电机，就是由定子与转子双杆机构组成。

从实现运动的观点看，机构和机器之间并无区别，故人们常用"机械"作为机器和机构的总称。

一部完整的机器通常由以下几部分组成：

（1）原动部分。是机器动力的来源，也称为原动机。如机床常用的电动机、汽车使用的内燃机等。

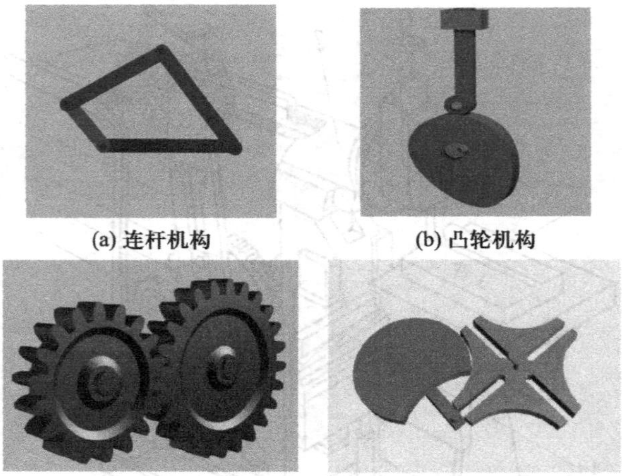

(a) 连杆机构　　　(b) 凸轮机构

(c) 齿轮机构　　　(d) 槽轮机构

图 1-5　常用机构

（2）执行部分。处于机械系统传动路线的末端，完成机器预期的动作。如汽车的车轮、牛头刨床的走刀部分等。

（3）传动部分。介于原动机和执行部分之间，把原动机的运动和动力传递给执行部分。如汽车中从发动机到车轮之间的变速器、差速器等；牛头刨床中从电动机到刨刀之间的带传动机构、齿轮机构、导杆机构等部分。

（4）控制部分。包括操纵、监测、调节和控制等部分，主要用来控制机械的其他部分，使操作者能随时实现或终止各种预定的功能。如汽车的方向盘、机床的微机控制系统、操纵手柄等。

1.1.2　机构分析与综合

机械原理课程是一门研究机构及机械运动设计的学科，在对机构的研究中，主要包含机构分析与机构综合两个方面，而机构综合通常又称为机构设计，两者的含义有一定的差别。机构综合是指根据对机构的结构、运动学和动力学要求进行机构设计，通过机构类型综合，探索创新设计机构的途径。机构设计比机构综合包含的内容更广些，需要综合考虑性能、成本、合理性和科学性。

机构分析是对一个已知参数的机构而言的，主要包含机构的结构分析、运动分析和动力学分析，如连杆机构的工作特性（包含运动特性和力特性）分析。而对一个未知机构或机械，要满足预期的运动和工作要求，则需要进行机构设计，确定机构的类型、各结构的参数等。在进行机构设计时，首先确定机构的类型及机构的组成形式，亦称机构的型综合，然后再确定各结构的尺寸参数，此称为尺寸综合。机构综合理论和信息计算技术相结合，使机构综合与机构分析交相辉映、相辅相成，机构设计更加便捷，数据结果精确可靠。

1.1.3　课程研究内容

机构学研究的内容极其广泛，而机械原理课程主要研究其基本概念、基本原理及基本方法等，概括起来主要有以下三个方面。

1. 机构的结构和运动设计

主要研究机构的组成原理以及各种机构的类型、特点、功用和运动设计方法。主要内容包括机构的组成和结构分析，连杆机构、凸轮机构、齿轮机构和间歇运动机构等一些常用的机构及组合机构等，阐述满足预期运动和工作要求的各种机构的设计理论和方法。

2. 机械的动力设计

主要介绍机械运转过程中所出现的若干动力学问题，以及如何通过合理设计和实验改善机械动力性能的途径。主要内容包括分析在已知力作用下机械的真实运动规律的方法、减少机械速度波动的调节问题、机械运动过程中的平衡问题以及机械效率问题。

3. 机械系统方案设计

主要介绍机械系统方案设计的设计内容、设计过程、设计思路和设计方法。主要内容包括机械总体方案设计、机械执行系统方案设计和机械传动系统方案设计等。

通过对机械原理课程的学习，应掌握对已有的机械进行结构、运动和动力分析的方法，以及根据运动和动力性能方面的设计要求设计新机械的途径和方法。

1.2　学习本课程的目的和方法

机械原理是以高等数学、物理学、材料力学和理论力学等基础课程为基础的，研究各种机械所具有的共性问题；它又为以后学习机械设计和有关机械工程专业课程以及掌握新的科学技术成就打好工程技术的理论基础。因此，机械原理是机械类各专业的一门非常重要的技术基础课，它是从基础理论课到专业课之间的桥梁，是机械类专业学生能力培养和素质教育的最基本的课程。在教学中起着承上启下的作用，占有非常重要的地位。

1.2.1　学习本课程的目的

1. 为学习机械类有关专业课打好基础

机械原理课程中对机械的组成原理、各种机构的工作原理、运动分析及设计理论与方法都做了介绍，这对于机械类学生认识机械、了解机械和使用机械都会有很大帮助，而且这些有关机械的基本理论和知识将为学习机械设计和机械类有关专业课及掌握新的科学技术打好工程技术的理论基础。

2. 为机械产品的创新设计打下良好的基础

随着科学技术的发展和市场经济体制的建立，多数产品的商业寿命正在逐渐缩短，品种需求增加，这就使产品的生产要从传统的单一品种大批量生产逐渐向多品种小批量柔性生产过渡。要使所设计的产品在国际市场上具有竞争力，就需要设计和制造出大量种类繁多、性能优良的新机械。机械的创新设计首先是在运动方式和执行运动方式的机构上创新，而这正是机械原理课程所研究的主要内容。

3. 为现有机械的合理使用和革新改造打基础

对于使用机械的工作人员来讲，要充分发挥机械设备的潜力，关键在于了解机械的性能。通过学习机械原理课程，掌握机构运动学和机械动力学的基本理论和基本技能，并具有拟订机械运动方案、分析和设计机构的能力，才能合理使用现有机械和革新改造旧机械。

1.2.2   学习本课程的方法

（1）学习机械原理知识的同时，注重素质和能力的培养。

在学习本课程时，应把重点放在掌握研究问题的基本思路和方法上，着重于创新能力和创新意识的培养。

（2）重视逻辑思维的同时，加强形象思维能力的培养。

从基础课到技术基础课，学习的内容变化了，学习的方法也应有所转变；要理解和掌握本课程的一些内容，要解决工程实际问题，要进行创造性设计，单靠逻辑思维是远远不够的，必须发展形象思维能力。

（3）注意把理论力学的有关知识运用于本课程的学习中。

在学习本课程的过程中，要注意把高等数学、物理、理论力学和工程制图中的有关知识运用到本课程的学习当中。

（4）注意将所学知识用于实际，做到举一反三。

机械原理来源于生产实践，并应用于工程实际。因此，本课程是一门与工程实际密切相关的课程，要更加注意理论联系实际。如果能注意观察、分析和比较，并把所学知识应用于实际，就能达到举一反三的目的。这样，当你从事设计工作时，就有可能从日常的积累中获得创造的灵感。

1.3   机械原理学科的发展

生产的发展促进了机械原理学科的发展，而学科的发展又反过来为生产的发展提供了有利条件，促进了生产的发展。机械原理作为机械及现代科学技术发展的基础学科，是机械工业和现代科学技术发展的重要基础，一直受到国内外的重视。20 世纪后期随着科学技术的发展，机械原理的应用领域、研究内容及方法都有了飞速的发展。目前，机械原理学科已经和电子学、信息科学、计算机科学、生物科学及管理科学等相互渗透，相互结合，成为一门崭新的学科，充满着生机与活力。它的研究领域已扩展到航空航天、深海作业、生物工程、微观世界、机械电子等。它的研究课题层出不穷，研究方法日新月异。

1.3.1   机构结构理论

由于机器人、步行机、人工假肢和新型机器的发展需要，以及机器的动力源广泛采用液压、气动及其他新能源，因此近年来对于多自由度、多闭环的多杆机构以及开式运动链的结构理论有了较多的研究。

在机构结构理论方面的研究主要是机构的类型综合、杆数综合和机构自由度的计算。对平面机构来说，虽然机构结构的分析与综合研究得比较成熟，但仍有一些新的发展。例如将关联矩阵、图论、拓扑学、网络理论等引入对结构的研究，利用计算机识别方法，进行机构分类与选型；利用机构结构的键图方法，确定机构自由度和冗余度；用拆副、拆杆、甚至拆运动链的方法将复杂杆组转化为简单杆组，以简化机构的运动分析和力分析；仿照机构组成原理对机构功能原理的研究；关于机构中虚约束的研究及无虚约束机制的综合；组合机构的类型综合等。近年来对空间机构结构分析与综合的研究也有较大的进展，特别是在机器人机构学方面取得了较多成果。

为了创造和设计出更好的机构，开展机构创新方法的研究越来越得到重视。为了深入研究机构运动简图设计理论和方法，机构分类方法的开发、机构类型知识库的建立和机构选型的研究也日益受到重视。为了广泛地应用机电一体化技术，开展包括液压、气动、电磁、电子、光电等非机械传动元件的广义机构设计方法的研究已迫在眉睫。

1.3.2 平面与空间连杆机构

为了广泛采用计算机进行平面连杆机构各种复杂的分析和综合的运算，人们已开发出较为成熟的商业软件，利用计算机来编制表示其主要参数与运动特性、动力特性之间关系的曲线图谱。计算机的广泛应用也推动了平面连杆机构的最优化综合。对于用多自由度、多闭环、多杆的平面连杆机构的连杆曲线来再现各种工作机械中工艺要求的轨迹，已引起注意并加以研究。还研究了以提高机构动力性能为目标的综合方法、多精确点的四杆机构的综合方法等。另外，近年来已开展了具有可变长结构、可变运动学和动力学参数的机构的研究。

对空间连杆机构的分析与综合的计算公式和运算过程都比较繁复，常常采用矢量、张量、矩阵、对偶数、四元数、旋量计算等数学工具进行研究，并开始研究空间连杆机构的最优化设计问题。近年来由于机器人技术发展的需要，对多自由度空间机构、开式空间运动链、特殊串联和多环并联机器人机构的工作空间、运动分析与综合及其动力学等问题也做了不少有效的研究。

1.3.3 凸轮机构

为了改善凸轮机构的动力性能，凸轮轮廓线由等加速等减速运动规律、正弦加速度运动规律、余弦加速度运动规律改为改进型正弦加速度运动规律、改进型梯形加速度运动规律和代数多项式运动规律。寻找高速运转时具有良好动力性能的凸轮曲线是一个重要的研究内容，高速凸轮的弹性动力学是一个受到普遍重视的研究课题，按动力学要求设计凸轮轮廓线除了采用多项式凸轮曲线外，现在较多地采用具有某些符合动力特性要求的凸轮曲线，这种曲线使凸轮从动件系统残留振动的振幅在全部工作速度范围内不超过某一极限值。

对于凸轮从动件系统动力学问题的研究，在凸轮从动件系统动力学模型的建立、动力学模型的运动微分方程式及其求解方法、系统动力响应的分析、凸轮机构设计参数的选择及其最优化、凸轮轮廓线的动力综合等问题上都取得了重要的研究成果。

1.3.4 其他机构

槽轮机构是一种常用的间歇运动机构。为了提高机器运行速度，改善动力性能，近年来出现了曲线槽槽轮机构、串联槽轮机构、导杆机构与槽轮机构的组合机构、链条式槽轮机构以及行星链轮式槽轮机构等。

凸轮间歇分度机构由于分度凸轮的加速度变化规律可以自由选择，使冲击与振动现象大大减轻，工作平稳性和送料精度有较大提高。目前，最高使用速度已达每分钟 2 000 次分度。对于凸轮间歇分度机构的运动规律、凸轮空间曲面设计以及制造技术等方面均有不少研究。凸轮机构的 CAD/CAM 研究也受到重视。

组合机构由于其结构相对简单又能实现单一基本机构所无法实现的运动规律和运动轨迹，如能近似或精确地实现某些预期的轨迹，或实现预定的输入-输出运动规律，常可用于实现直线、圆弧或平行导向等轨迹，满足有停歇期或步进运动等特殊工作要求。因此近年来，组合机构在农业机械、纺织机械、印刷机械、包装机械、冶金机械中的应用得较为广泛。对于组合机构的组成原理、基本类型、功能等方面尚须做深入、系统的研究，其应用领域也需要进一步扩展。英、美各国对组合机构的分析和综合是以复数矢量法等解析法为主，德国则多采用简化计算和图表等实用方法进行计算。对于各种组合机构的最优化设计的研究也在不断深入。

此外，机械与液压、气动、电磁等传动相组合的广义机构的设计方法，微处理器控制的智能组合机构还需要做深入研究及进一步开发。

1.3.5 机械动力学

随着机械装置向高速、精密和重载方向发展，对于机械精度和可靠性的要求也日益提高，按动力性能要求进行机构的分析与综合越来越受到重视。

在凸轮机构方面，高速凸轮的弹性动力学是一个受到普遍重视的研究课题，从计入推杆系统和凸轮轴系的弹性阻尼的动力学模型及其运动方程的建立和求解到综合方法等均有不少研究成果。

在机构动平衡理论方面，摆动力完全平衡的一般理论研究（完全平衡条件、总质心位置、最少配重等）已比较深入；摆动力和摆动力矩的完全平衡的一般理论研究已有突破性的进展，为机器高速化和重载化奠定了有效的基础，但实际问题的解决还有待进一步研究。

在挠性转子平衡理论与实验方面，研究成果应用于大型燃气轮机-发电机组现场转子平衡，有力地推动了大型发电机组的研制与开发。转子动力学中比较广泛地研究转子-轴承系统的振动特性和动态稳定性等问题。大型复杂机械设备的故障诊断和在线监测、振动主动控制等问题，也引起了人们广泛的关注和深入研究。

考虑构件弹性的连杆机构动力学与综合的研究已越来越深入；考虑运动副间隙引起的冲击动载荷、振动及疲劳失效等问题的研究取得进展，同时考虑构件弹性和运动副间隙，甚至弹流状态的动力分析已有初步的成果。具有变质量构件和运动过程中结构有变化的机构的平衡问题已引起关注并有初步研究。对含有闭链部分的开式空间连杆机构的动力学模型及其参数做了研究。对柔体机械系统动力学也进行了多方面的研究。机构的运动弹性动力学已经发展成为机构学与机械动力学的一个重要分支。机构在高速运转时，改善构件惯性力所引起的弹性变形对机构运动产生的附加影响，是提高机构综合精度的有效途径，目前常采用有限元法的结构动力学分析方法来进行研究。对于运动弹性动力综合的研究，目前还限于用最优化理论在机构重量最轻的条件下来确定构件的截面积，并保证弹性力和变形在允许范围内。

对空间机构平衡问题的研究，也取得了不少的成果。此外，还研究了机构在非稳定状态及瞬变过程中的时间、位移、速度和加速度等的动力响应的计算问题等。

1.3.6 机构的最优化设计

几十年来，随着机构最优化设计研究的不断深入，机构最优化设计已成为机构综合中普遍适用的方法和主要发展方向。机构最优化设计大致包括以下几个方面：

（1）根据设计要求确定设计准则和设计变量；

（2）给出数学模型，确定设计约束，建立目标函数；

（3）探索最优化途径，优选设计变量；

（4）确定最优化方案。

最优化方法很多，机械最优化设计问题大多归于非线性规划问题，一般可以分为无约束最优化方法和约束最优化方法两类。在机械设计中，无约束最优化方法主要有坐标转换法、鲍威尔法、共轭梯度法和变尺度法等。约束最优化方法主要有惩罚函数法、随机方向搜索法、复合形法和可行方向法等。

机构最优化设计应用十分广泛。对于平面连杆机构和凸轮机构的运动综合和动力综合，组合机构中再现函数与轨迹的设计及如何使齿轮减速器体积最小等，均采用了最优化设计方法，并得到了显著的效果。另外，对于机构的优化平衡、机构运动弹性动力综合及空间连杆机构的最优化问题也在不断研究。

1.3.7 仿生机构学

近年来，仿生机构的研究受到很大重视，随着仿生机械的迅速发展，创建了生物机构学。生物机构学是研究人体和动物体在运动和休止状态时内力和外力所产生的效果的学科，不少学者积极开展对人的手指、手腕和手臂结构动作原理和运动范围的分析研究，研制出各种自由度的生物电和声控的机械假手。由于步行机研究的迅速发展，已相继研制出两足、四足、六足和八足步行机，主要研究其行走机理、机械结构和控制技术等。有些国家仿蟹和昆虫的步行机已接近可组织工业生产的水平。人工脊椎、人工骨骼与人工关节已达实用阶段。

另外，人们通过研制蛇形机构来探测煤气管道的故障，通过鱼游机构研制来解决深水中的探测问题。随着人们对各种各样仿生机构的深入研究，将会有利于创造出各种各样新颖的、具有特殊功能的新机构。

1.3.8 微型机械

随着现代科学技术的发展，20 世纪 80 年代中后期兴起了对微型机械的研制，以适应生物、环境控制、医学、航空航天、数字通信、传感技术、灵巧武器等领域在微型化方面的要求。

微型机械不是将传统机械直接微型化，它远远超出了传统机械的概念和范畴，微型机械在尺度、构造、材料、制造方法和工作原理等方面都与传统机械截然不同。微型机械具有体积小、重量轻、能耗低、集成度高和智能化程度高等特点，它与微电子学、现代光学、气动力学、液体力学、热力学、声学、磁学、自动控制、仿生学、材料科学以及表面物理与化学等领域紧密结合。因此，微型机械是涉及多学科的综合技术的应用。可以相信，微型人造卫星、在人体血管内爬行的微型步行机器人以及进行眼科手术的微型机械手等一定会在不远的将来研制出来，并付诸实际应用。

微型机械的出现推动了处于机械原理学科前沿的微型机构学分支的产生，开始了对微型机构的尺寸效应、精确度、运动变换和动力传递以及运动过程中动态特性等方面的研究。

1.3.9 机构系统设计

面对 21 世纪产品竞争日益加剧的挑战，世界各国普遍重视提高产品的设计水平，以增强产品的竞争力。产品设计的根本目标就是要创新产品，满足市场需求和占领更大市场。人们越来越重视机械系统方案设计的智能化。

方案设计在美、日等国被更广义地称为概念设计（conceptual design）。它是根据产品生命周期各个阶段的要求，进行产品功能创造、功能分解及功能和子功能的结构设计，进行满足功能和要求的工作原理求解，进行实现功能结构的工作原理载体方案的构思和系统化设计。对于机械设计，工作原理载体方案就是进行机构系统设计。为了机械产品的创新设计，我们不能将机械原理学科局限于孤立地研究典型机构的设计理论。

机构系统设计是根据新机器的工作过程要求，应用机构学知识和系统设计原理及方法来进行的。机构系统设计是机械原理学科又一新的研究分支。目前已有不少学者正在进行机构创新设计方法的研究、机构类型和机构分析知识库的建立、机构系统设计推理方法的研究、机构系统设计的评价体系的建立和评价方法以及智能化机构系统设计方法的研究。

总之，作为机械原理学科，其研究领域十分广阔，内涵非常丰富。在机械原理的各个领域，每年都有大量的内容新颖的文献资料涌现。但是，作为机械类专业的一门技术基础课，根据教学要求，我们将只研究有关机械的一些最基本的原理及最常用的机构分析和综合的方法。这些内容也都是进一步研究机械原理新课题所必需的基础知识。

习　　题

1-1　什么是机器、机构和机械?

1-2　机器和机构有何异同? 机器和机构的基本特征是什么?

1-3　常见的典型机构有哪些?

1-4　机械原理课程研究的内容是什么?

1-5　学习机械原理课程时应注意哪些问题?

第 2 章　平面机构的组成分析

机构是具有确定运动的实物组合体。作无规则运动或不能产生运动的实物组合均不能成为机构。了解机构的组成和结构特点，无论对于分析已有的机构还是着手设计新机构，都具有重要的指导意义。本章主要有以下几个方面内容：

（1）研究组成机构的要素及机构具有确定运动的条件。要研究机构，首先要了解机构是由哪些要素组成的，然后判断机构能否运动以及具有确定运动的条件。

（2）研究机构的组成原理，并根据结构特点对机构进行分类。机构虽然形式多样，但从结构上讲，它们的组成原理都是一样的。根据结构特点，把机构分解成若干个基本杆组。

（3）研究机构运动简图的绘制，用简单的图形表示机构的结构和运动状态。

2.1　机构的组成

2.1.1　构件

机构能够实现对运动速度、方向及形式的变换，而实现这些功能，就需要各个组成机构共同的协调工作，即各部分之间的运动相对确定，这些具有确定的相对运动的单元体称为构件。与机器中的零件不同的是：零件是制造的基本单元体，而构件则是机构中的基本运动单元体。构件可以是单一零件，如内燃机中的曲轴，也可以是多个零件的刚性组合体。图 2-1 所示的内燃机连杆是由连杆体 1、连杆盖 5、螺栓 2、螺母 3、开口销 4、轴瓦 6 和轴套 7 等多个零件构成的一个构件。

2.1.2　运动副

机构是具有确定相对运动构件的组合体，为实现机构的各种功能，各构件之间必须以一定的方式连接起来，并且能具有确定的相对运动。相互连接的两构件既能保持直接的接触，又能产生一定的相对运动。每两个构件间的这种直接接触所形成

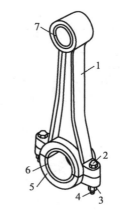

图 2-1　内燃机连杆

1—连杆体；2—螺栓；3—螺母；
4—开口销；5—连杆盖；
6—轴瓦；7—轴套

的可动连接称为运动副。也可以说，运动副就是两构件间的可动连接。如图 2-2 所示的轴与轴孔间的连接，图 2-3 所示的滑台与导轨间的连接都构成了运动副。

图 2-2　轴与轴孔间的连接

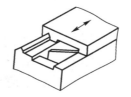

图 2-3　滑台与导轨间的连接

构成运动副的两个构件间的接触形式有点、线、面三种，两个构件上参与接触而构成运动副的点、线、面部分称为运动副元素。

运动副有许多不同的分类方法。常见的分类方法有下列几种：

1. 按构成运动副的两构件间相对运动的形式分

构成运动副的两构件之间的相对运动若为平面运动则称为平面运动副，若为空间运动则称为空间运动副。

进一步分类，两构件之间只作相对转动的运动副称为转动副或回转副，两构件之间只作相对移动的运动副则称为移动副。

2. 按两构件接触部分的几何形状分

根据组成运动副的两构件在接触部分的几何形状，可分为圆柱副、球面副、螺旋副等。

3. 按构成运动副的两构件的接触形式分

以面接触的运动副称为低副；以点、线接触的运动副称为高副。由于高副接触的压强比低副的大，故高副比低副易磨损。

球面高副中两运动副元素是点接触，柱面高副为线接触，相互啮合的齿轮间为点或线接触，故上述三种运动副都为高副。移动副中的滑块与导路之间、转动副中的两运动副元素之间都是面接触，故均为低副。表 2-1 给出了常用运动副所属类型、表示符号及自由度。

表 2-1　常用运动副所属类型、表示符号及自由度

名称	立体图形	表示符号	自由度	副级	引入约束	
					转动	移动
球面高副			5	I	0	1
球面低副			3	III	0	3

名称	立体图形	表示符号	自由度	副级	引入约束	
					转动	移动
球销副	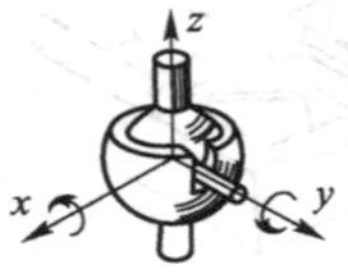		2	Ⅳ	1	3
圆柱副	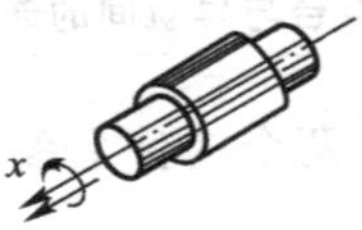		2	Ⅳ	2	2
平面高副			2	Ⅳ		2
螺旋副	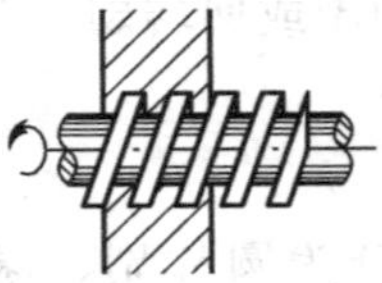	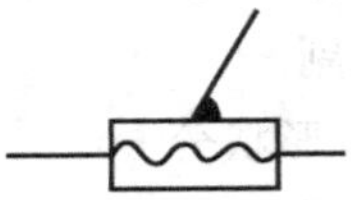	1	Ⅴ	2	3
移动副	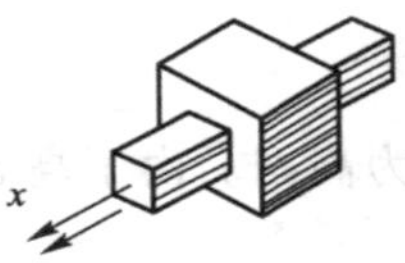		1	Ⅴ	3	2
转动副		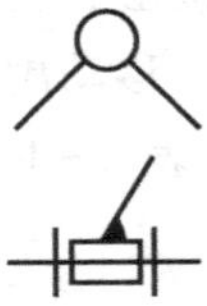	1	Ⅴ	2	3

4. 按运动副引入的约束数目分

　　构件所具有的独立运动的数目称为构件的自由度。一个构件在空间可产生 6 个独立运动，分别是沿 x 轴、y 轴、z 轴的移动，绕 x 轴、y 轴、z 轴的转动，也就是说有 6 个自由度；一个构件在 xOy 平面可产生 3 个独立运动，分别沿 x 轴及 y 轴的移动和绕 z 轴的转动，也就是说有 3 个自由度。

　　两个构件间直接接触构成运动副后，构件的某些独立运动受到限制。运动副对构件的独立运动所加的限制称为约束。运动副每引入一个约束，构件便失去一个自由度。两构件间形成的运动副引入约束数目取决于运动副的类型。

　　引入 1 个约束的运动副称为Ⅰ级副，引入 2 个约束的运动副称为Ⅱ级副，依此类推，还有Ⅲ级副、Ⅳ级副、Ⅴ级副。

常用运动副所引入的约束见表 2-1。

2.1.3　运动链

两个以上构件通过运动副的连接而构成的构件系统称为运动链。如果组成运动链的各构件形成首尾封闭的系统（图 2-4a），则称为闭式链。如果组成运动链的各构件未形成首尾封闭的系统（图 2-4b），则称为开式链。在一般机械中大多采用闭式链，而在机器人机构中大多采用开式链。

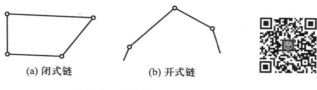

(a) 闭式链　　　　(b) 开式链

图 2-4　运动链

根据运动链中各构件间的相对运动是平面运动还是空间运动，也可将运动链分为平面运动链和空间运动链两类。

2.1.4　机构

在运动链中，将某一构件加以固定（作为参考系），而让另一个（或几个）构件按给定运动规律相对于该固定构件运动，若运动链中其余各构件都有确定的相对运动，则此运动链称为机构。

机构中固定不动的构件称为机架。按照给定运动规律独立运动的构件称为原动件，或称为主动件。其余活动构件称为从动件。

如果组成机构的各构件的相对运动均在同一平面内或在相互平行的平面内，则此机构称为平面机构；如果机构的各构件的相对运动不在同一平面（或平行平面）内，则此机构称为空间机构。

2.2　平面机构运动简图

2.2.1　运动简图

实际机构往往是由外形和结构都很复杂的构件组成的。但从运动学的观点来看，各种机构都是由构件通过运动副的连接而构成的，构件的运动决定于运动副的类型和机构的运动尺寸（确定各运动副相对位置），而与构件的外形、断面尺寸以及运动副的具体结构等无关。因此，为了便于研究机构的运动，可以撇开构件的外形和具体构造，而只用国家标准规定的简单符号和线条来代表运动副和构件，并按一定的比例尺表示机构的运动尺寸，绘制出表示机构的简明图形。这种图形称为机构运动简图。它完全能表达原机构具有的运动特性。

有时，只是为了表明机构的组成状况和结构特征，也可以不严格按比例来绘制简图，这样的简图称为机构示意图。

表 2-2 给出了机构运动简图中一些常用构件和运动副的表示符号。机器中常见的凸轮机构、齿轮机构及原动机的简图符号见表 2-3。

表 2-2   常用构件、运动副的表示符号

名称	表示内容	常用符号	备注
	机架	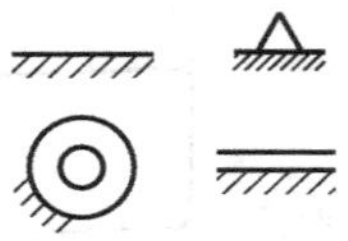	
固定连接	构件的永久连接	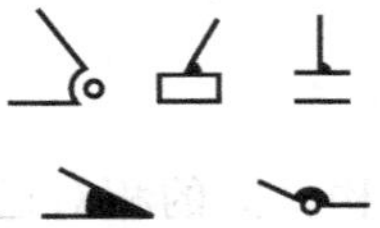	
	构件与轴的固定连接	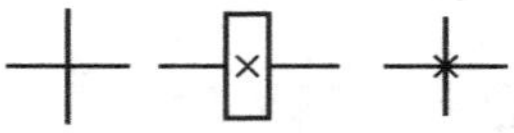	
	可调连接		
两构件以运动副相连接（两个构件与一个内副①）	两活动构件以转动副连接	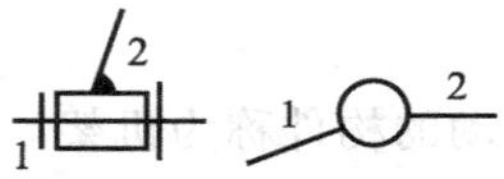	
	活动构件与机架以转动副相连接	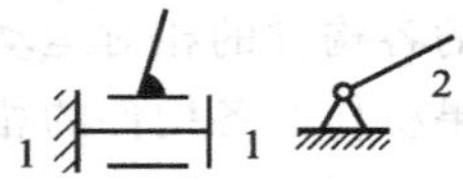	
	两活动构件以移动副相连接	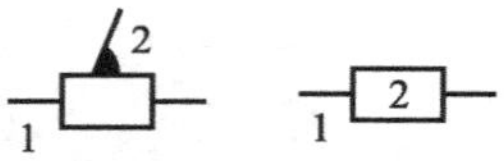	
	活动构件与机架以移动副相连接	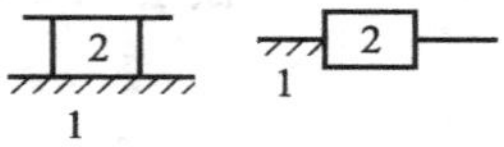	
	两活动构件以平面高副相连接		
	活动构件与机架以平面高副相连接		

续表

名称	表示内容	常用符号	备注
双副构件 （一个构件与 两个外副②）	带两个转动副的构件	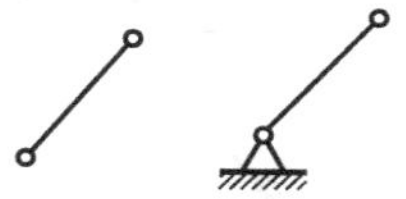	
	带一个转动副、一个移动副的构件	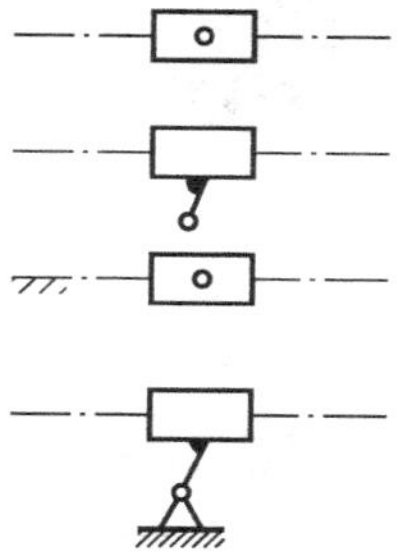	点画线代表以移动副与其相连接的其他构件
双副构件 （一个构件与 两个外副）	带一个转动副、一个平面高副的构件	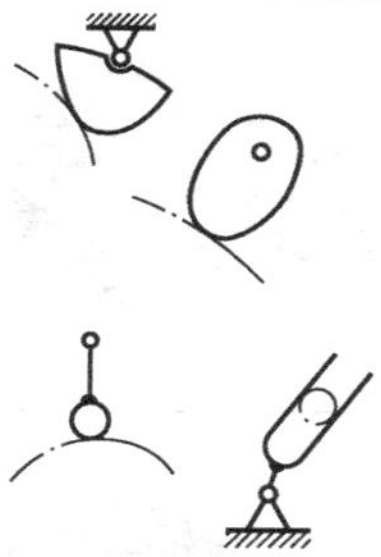	点画线代表的平面高副与其相连接的其他构件
	带两个移动副的构件	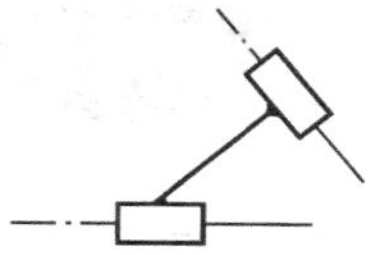	
三副构件 （一个构件与 三个外副）	带三个转动副形成封闭三角形的构件	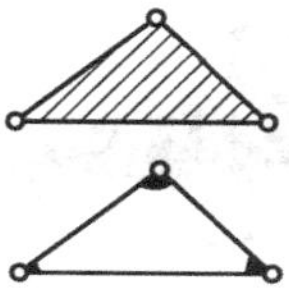	
	带三个转动副的杆状构件	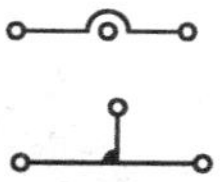	
	带两个转动副、一个移动副的构件		
	带一个转动副、两个移动副的构件	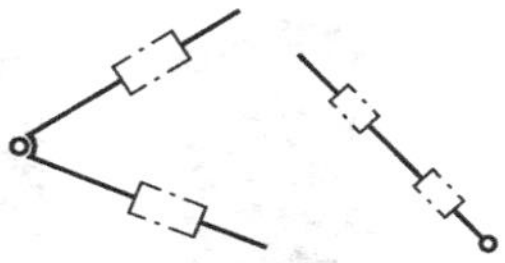	

① 内副为连接所提及的两个构件的运动副。

② 外副是指该构件可与其他构件相连接的运动副。

表 2-3　常见的凸轮机构、齿轮机构及原动机的简图符号

名称		立体图形	基本符号	可用符号
平面凸轮机构	盘形凸轮		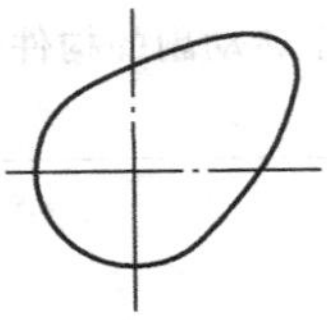	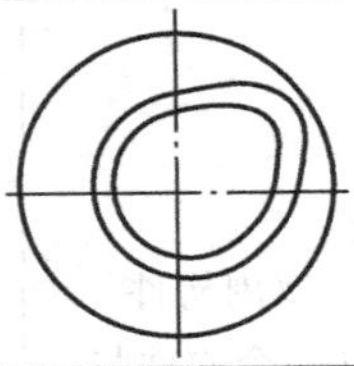
	移动凸轮		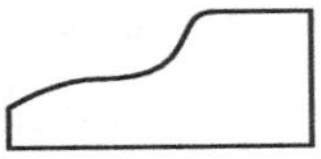	
齿轮机构	圆柱齿轮机构		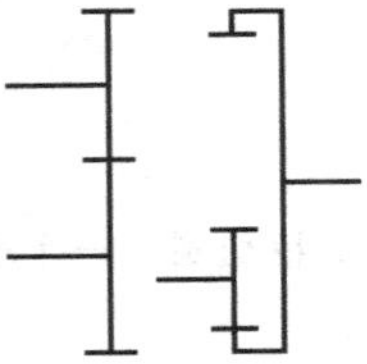	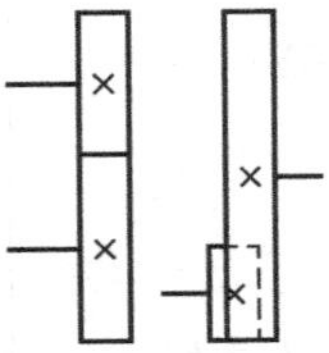
	非圆齿轮机构		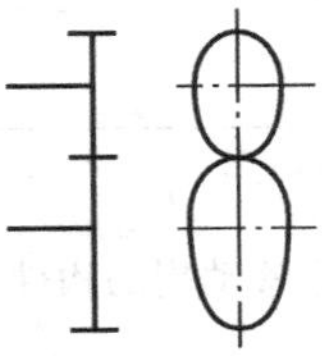	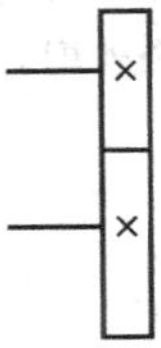
	锥齿轮机构		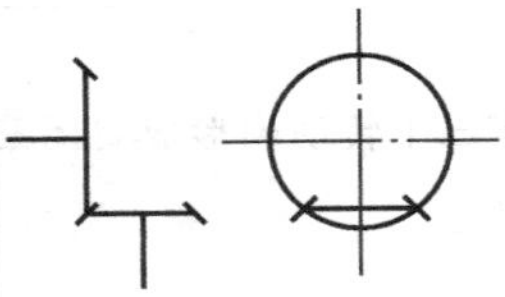	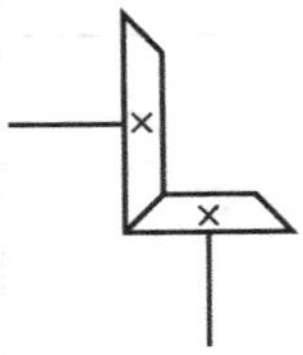
	交错轴斜齿轮机构		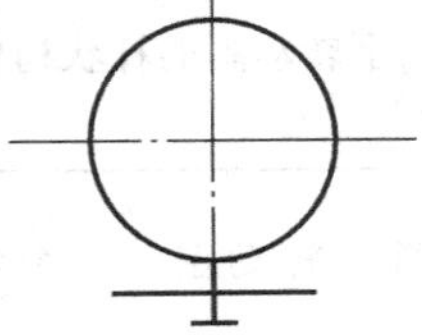	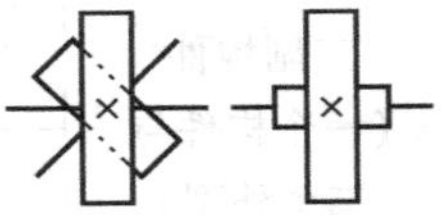
	蜗杆机构		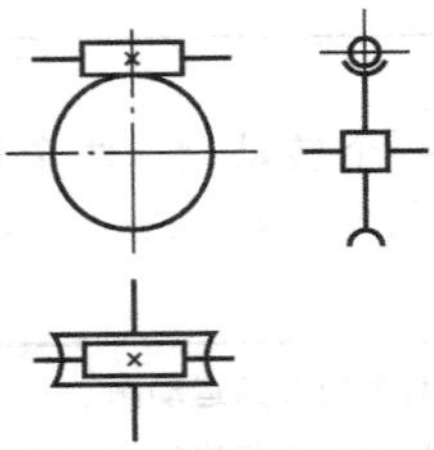	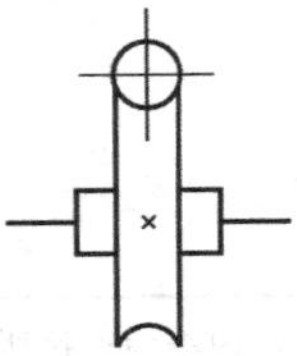

续表

名称		立体图形	基本符号	可用符号
齿轮机构	齿轮齿条机构		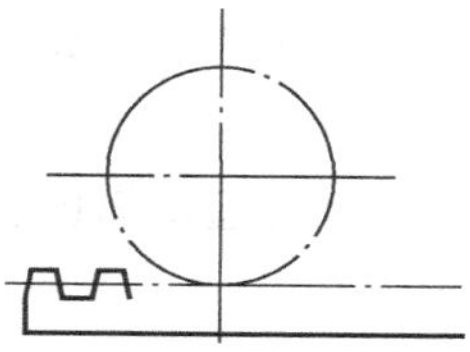	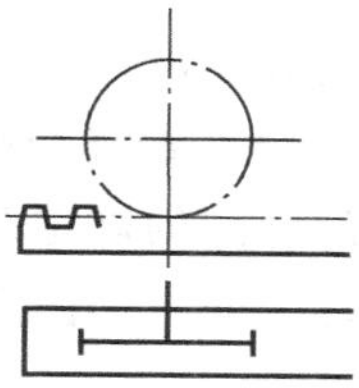
原动机	通用符号（不指明类型）		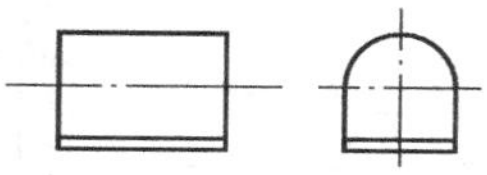	
	电动机（一般符号）		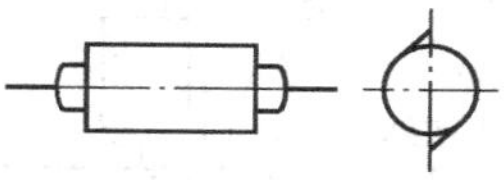	
	装在支架上的电动机		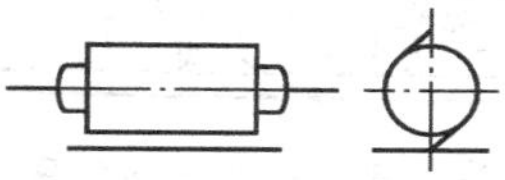	

2.2.2　运动简图的绘制

在弄清楚机械的实际构造和运动情况的基础上，可按照如下的步骤来绘制机构运动简图：

（1）分析机械的动作原理、组成情况和运动情况，确定组成机构的各构件，即确定原动件、机架、从动件。

（2）沿着运动传递路线，逐一分析每两个构件间相对运动的性质，以确定运动副的类型和数目。

（3）恰当地选择运动简图的视图平面。一般选择机械中多数构件的运动平面为视图平面，必要时也可以就机械的不同部分选择两个或两个以上的视图平面，然后将其展开到同一视图上。

（4）选择适当的比例尺 μ_l。μ_l＝实际尺寸（m）/图示长度（mm），根据机构的运动尺寸定出各运动副之间的相对位置，用运动副的代表符号、常用机构的运动简图符号和简单线条绘制机构运动简图。从原动件开始，按传动顺序标出各构件的编号和运动副的代号。在原动件上标出箭头以表示其运动方向。

下面通过具体例子来说明机构运动简图的绘制方法。

例 2-1　绘制图 2-5 所示的牛头刨床的运动简图。

解　（1）分析机构的组成、动作原理和运动情况。由图 2-5 可知，牛头刨床由 7 个构件组成。运动由齿轮 2 输入，经齿轮 3 传至滑块 4，经杆 5、杆 6 传至滑枕 7，实现刨刀左右动作。由以上分析可知，齿轮 2 为原动件，其余为从动件。

（2）分析各连接构件之间相对运动的性质，确定各运动副的类型。由图 2-5 可知，齿轮 2、3 及杆 5 分别与机架 1 组成转动副 A、C 和 E。构件 3 与构件 4、构件 5 与构件 6、构件 6 与构件 7 之间的连接组成转动副 D、F 和 G，构件 4 与 5、滑枕 7 与机架 1 之间组成移动副，齿轮 2 与齿轮 3 之间的啮合为平面高副 B。

（3）选择视图投影面和比例尺 μ_l，测量各构件尺寸和各运动副间的相对位置，用构件和运动副的规定符号绘制机构运动简图，如图 2-6 所示。在原动件 2 上标出箭头以表示其转动方向，如图 2-6 所示。

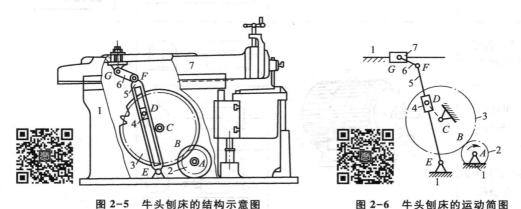

图 2-5   牛头刨床的结构示意图   图 2-6   牛头刨床的运动简图

2.3   平面机构的自由度

2.3.1   机构自由度计算

机构自由度是指机构中各构件相对于机架所具有的独立运动参数。由于平面机构的应用特别广泛，所以下面仅讨论平面机构的自由度计算问题。

在平面机构中，各构件只作平面运动。一个不受任何约束的构件在平面中运动只有三个自由度，具有 n 个活动构件的平面机构。若各活动构件完全不受约束，则整个机构相对于机架共有 $3n$ 个自由度。但在运动链中，每个构件至少必须与另一构件连接成运动副，当两构件连接成运动副后，其运动就受到约束，自由度将减少。自由度减少的数目，应等于运动副引入的约束数目。由于平面机构中的运动副可能是转动副、移动副或平面高副，其中每个平面低副（转动副、移动副）引入的约束数为 2，每个平面高副引入的约束数为 1。因此，对于平面机构，若 n 个活动构件之间共构成了 P_L 个低副和 P_H 个高副，那么这些运动副共引入 $2P_L+P_H$ 个约束。机构的自由度 F 可按下式计算：

$$F=3n-2P_L-P_H \tag{2-1}$$

例 2-2   计算图 2-6 所示的牛头刨床机构的自由度。

解   由图 2-6 所示的机构运动简图可以看出，该机构共有 6 个活动构件：主动齿轮 2、从动齿轮 3、滑块 4、导杆 5、连杆 6 和滑枕 7。有 8 个低副，它们是 A、C、D、E、F、G

等 6 个转动副，还有分别由滑块 4 与导杆 5、滑枕 7 与机架 1 构成的两个移动副。一个高副 B，即齿轮 2 和齿轮 3 构成的高副。根据式（2-1），便可求得该机构的自由度为

$$F = 3n - 2P_L - P_H = 3 \times 6 - 2 \times 8 - 1 = 1$$

2.3.2 机构具有确定运动的条件

下面通过几个实例来说明机构具有确定运动的条件。对于图 2-7 所示的铰链四杆机构，$n=3$，$P_L=4$，$P_H=0$，由式（2-1）得

$$F = 3n - 2P_L - P_H = 3 \times 3 - 2 \times 4 - 0 = 1$$

此机构的自由度为 1，即机构中各构件相对于机架所能有的独立运动数目为 1。

通常机构的原动件是用转动副（或移动副）与机架相连，因此每一个原动件只能输入一个独立运动。设构件 1 为原动件，参变量 φ_1 表示构件 1 的独立运动，由图 2-7 可见，每给定一个 φ_1，从动件 2、从动件 3 便有一个确定的相应位置。由此可见，自由度等于 1 的机构在具有一个原动件时，所有构件的运动是确定的。

如果有两个原动件，设构件 1 和 3 都作为原动件，这时机构会在构件或者运动副强度薄弱处产生破坏。

图 2-8 所示为一铰链五杆机构，$n=4$，$P_L=5$，$P_H=0$，由式（2-1）得

$$F = 3n - 2P_L - P_H = 3 \times 4 - 2 \times 5 - 0 = 2$$

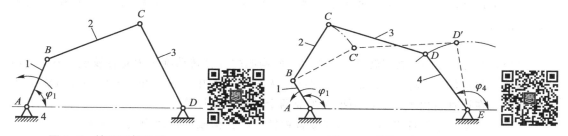

图 2-7 铰链四杆机构　　　　　　　　图 2-8 铰链五杆机构

如果只有一个原动件，设构件 1 为原动件，则当构件 1 处于 φ_1 位置时，由于构件 4 的位置不确定，所以构件 2 和 3 可以处在图示的粗实线位置、细虚线位置，或者处在其他位置，即从动件的运动是不确定的。

如果有两个原动件，设构件 1 和 4 为原动件，φ_1 和 φ_4 分别表示构件 1 和 4 的独立运动。如图 2-8 中粗实线所示，每当给一组 φ_1 和 φ_4，从动件 2 和 3 便有一个确定的相应位置。由此可见，自由度等于 2 的机构在具有两个原动件时，各构件才有确定的相对运动。

在图 2-9 所示的构件组合中，$n=4$，$P_L=6$，$P_H=0$，由式（2-1）得

$$F = 3n - 2P_L - P_H = 3 \times 4 - 2 \times 6 - 0 = 0$$

该构件组合的自由度 F 为零，所以是一个刚性桁架。

在图 2-10 所示的构件组合中，$n=3$，$P_L=5$，$P_H=0$，由式（2-1）得

$$F = 3n - 2P_L - 2P_H = 3 \times 3 - 2 \times 5 - 0 = -1$$

该构件组合的自由度小于零，说明它所受的约束过多，已成为超静定桁架。

综合上述几个实例，可知：

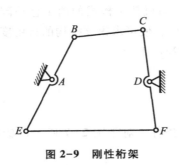

图 2-9   刚性桁架

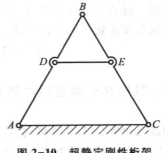

图 2-10   超静定刚性桁架

（1）若机构自由度 $F \leqslant 0$，构件之间没有相对运动，机构蜕变为刚性桁架。

（2）若机构自由度 $F>0$，而原动件数小于自由度 F，则构件间的运动是不确定的。

（3）若机构自由度 $F>0$，而原动件数大于自由度 F，则在机构的薄弱处会遭到破坏。

（4）若机构自由度 $F>0$，且原动件数等于自由度 F，则机构各构件间的相对运动是确定的。

因此，机构具有确定运动的条件是：机构的原动件数目应等于机构自由度数目。

2.3.3   计算机构自由度时应注意的问题

在利用式（2-1）计算自由度时，还需要注意以下三方面的问题，否则计算结果往往会产生错误。

1. 复合铰链

两个以上构件在同一处以转动副相连接，所构成的重合转动副称为复合铰链。图 2-11a 表示构件 1 和构件 2、构件 3 组成复合铰链，从图 2-11b 中可以看出，3 个构件组成了两个转动副。在计算自由度时，必须把它当成两个转动副来计算。

同理，若有 k 个构件在同一处组成复合铰链，则其构成的转动副数目应为 $(k-1)$ 个。在计算机构自由度时应注意是否存在复合铰链，以免把运动副的数目搞错。

例 2-3   计算图 2-12 所示的摇筛机构的自由度。

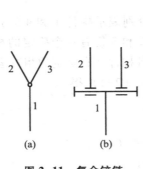

图 2-11   复合铰链

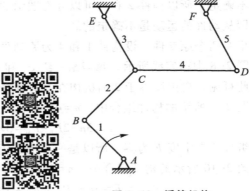

图 2-12   摇筛机构

解　由图 2-12 可知，机构中共有 5 个活动构件；构件 2、3、4 同在 C 处组成复合铰链，组成了两个转动副；A、B、D、E、F 处各有 1 个转动副；无平面高副。即 $n=5$，$P_L=7$，$P_H=0$，故由式（2-1）可求得机构的自由度

$$F = 3n - 2P_L - P_H = 3 \times 5 - 2 \times 7 = 1$$

2. 局部自由度

如果机构中某些构件所具有的自由度仅与其自身的局部运动有关，并不影响其他构件的运动，则称这种自由度为局部自由度。例如在图 2-13a 所示的平面凸轮机构中，为了减少高副元素的磨损，在凸轮 1 和从动件 2 之间安装了一个滚子 3。

由图 2-13 中可以看出，当原动件凸轮 1 逆时针转动时，即可通过滚子 3 带动从动件 2 作上下往复的确定运动，故该机构是一个单自由度的平面高副机构。但用式（2-1）计算其自由度

$$F = 3n - 2P_L - P_H = 3 \times 3 - 2 \times 3 - 1 = 2$$

得出了与事实不符的结论。这是因为安装了滚子 3 后，引入了一个滚子 3 绕其自身轴线转动的局部自由度，滚子 3 的转动并

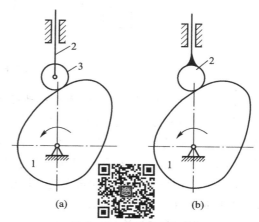

图 2-13　平面凸轮机构

不影响从动件 2 的上下运动规律，故在计算机构自由度时应将该局部自由度除去不计。

在计算机构自由度时，为了防止出现差错，也可设想将滚子 3 与安装滚子的构件 2 固接成一体，视为一个构件（如图 2-13b 所示，设想将滚子 3 与从动件 2 焊成一体），预先排除局部自由度，然后按自由度计算公式计算，即

$$F = 3n - 2P_L - P_H = 3 \times 2 - 2 \times 2 - 1 = 1$$

从而得出了与事实相符的结论。

3. 虚约束

在运动副所加的约束中，有些约束所起的限制作用可能是重复的。这种不起独立限制作用的重复约束称为虚约束。在计算机构自由度时，应将虚约束除去不计。

虚约束常发生在以下场合：

1）两构件间构成多个运动副

（1）两构件组成若干个转动副，但其轴线互相重合（图 2-14a 中的 A、A'）；

（2）两构件组成若干个移动副，但其导路互相平行或重合（图 2-14b 中的 B、B'）；

（3）两构件组成若干个平面高副，但各接触点之间的距离为常数（图 2-14c 中的 C、C'）。

在上述三种场合中，各只有一个运动副起约束作用，其余运动副所提供的约束均为虚约束。

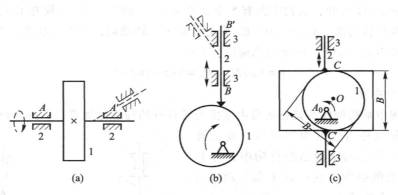

图 2-14 两构件间构成多个运动副

2）两构件上某两点间的距离在运动过程中始终保持不变

在图 2-15 所示的平面连杆机构中，由于 $AC // BD$，且 $AC = BD$，$A'C // B'D$，且 $A'C = B'D$，故在机构的运动过程中，构件 1 上的点 A' 与构件 3 上的点 B' 之间的距离将始终保持不变。此时，若将 A'、B' 两点以构件 5 连接起来，则附加的构件 5 和其两端的转动副 A'、B' 将提供 $F = 3 \times 1 - 2 \times 2 = -1$ 的自由度，即引入了一个约束，而此约束对机构的运动并不起实际的约束作用，故为虚约束。

3）连接构件与被连接构件上连接点的轨迹重合

在图 2-16 所示的椭圆仪机构中，由于 $BD = BC = AB$，$\angle DAC = 90°$，所以连杆 2 上除 B、C、D 三点外，其余各点在机构运动过程中的轨迹均为椭圆，而 D 点的运动轨迹为沿 y 轴的直线。

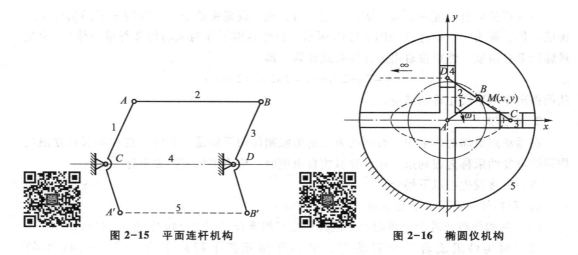

图 2-15 平面连杆机构　　　　　　　　**图 2-16 椭圆仪机构**

此时，若在 D 处安装一个导路与 y 轴重合的滑块 4，使其与连杆 2 组成转动副，并与机架 5 组成移动副，即增加一个活动构件和两个运动低副，则将提供的自由度 $F = 3 \times 1 - 2 \times 2 = -1$，即引入一个约束。由于滑块 4 上点 D 与加装滑块前连杆 2 上点 D 的轨迹重合，故引入的这一约束对机构的运动并不起实际的约束作用，为虚约束。

计算椭圆仪机构自由度时应将滑块 4 和两个运动低副去除。

4）机构中对运动不起作用的对称部分

在图 2-17 所示的行星轮系中，若仅从运动传递的角度看，则只需要一个行星轮 2 就足够了。这时 $n=3$，$P_L=3$，$P_H=2$，机构自由度 $F=3\times3-2\times3-2=1$。但为了使机构受力均衡，采取三个行星轮 2、2′和 2″对称布置的结构。增加了两个行星轮 2′和 2″、两个转动副及四个平面高副，则将提供的自由度为 $F=3\times2-2\times2-4\times1=-2$，引入了两个约束。由于添加的行星轮 2′、2″和行星轮 2 完全相同，并不影响机构的运动情况，故引入的两个约束为虚约束。

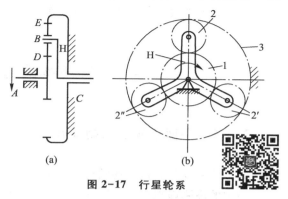

图 2-17　行星轮系

在此需要特别指出，机构中的虚约束都是在一些特定几何条件下出现的，如果这些几何条件不能满足，则虚约束就会成为实际有效的约束，如图 2-14b 中的两个移动副 B、B′，如果其导路不重合，就像图 2-14b 中的虚线所示，那么机构就不能运动，所以从保证机构运动和便于加工装配等方面考虑，应尽量减少机构的虚约束。但为了改善构件的受力，增加机构的刚度，在实际机械中虚约束又被广泛地应用。如图 2-14a 所示，若从运动学观点讲，轴 1 和轴承 2 组成一个转动副 A 就可以了，但是考虑到轴较长，载荷又很大，需要再增加转动副 A′。为了保证两个轴孔的同轴度，就要提高制造精度，否则若两个轴孔的同轴度太低，安装后轴将产生变形，就像图 2-14a 中的虚线所示，机构也就不能运动了。

总之，在机械设计过程中是否使用及如何使用虚约束，必须对加工成本、所设计机器的使用寿命和可靠性等进行全面考虑。若由于某种需要而必须使用虚约束，则必须严格保证设计、加工、装配的精度，以满足虚约束所需的特定几何条件。

例 2-4　计算图 2-18a 所示的大筛机构的自由度。

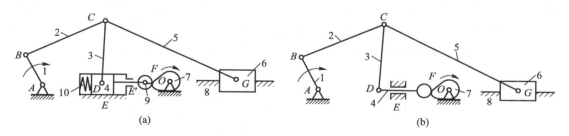

图 2-18　大筛机构

解　（1）检查大筛机构中有无复合铰链、局部自由度或虚约束。

由图 2-18a 可知，构件 2、3、5 在 C 处组成复合铰链；滚子 9 绕自身轴线的转动为局部自由度，可将其与活塞 4 视为一体；活塞 4 与机架 8 在 E、E′两处形成导路平行的移动副，将 E′处的移动副作为虚约束除去不计；弹簧 10 对运动不起限制作用，应略去。经以上处理后得机构运动简图如图 2-18b 所示。

（2）计算机构自由度。

此机构中的活动构件数 $n=7$，平面运动低副数 $P_L=9$，平面运动高副数 $P_H=1$，按照式（2-1）可以求出机构自由度：

$$F = 3n - 2P_{\mathrm{L}} - P_{\mathrm{H}} = 3 \times 7 - 2 \times 9 - 1 = 2$$

由于原动件数目与机构自由度相等，故各构件有确定的相对运动。

2.4　平面机构的组成原理和结构分析

2.4.1　平面机构的高副低代

为了使平面低副机构的结构和运动分析方法适用于所有平面机构，可以根据一定条件对机构中的高副虚拟地以低副代替，这种以低副来代替高副的方法称为高副低代。它表明了平面高副与平面低副的内在联系。

1. 高副低代的条件

为了不改变机构的结构特性及运动特性，高副低代的条件如下：

（1）代替前、后机构的自由度完全相同。

（2）代替前、后机构的瞬时运动状况（位移、速度、加速度）相同。

2. 高副低代的方法

以图 2-19a 中实线所示的高副机构为例，构件 1 和构件 2 分别为绕点 A 和点 B 转动的两个圆盘，两圆盘的圆心分别为 O_1、O_2，半径为 r_1、r_2，它们在点 C 构成高副，当机构运动时，距离 AO_1、O_1O_2、O_2B 均保持不变。为此，设想在 O_1、O_2 间加入一个虚拟的构件 4，其长度为 (r_1+r_2)，构件 4 在 O_1、O_2 处分别与构件 1 和构件 2 构成转动副，形成虚拟的四杆机构，如图中虚线所示，用此机构替代原机构时，代替前、后的机构中构件 1 和构件 2 之间的相对运动完全一样。并且代替后的机构中虽增加了一个构件（增加了三个自由度），但又增加了两个转动副（引入了四个约束），仅相当于引入了一个约束，与原来在点 C 处高副所引入的约束数相同。所以，替代前、后两机构的自由度完全相同。总之，机构中的高副 C 完全可用构件 4 和位于曲率中心 O_1、O_2 的两个低副来代替。

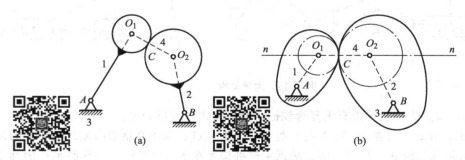

图 2-19　高副低代

上述代替方法可以推广应用到各种高副。如图 2-19b 所示的高副机构，两高副元素是非圆曲线，假设在某运动瞬时高副接触点为点 C，可以过接触点 C 作公法线 $n-n$，在公法线上找出两轮廓曲线在 C 点处曲率中心 O_1 和 O_2，用构件 4 在 O_1、O_2 处将构件 4 和构件

1、2 通过转动副连接起来，便可得到它的代替机构，如图中虚线所示。

需要注意的是，当高副元素为非圆曲线时，由于曲线各处曲率中心的位置不同，故在机构运动过程中，随着接触点的改变，曲率中心 O_1 和 O_2 相对于构件 1、2 的位置及 O_1 和 O_2 间的距离也会随之改变。因此，对于一般的高副机构，在不同位置有不同的瞬时替代机构，但是替代机构的基本形式是不变的。

根据上述方法将含有高副的平面机构进行低代后，即可将其视为平面低副机构。因此，在讨论机构组成原理和结构分析时，只需研究含低副的平面机构。

2.4.2 机构的组成原理

任何机构都是由机架、原动件和从动件系统三部分组成。由于机架的自由度为零，一般每个原动件的自由度为 1，根据运动链成为机构的条件可知，机构的自由度数与原动件数应相等，因此如将机构的机架以及和机架相连的原动件与从动件系统分开，则余下的从动件系统的自由度必然为零。

1. 杆组

机构的从动件系统一般还可以进一步分解成若干个不可再分的自由度为零的构件组合，这种组合称为基本杆组，简称为杆组。

对于只含低副的平面机构，若杆组中有 n 个活动构件、P_L 个低副，因杆组自由度为零，根据式（2-1），有

$$F = 3n - 2P_L = 0$$

即

$$P_L = \frac{3}{2}n \qquad (2-2)$$

由于活动构件数 n 和低副数 P_L 都必须是整数，所以根据式（2-2），n 应是 2 的整数倍，P_L 应是 3 的整数倍。根据 n 的取值不同，杆组可分为以下几种情况。

（1）$n=2$、$P_L=3$ 的 II 级杆组 II 级杆组为最简单，也是应用最多的基本杆组。平面低副中有转动副（常用 R 表示）和移动副（常用 P 表示）两种类型，对于由两个构件和三个低副组成的 II 级杆组，根据其 R 副和 P 副的数目和排列的不同，它有图 2-20 所给出的五种形式。

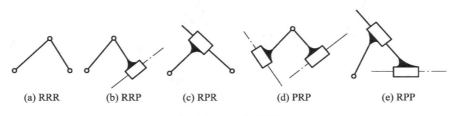

(a) RRR (b) RRP (c) RPR (d) PRP (e) RPP

图 2-20 II 级杆组

（2）$n=4$、$P_L=6$ 的多杆组 多杆组中最常见的是如图 2-21 所示的 III 级杆组，其特征是具有一个三副构件，而每个运动副所连接的分支构件是双副构件。

由于比 III 级杆组级别更高的基本杆组，在实际机构中应用很少，故不再加以介绍。

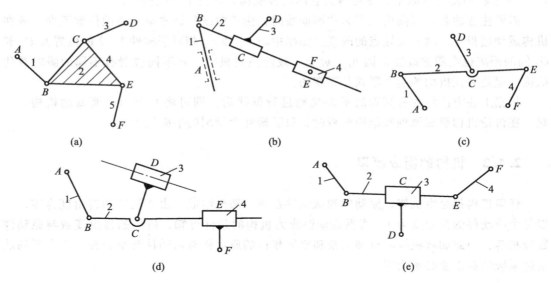

图 2-21　Ⅲ级杆组

2．平面机构的组成原理

根据上述分析，平面机构的组成原理是：任何机构都可以看作是由若干个基本杆组依次与原动件和机架连接所组成的系统。

在设计新机构的运动简图时可先选定机架，并将个数等于该机构自由度的原动件用低副连接到机架上，然后再将若干个基本杆组依次与原动件和机架连接，就可完成该运动简图的设计。

图 2-22 表示了根据机构组成原理组成机构的过程。首先把图 2-22a 所示的Ⅱ级杆组 BC 通过其运动副 B、C 分别连接到原动件 1 和机架 6 上，形成四杆机构 ABC。再把图 2-22b 所示的Ⅱ级杆组 DE 通过运动副 D、E 依次与Ⅱ杆组及机架连接，组成图 2-22c 所示的牛头刨床主机构。

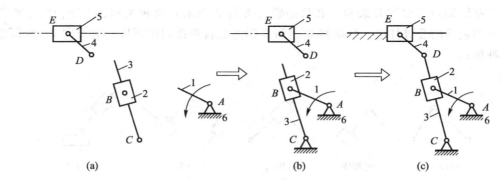

图 2-22　牛头刨床主机构的组成原理

根据机构的组成原理，在进行机械方案创新设计时要遵循这样一个原则：在满足机械工作要求的前提下，机构的结构越简单、杆组的级别越低、构件数和运动副的数目越少越好。

2.4.3　机构的结构分析

为了对已有的机构或已设计完毕的机构进行运动分析和受力分析，常需要先对机构进行结构分析，即将机构分解为基本杆组、原动件和机架。结构分析的过程与由杆组依次组成机构的过程正好相反，因此通常也把它称为拆杆组。

拆除杆组时应遵循下述原则：首先从传动关系上离原动件最远的部分开始试拆；每拆除一个杆组后，机构的剩余部分仍应是一个完整机构，且自由度与原机构相同；试拆时，先按Ⅱ级组试拆，若无法拆除，则再试拆高一级别的杆组。

机构结构分析的目的：通过分析机构的组成来确定机构的级别。通常以机构中包含的基本杆组的最高级别来命名机构的级别。把由最高级别为Ⅱ级的基本杆组构成的机构称为Ⅱ级机构；把由最高级别为Ⅲ级的基本杆组构成的机构称为Ⅲ级机构；把只由机架和原动件构成的机构称为Ⅰ级机构。

机构结构分析的步骤如下：

（1）计算机构的自由度，确定原动件；

（2）从远离原动件的地方开始拆杆组；

（3）确定机构的级别。

例 2-5　试确定图 2-23a 所示的机构的级别。

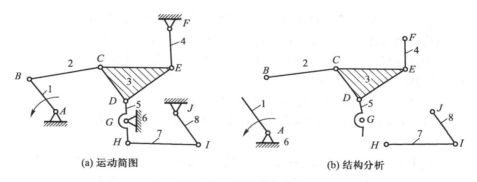

(a) 运动简图　　　　　　　　(b) 结构分析

图 2-23　康拜因清除机

解　（1）按图 2-23a 所示的运动简图计算机构的自由度。该机构的 $n=7$，$P_L=10$，$P_H=0$，由式（2-1）得 $F=3n-2P_L-P_H=3\times7-2\times10-0=1$，该机构是以构件 1 为原动件。

（2）进行结构分析。从远离原动件的一端拆下构件 7 与 8 这个Ⅱ级杆组，剩余部分杆 1、2、3、4、5、6 仍为一个自由度等于 1 的机构。在这个剩下的新机构中，继续从远离原动件的地方先试拆Ⅱ级杆组，由于不能再拆出Ⅱ级杆组，所以试拆Ⅲ级杆组。可以拆下由构件 2、3、4、5 组成的Ⅲ级杆组，这时只剩下由原动件 1 及机架 6 所组成的Ⅰ级机构。如图 2-23b 所示。

（3）确定机构的级别。由于该机构是由一个Ⅱ级杆组、一个Ⅲ级杆组和原动件 1 与机架 6 所组成，基本杆组的最高级别为Ⅲ级杆组，所以该机构为Ⅲ级机构。

若将 2-23a 所示的机构的原动件由构件 1 改为构件 8，可拆出图 2-24 所示的基本杆组及原动件与机架。

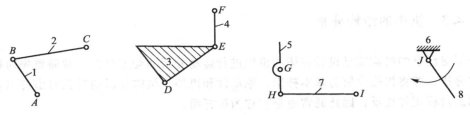

图 2-24   结构分析

由于该机构是由三个 Ⅱ 级杆组和原动件 8 与机架 6 所组成，基本杆组的最高级别为 Ⅱ 级杆组，所以该机构为 Ⅱ 级机构。

通过上述分析可知，同一机构因所取的原动件不同，有可能成为不同级别的机构。如图 2-23a 所示的机构中，当取构件 1 为原动件时，该机构为 Ⅲ 级机构；当取构件 8 为原动件时，该机构为 Ⅱ 级机构。

但当机构的原动件确定后，该机构的级别就唯一确定。

习　　题

2-1　何谓构件？何谓运动副及运动副元素？运动副是如何进行分类的？

2-2　机构运动简图有何用处？它能表示原机构哪些方面的特征？

2-3　机构具有确定运动的条件是什么？当机构的原动件数少于或多于机构的自由度时，机构的运动将发生什么情况？

2-4　在计算平面机构的自由度时应注意哪些事项？

2-5　何谓机构的组成原理？何谓基本杆组？基本杆组具有什么特性？如何确定基本杆组的级别及机构的级别？

2-6　为何要对平面高副机构进行高副低代？高副低代应满足的条件是什么？

2-7　试指出图 2-25 中直接接触的构件间所构成的运动副的名称。

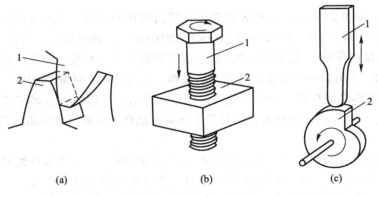

(a)　　　　　　　　(b)　　　　　　　　(c)

图 2-25   题 2-7 图

2-8   将图 2-26 中机构的结构图绘制成机构运动简图，标出原动件和机架，并计算其自由度。

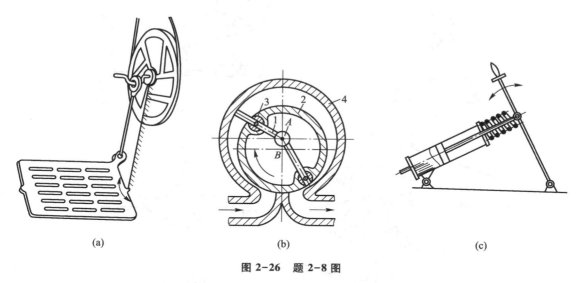

(a)   (b)   (c)

图 2-26   题 2-8 图

2-9   试判断图 2-27 所示的"机构"能否成为机构，并说明理由。

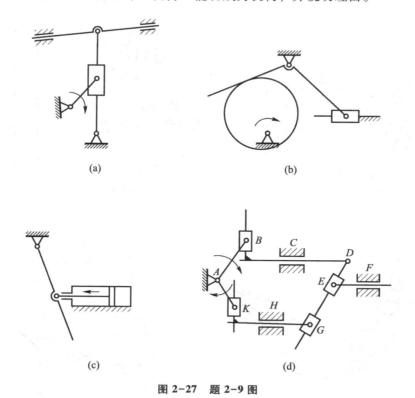

(a)   (b)

(c)   (d)

图 2-27   题 2-9 图

2-10   计算图 2-28 所示的各机构的自由度，并指出其中是否含有复合铰链、局部自由度或虚约束。

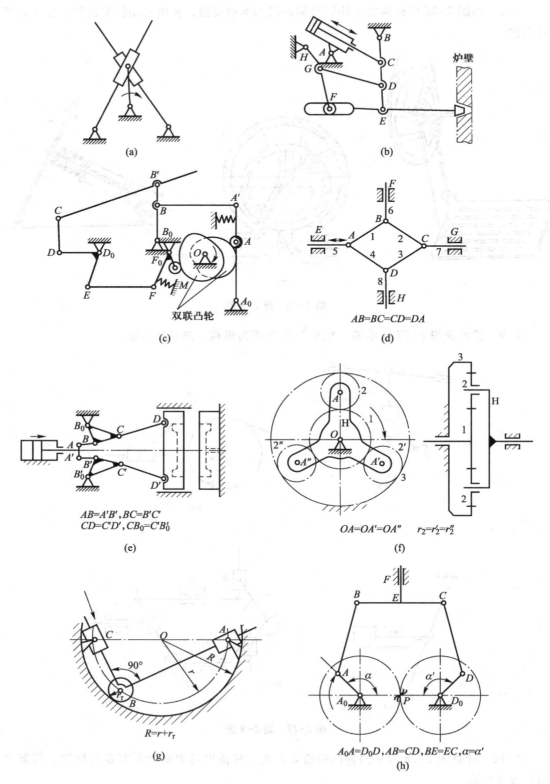

图 2-28   题 2-10 图

2-11   图 2-29 所示为一刹车机构。刹车时，操作杆 1 向右拉，通过构件 2、3、4、5、6 使两闸瓦刹住车轮。试计算机构的自由度，并就刹车过程说明此机构自由度的变化情况。

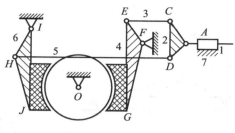

图 2-29   题 2-11 图

2-12   计算图 2-30 所示的各机构的自由度，并在高副低代后，分析组成这些机构的基本杆组即杆组的级别。

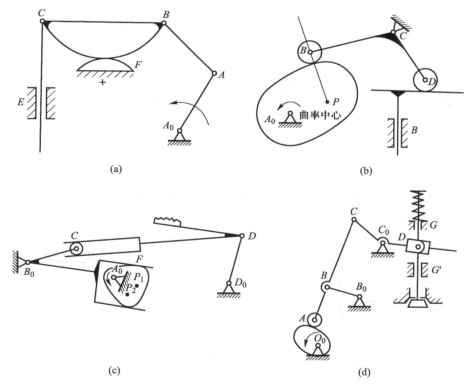

图 2-30   题 2-12 图

2-13   说明图 2-31 所示的各机构的组成原理，并判别机构的级别和所含杆组的数目。对于图 2-31f 所示的机构，当分别以构件 1、3、7 作为原动件时，机构的级别会有什么变化？

2-14   绘制图 2-32 所示的机构高副低代后的运动简图，计算机构的自由度，并确定机构所含杆组的数目和级别以及机构的级别。

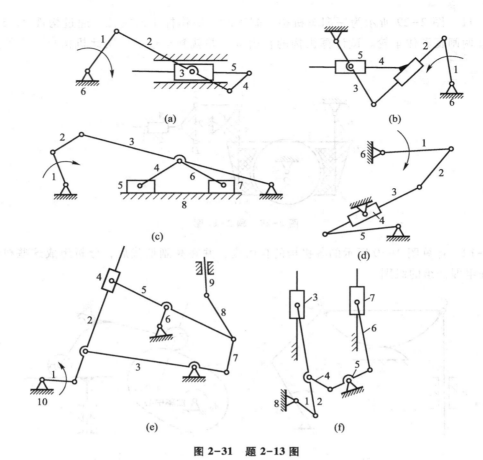

图 2-31 题 2-13 图

2-15 试分析图 2-33 所示的刨床机构的组成,并判别机构的级别。若以构件 4 为原动件,则此机构为几级?

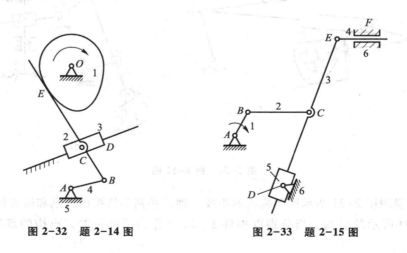

图 2-32 题 2-14 图   图 2-33 题 2-15 图

2-16 试计算图 2-34 所示的各平面高副机构的自由度,并在高副低代后分析组成这些机构的基本杆组。

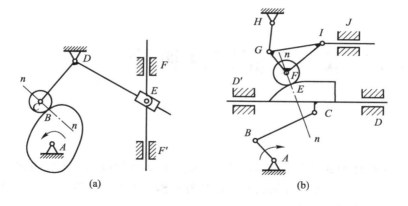

(a)　　　　　　　(b)

图 2-34　题 2-16 图

第3章 平面连杆机构

连杆机构是构件用低副连接而成的机构，故又称为低副机构。连杆机构可分为平面连杆机构、空间连杆机构。本章主要讨论平面连杆机构，平面连杆机构广泛应用于多种（动力、轻工、重型）机械和仪表中。

平面连杆机构之所以应用非常广泛，是因为它具有如下显著的优点：一是由于两构件之间是面接触，可以承受大载荷，且便于润滑，故磨损小；二是由于两构件接触面是圆柱或平面，加工制造比较容易，易获得较高的精度；三是通过改变各杆的相对长度，能实现多种运动规律。

同时平面连杆机构也存在一定的缺点：一是为了满足实际要求，需增加构件和运动副，这样不仅机构变得复杂，而且累积误差较大；二是平面连杆机构的惯性力不容易平衡，因而不适合高速传动；三是平面连杆机构的设计方法比较复杂，不易精确地满足各种运动规律和运动轨迹的要求。

平面连杆机构中结构最简单、应用最广的是四杆机构，其他多杆机构都是在它的基础上扩充而成的，本章重点讨论四杆机构及其设计。

3.1　平面连杆机构的类型

3.1.1　连杆机构的基本类型

如图 3-1 所示，全部运动副均为转动副的四杆机构称为铰链四杆机构，它是四杆机构的最基本形式。在此机构中，杆件 AD 称为机架；与机架相连接的杆件 AB、CD 称为连架杆，其中能作整周回转运动的连架杆称为曲柄；只能在一定范围内作往复摆动的连架杆称为摇杆；杆件 BC 称为连杆。

铰链四杆机构根据其两连架杆的不同运动情况，又可分为以下三种类型。

1. 曲柄摇杆机构

在铰链四杆机构中，若两连架杆中一杆为曲柄，另一杆为摇杆，则称该四杆机构为曲柄摇杆机构，如图 3-2 所示。

此机构应用于许多机械中，例如，图 3-3 所示为缝纫机的踏板机构，图 3-4 所示为搅拌器机构，图 3-5 所示为雷达天线的调整机构等。

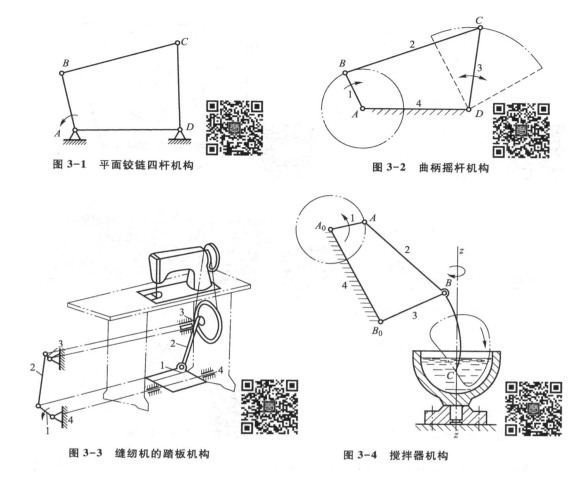

图 3-1　平面铰链四杆机构

图 3-2　曲柄摇杆机构

图 3-3　缝纫机的踏板机构

图 3-4　搅拌器机构

2. 双曲柄机构

在铰链四杆机构中，若两个连架杆都是相对机架作整周回转的曲柄，则此机构称为双曲柄机构，如图 3-6 所示。

在图 3-7 所示的惯性筛中，当原动曲柄 *AB* 等速回转时，从动曲柄 *CD* 作变速转动，从而使筛体 6 具有较大变化的加速度，利用加速度所产生的惯性力，使被筛材料达到理想的筛分效果。

在双曲柄机构中，若相对两杆平行且长度相等，则称为平行双曲柄机构，如图 3-8 所示。这种机构的特点是两曲柄能以相同的角速度同时转动，而连杆作平行移动，故此机构也称为正平行四边形机构。

图 3-9 所示的机车车轮联动机构和图 3-10 所示的摄影平台升降机构均为正平行四边形机构的应用实例。

在图 3-11 所示的双曲柄机构中，虽然其对应边长度也相等，但 *BC* 杆与 *AD* 杆并不平行，两曲柄 *AB* 和 *CD* 转动方向也相反，故称其为反平行四边形机构。

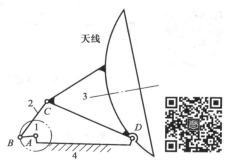

图 3-5　雷达天线的调整机构

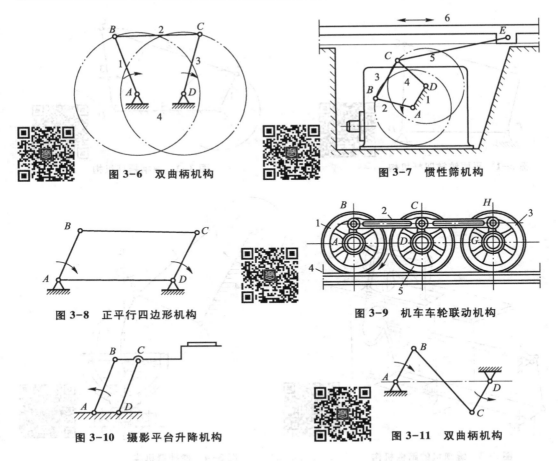

图 3-6   双曲柄机构

图 3-7   惯性筛机构

图 3-8   正平行四边形机构

图 3-9   机车车轮联动机构

图 3-10   摄影平台升降机构

图 3-11   双曲柄机构

在图 3-12 中，利用反平行四边形机构运动时两曲柄转向相反的特性，达到两扇车门同时敞开或关闭的目的。

3. 双摇杆机构

当铰链四杆机构中的两连架杆都是摇杆时，该机构称为双摇杆机构，如图 3-13 所示。图 3-14 所示的是鹤式起重机的双摇杆机构 *ABCD*，它可使悬挂重物作近似水平移动。

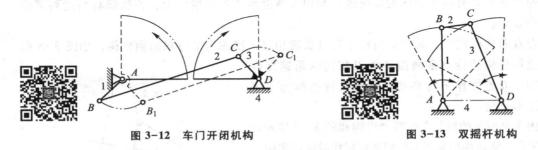

图 3-12   车门开闭机构

图 3-13   双摇杆机构

3.1.2   四杆机构的演化

前面介绍的三种铰链四杆机构是平面四杆机构的三种基本类型，它们还远不能满足实

际工作机械的需要，在工程应用中，还广泛地采用着其他形式的四杆机构，不过这些形式的四杆机构可认为是由四杆机构的基本形式

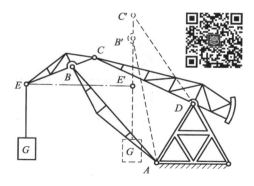

图 3-14 鹤式起重机

演化而来的。四杆机构的演化，不仅是为了满足运动方面的要求，还往往是为了改善受力状况以及满足结构设计上的需要。虽然各种演化机构的外形各不相同，但它们的性质以及分析和设计方法常常是相同的或类似的，这就为连杆机构的创新设计提供了方便。下面介绍几种四杆机构演化方法及演化后的变异机构。

1. 改变构件的形状和运动尺寸

在图 3-15a 所示的曲柄摇杆机构中，当曲柄 1 绕铰链 A 回转时，铰链 C 将沿着以 D 为圆心的圆弧作往复运动。如果把摇杆 3 做成滑块形式，如图 3-15b 所示，使其沿圆弧导轨作往复滑动，显然其运动性质并未发生改变，但此时铰链四杆机构已演化为具有曲线导轨的曲柄滑块机构。

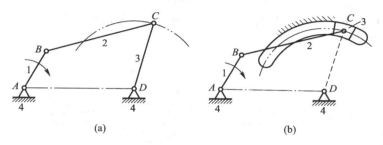

图 3-15 改变构件的形状对机构进行演化

如果将图 3-15a 中摇杆 3 的长度增至无穷大，则图 3-15b 中的曲线导轨将变成直线导轨，于是铰链四杆机构就演化成为常见的曲柄滑块机构，如图 3-16 所示。图 3-16a 为具有偏距为 e 的偏置曲柄滑块机构；图 3-16b 则为无偏距的对心曲柄滑块机构。曲柄滑块机构在冲床、内燃机等机械中得到广泛的应用。

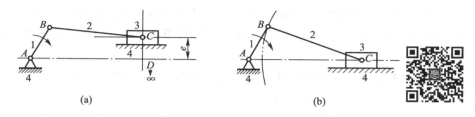

图 3-16 改变构件运动尺寸对机构进行演化

对图 3-16b 所示的曲柄滑块机构，如果将连杆 2 的长度增至无穷大，则曲柄滑块机构可进一步演化为图 3-17 所示的双滑块四杆机构。在图 3-17b 所示的机构中，从动件 3 的位移与原动件 1 的转角的正弦成正比，故称为正弦机构。

由以上所述可知，移动副可认为是由回转中心在无穷远处的转动副演化而来。

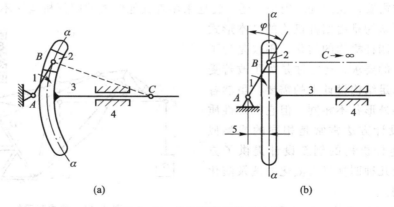

图 3-17 曲柄滑块机构的演化

2. 改变运动副的尺寸

在图 3-18a 所示的曲柄滑块机构中，当曲柄 AB 的尺寸较小时，由于结构的需要，常将曲柄改为如图 3-18b 所示的偏心盘，其回转中心 A 至几何中心 B 的偏心距等于曲柄的长度，这种机构称为偏心轮机构，其运动特性与曲柄滑块机构完全相同。偏心轮机构可认为是将曲柄滑块机构中的转动副 B 的半径扩大，使之超过曲柄长度演化而成。偏心轮机构在锻压设备和柱塞泵等中应用较广。

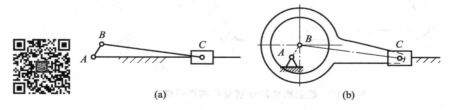

图 3-18 改变运动副的尺寸

3. 选用不同的构件为机架

选运动链中不同构件作为机架以获得不同机构的演化方法称为机构的倒置。下面以曲柄滑块机构为例具体说明该演化方法。

在图 3-19a 所示的曲柄滑块机构中，若取构件 1 为机架，如图 3-19b 所示，此时构件 4 绕铰链 A 转动，而滑块 3 则以构件 4 为导轨沿其相对移动，构件 4 称为导杆，此机构称为导杆机构。

在导杆机构中，如果导杆能作整周转动，则称为回转导杆机构。图 3-20 所示的小型刨床中 ABC 部分即为回转导杆机构。

在导杆机构中，如果导杆仅能在某一角度范围内摆动，则称为摆动导杆机构。图 3-21 所示牛头刨床的导杆机构 ABC 即为一例。

在图 3-19a 所示的曲柄滑块机构中，如果改选构件 2 为机架，如图 3-19c 所示，则演化成为曲柄摇块机构。其中，构件 3 仅能绕点 C 摇摆。图 3-22 所示的自卸卡车车厢的举升机构 ABC 就是曲柄摇块机构，其中摇块 3 为油缸，用压力油推动活塞使车厢翻转。

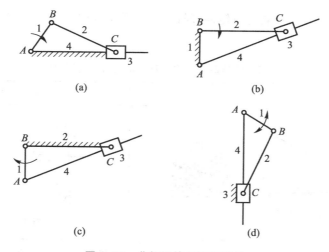

图 3-19　曲柄滑块机构的演化

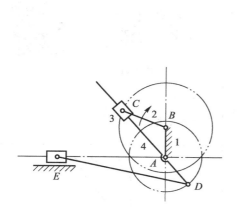

图 3-20　小型刨床中的回转导杆机构

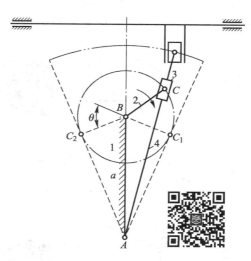

图 3-21　牛头刨床中的摆动导杆机构

在图 3-19a 所示的曲柄滑块机构中，如果改选构件 3 为机架，如图 3-19d 所示，则演化成为移动导杆机构。图 3-23 所示的手摇唧筒就是移动导杆机构的应用实例。

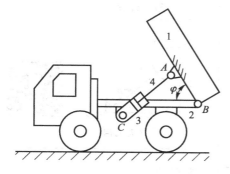

图 3-22　车厢的举升机构中的曲柄摇块机构

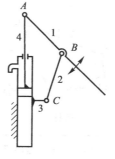

图 3-23　手摇唧筒

经过同样的方法，可以获得铰链四杆机构、双滑块机构的倒置机构，它们的具体结构和应用归纳在表 3-1 中。

表 3-1　铰链四杆机构、双滑块机构的倒置机构

	铰链四杆机构	双滑块机构
件 4 为机架	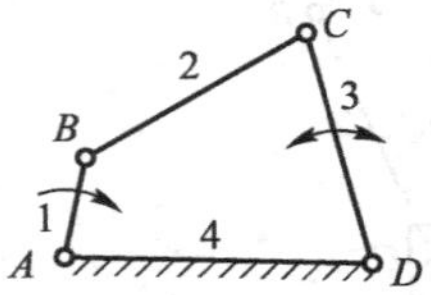 曲柄摇杆机构	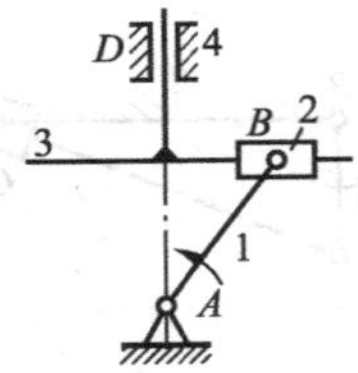 正弦机构
用途	搅拌机、颚式破碎机等	仪表、解算装置、织布机构、印刷机械等
件 1 为机架	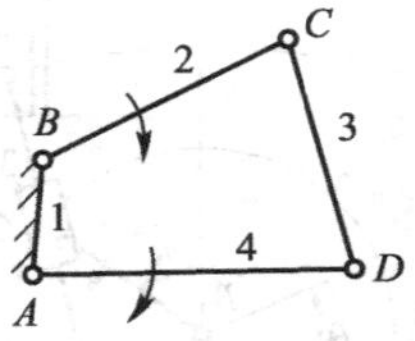 双曲柄机构	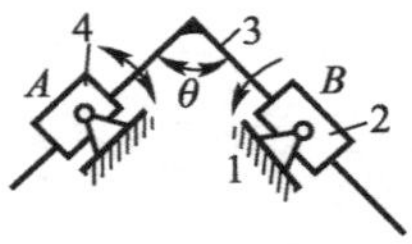 双转块机构
用途	插床、惯性筛、机车车轮联动机构、车门开关机构等	十字滑块联轴器等
件 2 为机架	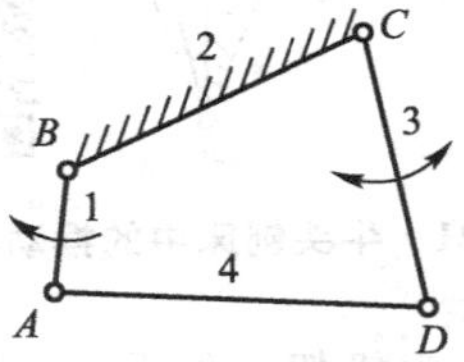 曲柄摇杆机构	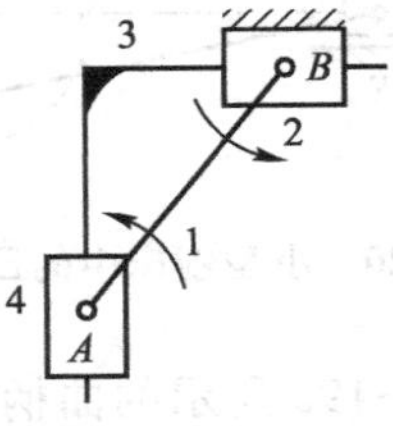 曲柄移动导杆机构
用途	搅拌机、颚式破碎机等	仪表、解算装置等
件 3 为机架	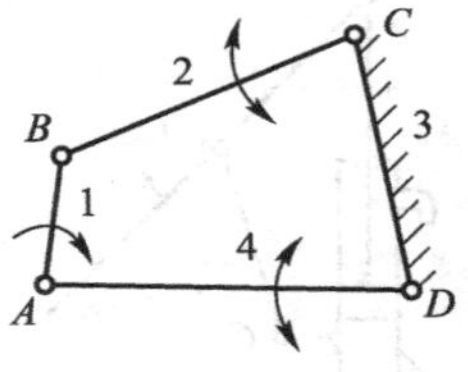 双摇杆机构	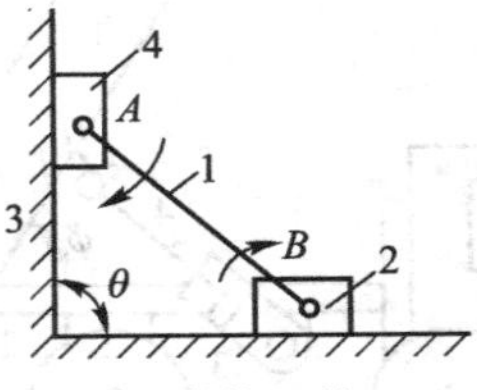 双滑块机构
用途	鹤式起重机、飞机起落架、汽车转向操纵机构等	椭圆仪等

综上所述，虽然四杆机构的形式多种多样，但根据演化的概念，其本质都是从最基本的铰链四杆机构演化而成，从而为认识和研究这些机构提供了方便；反之，也可根据演化的概念，设计出形式各异的四杆机构。

3.2 平面连杆机构的工作特性

在工程应用中，选用机构的目的是为了实现对运动和力的传递及变换，必然涉及机构的运动问题和传力问题。为了避免选用机构时的盲目性，也就是需要实现的运动和力的传递必须是机构能够实现的。要做到这一点，必须首先了解已有机构的运动特性和传力特性，它们是平面四杆机构的基本特性。这些基本特性主要包括曲柄存在的条件、急回特性、压力角和止点位置等问题。

3.2.1 四杆机构的运动特性

1. 曲柄存在的条件

在图 3-24 所示的铰链四杆机构中，设构件 1、2、3、4 的杆长分别为 a、b、c、d，并且 $a<d$。根据前面曲柄的定义可知，若杆 1 为曲柄，它必能绕铰链 A 相对机架作整周转动（即 360°），构件 1 就能通过 AB_2 和 AB_1 这两个关键位置，也就是铰链 B 能转过 B_2 点（距离 D 点最远）和 B_1 点（距离 D 点最近）两个关键位置，此时杆 1 和杆 4 共线。

由 $\triangle B_2C_2D$，可得
$$a+d \leqslant b+c \quad (3-1)$$

由 $\triangle B_1C_1D$，可得
$$b \leqslant (d-a) +c$$

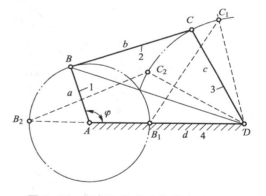

图 3-24 四杆机构有曲柄的条件分析

或
$$c \leqslant (d-a) +b$$
即
$$a+b \leqslant d+c \quad (3-2)$$
$$a+c \leqslant d+b \quad (3-3)$$

将式（3-1）、式（3-2）和式（3-3）分别两两相加，则可得
$$a \leqslant c \quad (3-4)$$
$$a \leqslant b \quad (3-5)$$
$$a \leqslant d \quad (3-6)$$

即 AB 杆为最短杆。

综合分析式（3-1）～式（3-6）及图 3-24，可得出铰链四杆机构有曲柄的条件：

（1）最短杆和最长杆长度之和小于或等于其他两杆长度之和；

（2）最短杆是连架杆或机架。

当最短杆为连架杆时，该铰链四杆机构成为曲柄摇杆机构（图 3-25a、b）。此时，在最短杆 AB 作整周转动的过程中，它与连杆 BC 的相对转动也是整周。当最短杆为机架时将成为双曲柄机构（图 3-25c）。当最短杆不为连架杆或机架（即最短杆为连杆）时，铰链四杆机构中无曲柄，此时，机构称为双摇杆机构（图 3-25d）。

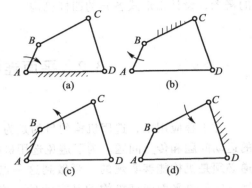

图 3-25 铰链四杆机构取不同构件为机架

2. 急回特性

1）极位夹角

在图 3-26a 所示的曲柄摇杆机构中，当曲柄 AB 逆时针转过一周时，摇杆最大摆角 ψ 对应其两个极限位置 C_1D 和 C_2D，这两个位置也是曲柄和连杆处于两次共线的位置，通常把曲柄这两个位置所夹的角 θ 称为极位夹角。对于曲柄摇杆机构，极位夹角即为 $\angle C_1AC_2$，其值与机构尺寸有关，可能小于 90°（图 3-26a），也可能大于 90°（图 3-26b），一般范围为 [0°，180°]。

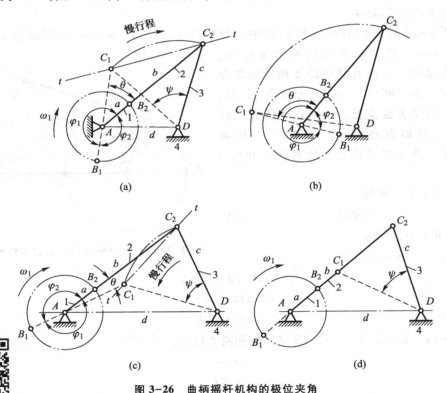

图 3-26 曲柄摇杆机构的极位夹角

2）急回特性

如图 3-26a 所示，当曲柄以角速度 ω_1 等速顺时针转过 φ_1 角（$AB_1 \rightarrow AB_2$）时，摇杆则逆时针摆过 ψ 角（$C_1D \rightarrow C_2D$），设所用时间为 t_1。当曲柄继续转过 φ_2 角（$AB_2 \rightarrow AB_1$），摇

杆顺时针摆回同样大小的 ψ 角（$C_2D\rightarrow C_1D$），设所用时间为 t_2。常称 φ_1 为推程运动角，φ_2 为回程运动角。由图 3-26a 可见，

$$\varphi_1 = 180°+\theta, \quad \varphi_2 = 180°-\theta$$

则

$$t_1 = \frac{\varphi_1}{\omega_1} = \frac{180°+\theta}{\omega_1}$$

$$t_2 = \frac{\varphi_2}{\omega_1} = \frac{180°-\theta}{\omega_1}$$

可见

$$t_1 > t_2$$

摇杆往复摆动的平均角速度分别为 ω_3' 和 ω_3''。

$$\omega_3' = \frac{\psi}{t_1}$$

$$\omega_3'' = \frac{\psi}{t_2}$$

$$\omega_3' < \omega_3''$$

在曲柄等速回转的情况下，通常把摇杆往复摆动快慢不同的运动特性称为急回特性。

3）行程速度变化系数

为了衡量摇杆急回特性的程度，通常把从动件往复摆动平均速度的比值（大于 1）称为行程速度变化系数，并用 K 来表示，即

$$K = \frac{\text{从动件快速行程平均速度}}{\text{从动件慢速行程平均速度}}$$

由图 3-26a 可得

$$K = \frac{\omega_3''}{\omega_3'} = \frac{t_1}{t_2} = \frac{\varphi_1/\omega_1}{\varphi_2/\omega_1} = \frac{\varphi_1}{\varphi_2} = \frac{180°+\theta}{180°-\theta} \tag{3-7}$$

故极位夹角 θ 为

$$\theta = 180°\frac{K-1}{K+1} \tag{3-8}$$

由式（3-8）可知，行程速度变化系数 K 随极位夹角 θ 的增大而增大，也就是说，θ 值愈大，急回特性愈明显。

从动件慢行程的运动方向不仅与曲柄的转向有关，而且还与构件尺寸有关。根据 K 及从动件慢行程摆动方向与曲柄转向的异同，曲柄摇杆机构可分为以下三种形式：

（1）Ⅰ型曲柄摇杆机构　$K>1$（$\theta>0°$），且摇杆慢行程摆动方向与曲柄转向相同，如图 3-26a 所示。其结构特征为 A、D 位于 C_1、C_2 两点所在直线 $t-t$ 的同侧，构件尺寸关系为 $a^2+d^2<b^2+c^2$。

（2）Ⅱ型曲柄摇杆机构　$K>1$（$\theta>0°$），且摇杆慢行程摆动方向与曲柄转向相反，如图 3-26c 所示。其结构特征为 A、D 位于 C_1、C_2 两点所在直线 $t-t$ 的异侧，构件尺寸关系为 $a^2+d^2>b^2+c^2$。

（3）Ⅲ型曲柄摇杆机构　$K=1$（$\theta=0°$），摇杆无急回特性。其结构特征为 A、C_1、C_2 三点共线，构件尺寸关系为 $a^2+d^2=b^2+c^2$，如图 3-26d 所示。

用同样方法对偏置曲柄滑块机构进行分析，可以看出偏置曲柄滑块机构也有急回特性，参见图3-27中的极位夹角 θ。

通过对导杆机构的分析，可以看出导杆机构也有急回特性，从图3-28中可以看出极位夹角 θ 与导杆的摆角 ψ 相等。

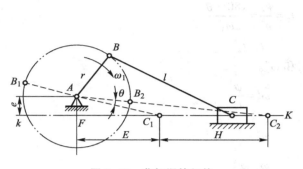

图3-27　曲柄滑块机构

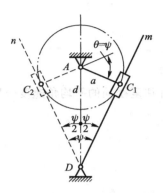

图3-28　摆动导杆机构

在很多机器中利用机构的急回特性节省空行程的时间，从而提高生产效率。如牛头刨床中采用的导杆机构就起到了这种作用。

3.2.2　四杆机构的传力特性

1. 压力角和传动角

1）压力角

在图3-29所示的铰链四杆机构中，如果不考虑构件的惯性力和铰链中的摩擦力，则连杆2为二力共线的构件。主动件1通过连杆2驱动从动摇杆3摆动，连杆2对摇杆3在 C 点的作用力 F 将沿着 $\overrightarrow{BC}$ 方向。力 F 可分解为与点 C 运动速度 v_C 同向的分力 F_t 和与 v_C 方向垂直的外力 F_n。力 F 与 v_C 方向之间所夹的锐角 α 为压力角。

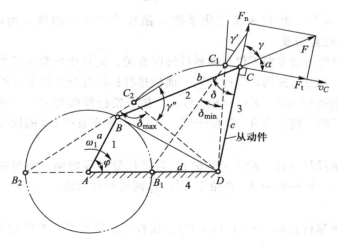

图3-29　压力角和传动角

对一般机构，压力角定义为：从动件上的受力方向与该点速度方向之间所夹的锐角称为机构的压力角。

由力的分解可以看出，沿着速度方向的有效分力 $F_t = F\cos\alpha$，垂直 F_t 的分力 $F_n = F\sin\alpha$，力 F_n 只能使铰链 C、D 产生压力，希望它能越小越好；力 F_t 才能使从动摇杆 3 转动，所以希望 F_t 愈大愈好。因此，压力角 α 越小越好。

2）传动角

在图 3-29 中，压力角的余角定义为机构的传动角，用 γ 表示。由上面分析可知，传动角 γ 越大（α 越小）对传动越有利。所以，为了保证所设计的机构具有良好的传动性能，通常应使最小传动角 $\gamma_{min} \geqslant 40°$，在传递力矩较大的情况下，应使 $\gamma_{min} \geqslant 50°$。在具体设计铰链四杆机构时，一定要校验最小传动角 γ_{min} 是否满足要求。

由图 3-29 可见，当连杆 2 和摇杆 3 的夹角 δ 为锐角时，$\gamma = \delta$；当 δ 为钝角时，$\gamma = 180°-\delta$。由图 3-29 还可以看出，角 δ 是随曲柄转角 φ 的变化而改变的。机构在任意位置时，由图 3-29 中两个三角形 $\triangle ABD$ 和 $\triangle BCD$ 可得以下关系式：

$$\begin{cases} \overline{BD}^2 = a^2 + d^2 - 2ad\cos\varphi \\ \overline{BD}^2 = b^2 + c^2 - 2bc\cos\delta \end{cases}$$

由以上二式，可得

$$\cos\delta = \frac{b^2 + c^2 - a^2 - d^2 + 2ad\cos\varphi}{2bc} \tag{3-9}$$

分析式（3-9）可知，角 δ 是随各杆长和原动件转角 φ 变化而变化的。当 δ 是锐角时，$\gamma = \delta$；当 δ 是钝角时，$\gamma = 180°-\delta$。所以，在曲柄转动一周的过程中（$\varphi = 0 \sim 360°$），只有 δ 为 δ_{min} 或 δ_{max} 时，才会出现最小传动角。由图 3-29 可知，当 $\varphi = 0°$ 和 $\varphi = 180°$ 时，所对应的 δ 为 δ_{min} 和 δ_{max}，从而得

$$\begin{cases} \delta_{min} = \arccos\dfrac{b^2 + c^2 - (d-a)^2}{2bc} \\ \delta_{max} = \arccos\dfrac{b^2 + c^2 - (a+d)^2}{2bc} \end{cases} \tag{3-10}$$

由式（3-10）可求得可能出现最小传动角的两个位置：

$$\begin{cases} \gamma'_{min} = \delta_{min} \\ \gamma''_{min} = 180° - \delta_{max} \end{cases} \tag{3-11}$$

比较 γ'_{min} 和 γ''_{min}，找出其中较小的角就是最小传动角 γ_{min}。

2. 止点

1）止点位置

所谓机构的止点位置，就是指从动件的传动角 $\gamma = 0°$ 时机构所处的位置。图 3-30 所示为缝纫机中所采用的曲柄摇杆机构，当主动件摇杆 1（脚踏板）位于两个极限位置（DC_1 和 DC_2）时，从动件曲柄 3 的传动角 $\gamma = 0°$，无论给主动件摇杆 1 施加多大的力，从动件曲柄 3 都不会转动，此时机构处于止点位置。

2）止点位置在机构中的作用

对于传动机构，机构有止点位置对运动是不利的，需采取措施使机构能顺利通过这些

位置。

对于有止点位置的机构，在连续运转状态可以利用从动件的惯性使其通过止点位置。例如，图 3-30 所示的缝纫机踏板机构，就是利用带轮的惯性使从动件通过止点位置的。

对平行四边形机构，可以通过增加附加杆组的方法使机构通过止点位置，如图 3-31 所示的机车车轮联动机构就是利用这种方法。将两组同样的机构组合起来，同时在左、右车轮两组曲柄滑块机构中将曲柄 AB 与 $A'B'$ 位置错开 $90°$，这样可克服机构的止点位置。

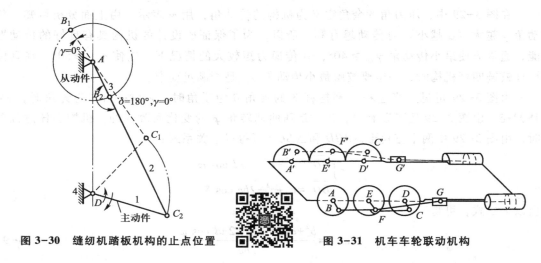

图 3-30   缝纫机踏板机构的止点位置   图 3-31   机车车轮联动机构

双摇杆机构也有止点位置，在实际设计中常采取限制摆杆的角度来避免止点位置。

在双曲柄机构中，由于从动件连续转动没有极限位置，所以无止点位置。

机构中止点位置并非总是起消极作用。在工程实际中，也常利用止点位置来实现特定的工作要求。图 3-32 所示为飞机的起落架机构，当连杆 2 与从动连架杆 3 位于同一直线时，因机构处于止点位置，故机轮着地时产生的巨大冲击力不会使从动件 3 摆动，总是保持着支撑状态。

图 3-33 所示为夹紧工件用的连杆式快速夹紧机构，它是利用机构的止点位置实现工件的夹紧。在连杆 2 的手柄处施以压力 F_P 将工件夹紧，连杆 BC 与连架杆 CD 成一直线，即机构处于止点位置。去除外力 F_P 后，工件受反弹力 F_N 的作用，即使 F_N 很大，也不会使工件松脱。

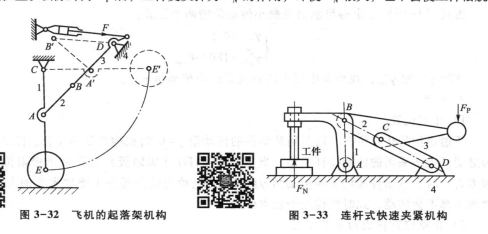

图 3-32   飞机的起落架机构   图 3-33   连杆式快速夹紧机构

3.3　平面四杆机构的设计

3.3.1　四杆机构设计的基本问题

平面四杆机构设计主要是根据给定的要求选定机构的形式，确定各构件的尺寸，同时还要满足结构条件、动力条件等。

根据机械的用途和性能要求的不同，对四杆机构设计的要求是多种多样的，但这些设计要求可归纳为以下三类问题：

（1）满足预定的连杆位置要求。即要求连杆能占据一系列的预定位置。因这类设计问题要求机构能引导连杆按一定方位通过预定位置，故又称为刚体导引问题。

（2）满足预定的运动规律要求。如要求两连架杆的转角能够满足预定的对应位置关系，或要求在原动件运动规律一定的条件下，从动件能够准确地或近似地满足预定的运动规律要求。

（3）满足预定的轨迹要求。即要求在机构运动过程中，连杆上某些点的轨迹能符合预定的轨迹要求。

连杆机构的设计方法有图解法、解析法和实验法。图解法简单易行，几何关系清晰，但精确程度稍差；解析法精度高，但比较抽象，而且求解过程比较繁；实验法简单易行，直观性较强，可免去大量的作图工作量，但精度差。

3.3.2　平面四杆机构的设计

1. 按预定的连杆位置设计四杆机构

1）图解法

（1）连杆位置用两个动铰链中心表示

如图 3-34 所示，连杆位置用两个动铰链中心 B、C 两点表示。连杆依次经过三个预期位置 B_1C_1、B_2C_2 和 B_3C_3 的四杆机构设计过程如下：由于机构运动过程中两连架杆长度不变，故可分别作 B_1B_2 和 B_2B_3 的中垂线，其交点即为固定铰链中心 A，又分别作 C_1C_2 和 C_2C_3 的中垂线，其交点为固定铰链中心 D，而 AB_1C_1D 即为所求铰链四杆机构在第一个位置时的机构图。通过按比例作图，由图上量得的尺寸乘以比例尺，即得两连架杆和机架的长度。

由上述作图过程可知，实现 BC 三个位置的四杆机构是唯一的。

如果 B_1、B_2、B_3 或 C_1、C_2、C_3 位于一条直线上，则得含一个移动副的四杆机构。

如果仅给定 BC 的两个位置，则有无穷多个解。此时可添加一些其他条件，如满足整转副存在条件，最小传动角条件，固定铰链中心 A、D 的位置范围要求等，以获得唯一解。

如果给定 BC 的四个位置，因四个点并不总在同一圆周上，因而可能导致无解。

（2）连杆位置用连杆平面上任意两点表示

如图 3-35 所示，已知连杆平面上两点 M、N 的三个预期位置序列为 M_i、N_i（$i=1$，2，3），两固定铰链中心位于 A、D 位置，要求确定连杆及两连架杆的长度。

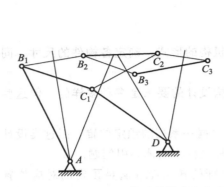

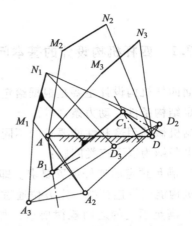

图 3-34   连杆位置用两个动铰链中心表示   **图 3-35   连杆位置用连杆平面上任意两点表示**

此问题可采用"转换机架法"进行设计，即取连杆的第一个位置 M_1N_1（也可取第二或第三个位置）为"机架"，找出 A、D 相对于 M_1N_1 的位置序列，从而将原问题转化为已知 A、D 相对于 M_1N_1 三个位置的设计问题。为此将四边形 AM_2N_2D 和 AM_3N_3D 予以刚化，并搬动这两个四边形使 M_2N_2 和 M_3N_3 均与 M_1N_1 重合，此时原来对应于 M_2N_2 和 M_3N_3 的 AD 则到达 A_2D_2 和 A_3D_3。分别作 AA_2 和 A_2A_3 的中垂线，其交点即为铰链中心 B_1，而 DD_2 和 D_2D_3 中垂线的交点为铰链中心 C_1，AB_1C_1D 即为满足给定要求的铰链四杆机构。

2）解析法

对于图 3-36 所示的铰链四杆机构，在机架上建立固定坐标系 Oxy，已知连杆平面上两点 M、N 在该坐标系中的位置坐标序列为 M_i（x_{Mi}，y_{Mi}）、N_i（x_{Ni}，y_{Ni}）（$i=1$，2，…，n）。以 M 为原点在连杆上建立动坐标系 $Mx'y'$，其中 x' 轴正向为 $\overrightarrow{MN}$ 的方向。

设 B、C 两点在动坐标系中的位置坐标为（x'_B，y'_B）、（x'_C，y'_C），在固定坐标系中与 M_i、N_i 相对应的位置坐标为（x_{Bi}，y_{Bi}）、（x_{Ci}，y_{Ci}），则 B、C 两点分别在固定坐标系和动坐标系中的坐标变换关系为

$$\begin{cases} x_{Bi}=x_{Mi}+x'_B\cos\varphi_i-y'_B\sin\varphi_i \\ y_{Bi}=y_{Mi}+x'_B\sin\varphi_i+y'_B\cos\varphi_i \end{cases} \quad (3\text{-}12a)$$

$$\begin{cases} x_{Ci}=x_{Mi}+x'_C\cos\varphi_i-y'_C\sin\varphi_i \\ y_{Ci}=y_{Mi}+x'_C\sin\varphi_i+y'_C\cos\varphi_i \end{cases} \quad (3\text{-}12b)$$

其中，φ_i 为 x 轴正向至 x' 轴正向沿逆时针方向的夹角，由下式给出：

$$\varphi_i=\arctan\frac{y_{Mi}-y_{Ni}}{x_{Mi}-x_{Ni}} \quad (3\text{-}13)$$

若固定铰链中心 A、D 在固定坐标系中的位置坐标记为（x_A，y_A）和（x_D，y_D），则根据机构运动过程

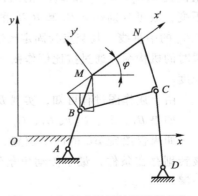

图 3-36   解析法设计铰链四杆机构

中两连架杆长度保持不变的条件，可得

$$(x_{Bi}-x_A)^2+(y_{Bi}-y_A)^2=(x_{B1}-x_A)^2+(y_{B1}-y_A)^2 \qquad (i=2,3,\cdots,n) \quad (3-14)$$

$$(x_{Ci}-x_D)^2+(y_{Ci}-y_D)^2=(x_{C1}-x_D)^2+(y_{C1}-y_D)^2 \qquad (i=2,3,\cdots,n) \quad (3-15)$$

将式（3-12a）代入式（3-14）并整理得

$$E_i x'_B - F_i y'_B + G_i = 0 \qquad (i=2,3,\cdots,n) \quad (3-16)$$

式中：

$$E_i=(x_{Mi}\cos\varphi_i-x_{M1}\cos\varphi_1)+(y_{Mi}\sin\varphi_i-y_{M1}\sin\varphi_1)- \\ x_A(\cos\varphi_i-\cos\varphi_1)-y_A(\sin\varphi_i-\sin\varphi_1) \quad (3-17)$$

$$F_i=(x_{Mi}\sin\varphi_i-x_{M1}\sin\varphi_1)-(y_{Mi}\cos\varphi_i-y_{M1}\cos\varphi_1)- \\ x_A(\sin\varphi_i-\sin\varphi_1)+y_A(\cos\varphi_i-\cos\varphi_1) \quad (3-18)$$

$$G_i=(x_{Mi}^2+y_{Mi}^2)/2-(x_{M1}^2+y_{M1}^2)/2- \\ x_A(x_{Mi}-x_{M1})-y_A(y_{Mi}-y_{M1}) \quad (3-19)$$

当 A、D 位置没有给定时，式（3-16）含有四个未知量 x'_B、y'_B 和 x_A、y_A，共有（$n-1$）个方程，其有解的条件为 $n \le 5$，即四杆机构最多能精确实现连杆五个给定位置。当 $n<5$ 时，可预先选定某些机构参数，以获得唯一解。同样将式（3-12b）代入式（3-15），得含四个未知量 x'_C、y'_C 和 x_D、y_D 的（$n-1$）个方程。求出 x'_B、y'_B、x_A、y_A 和 x'_C、y'_C、x_D、y_D 后，利用上述关系即可求得连杆、机架及两连架杆的长度。

若 A、D 位置预先给定，则四杆机构最多可精确实现连杆三个预期位置。

2. 按预定的运动规律设计四杆机构

1）图解法

（1）按给定两连架杆对应位移设计四杆机构

如图 3-37a 所示，已知两连架杆的两组对应角位移分别为 φ_{12} 和 ψ_{12} 以及 φ_{13} 和 ψ_{13}，即当连架杆 1 上某一直线 AE 由 AE_1 分别转过角 φ_{12} 和 φ_{13} 到达 AE_2 和 AE_3 时，另一连架杆 3 上某一直线 DF 由 DF_1 分别转过角 ψ_{12} 和 ψ_{13} 到达 DF_2 和 DF_3。试设计实现此运动要求的铰链四杆机构。

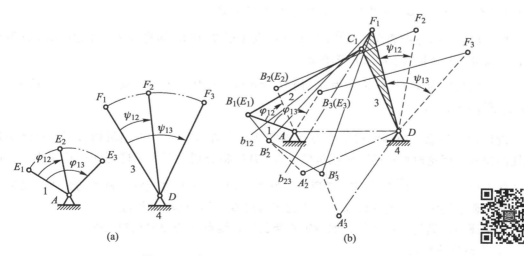

图 3-37 给定两连架杆对应位移设计四杆机构

　　由于两连架杆角位移的对应关系，只与各构件的相对长度有关。因此在设计时，可根据具体情况，适当选取机架 AD 的长度，如图 3-37b 所示，并分别由 A、D 引出任意射线 AE_1 和 DF_1，作为两连架杆的第一位置线，再根据给定的两组对应角位移分别作出两连架杆的第二和第三位置。在连架杆 1 上任取一点作为动铰链中心 B 的位置，如图中取 B 与 E 重合。这时动铰链中心 C 的位置可采用转换机架法确定：取 DF_1 为"机架"，将四边形 AB_2F_2D 和 AB_3F_3D 予以刚化，并搬动这两个四边形使 DF_2 和 DF_3 均与 DF_1 重合，此时原来对应于 DF_2 和 DF_3 的 AB_2 和 AB_3 分别到达 $A_2'B_2'$ 和 $A_3'B_3'$，从而将确定点 C 位置的问题转化为已知 AB 相对于 DF_1 三个位置的设计问题。为此，分别作 B_1B_2' 和 $B_2'B_3'$ 的中垂线，两中垂线的交点即为铰链中心 C_1，而 AB_1C_1D 即为满足给定运动要求的铰链四杆机构。

　　由上述作图过程可知，两四边形的搬动过程相当于其绕 D 点的旋转，当取 DF_2 或 DF_3 为"机架"进行设计时也是如此，因此上述设计方法亦称为旋转法。为减少作图线条，可仅将 DB_2 和 DB_3 绕点 D 分别转过角 $-\psi_{12}$ 和 $-\psi_{13}$，即得 B_2' 和 B_3' 两点。

　　由于机架长度和动铰链中心 B 的位置可以任选，因此实现两连架杆两组对应角位移的铰链四杆机构有无穷多个。铰链四杆机构最多能精确实现两连架杆四组对应角位移，其设计可参考相关文献。

　　如果连架杆 3 是与机架组成移动副的滑块，则可用含一个移动副的四杆机构实现两连架杆的对应位移，设计方法与上述铰链四杆机构一致。

　　（2）按给定从动件行程和行程速度变化系数设计四杆机构

　　根据行程速度变化系数设计四杆机构时，可利用机构在极限位置时的几何关系，再结合其他辅助条件进行设计。现将几种常见的急回机构的作图设计方法介绍如下。

　　① 曲柄摇杆机构

　　已知摇杆的长度 $\overline{CD}$、摆角 ψ 及行程速度变化系数 K，试设计此曲柄摇杆机构。

　　设计时，先根据式（3-8），$\theta = 180°\dfrac{K-1}{K+1}$，算出极位夹角 θ。

　　然后根据摇杆长度 $\overline{CD}$ 及摆角 ψ 作出摇杆的两极限位置 C_1D 及 C_2D（图 3-38），再作 $C_2M \perp C_1C_2$，作 $\angle C_2C_1N = 90°-\theta$，$C_2M$ 与 C_1N 交于 P。

　　作 $\triangle PC_1C_2$ 的外接圆则圆弧 $\overparen{C_1PC_2}$ 上任一点 A 至 C_1 和 C_2 的连线之夹角 $\angle C_1AC_2$ 都等于极位夹角 θ，所以曲柄轴心 A 应选在此圆弧上。

　　设曲柄长度为 a，连杆长度为 b，则 $\overline{AC_1} = b+a$，而 $\overline{AC_2} = b-a$，故 $a = (\overline{AC_1}-\overline{AC_2})/2$，$b = (\overline{AC_1}+\overline{AC_2})/2$。

　　设计时应注意，曲柄的转动中心 A 不能选在劣弧 $\overparen{FG}$ 段上，否则机构将不满足运动连续性的要求，因这时机构的两极限位置 DC_1、DC_2 将分别在两个不连通的可行域内。若曲柄的转动中心 A 选在 $\overparen{C_1G}$、$\overparen{C_2F}$ 两弧段上，则当 A 向 G（F）靠近时，机构的最小传动角将随之减小而趋向零，故曲柄转动中心 A 适当远离 G（F）点较为有利。

　　如果还给出其他附加条件，如给定机架长度，则点 A 的位置也随之唯一确定。

　　② 曲柄滑块机构

　　已知曲柄滑块机构的行程速度变化系数 K、冲程 H 和偏距 e，要求设计此机构。

先计算极位夹角 θ，然后作线段 $\overline{C_1 C_2} = H$（图 3-39），作 $\angle OC_2 C_1 = \angle OC_1 C_2 = 90° - \theta$，以交点 O 为圆心，过 C_1、C_2 作圆，则曲柄的转动中心 A 应在该圆上。

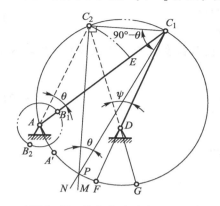

图 3-38 按行程速度变化系数
设计曲柄摇杆机构

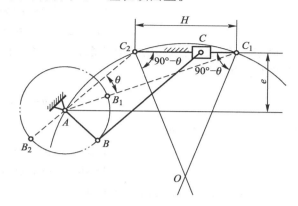

图 3-39 按行程速度变化系数
设计曲柄滑块机构

再作一直线与 $C_1 C_2$ 平行，其间的距离等于偏距 e，则此直线与上述圆弧的交点即为曲柄转动中心 A 的位置。

点 A 确定后，曲柄和连杆的长度 a、b 也即随之确定。

③ 导杆机构

已知摆动导杆机构的机架长度 d、行程速度变化系数 K，要求设计此机构。

由图 3-40 可以看出，导杆机构的极位夹角 θ 与导杆的摆角 ψ 相等。设计时先计算极位夹角 θ，然后作 $\angle mDn = \psi = \theta$，再作 $\angle mDn$ 的平分线，并在该线上取 $l_{DA} = d$，得曲柄的转动中心 A，过点 A 作导杆任一极限位置的垂线 AC_1（或 AC_2），即为曲柄，故 $a = d\sin(\psi/2)$。

2）解析法

（1）按给定两连架杆对应位移设计四杆机构

在图 3-41 所示的铰链四杆机构中，已知两连架杆 AB 和 DC 沿逆时针方向的对应角位移序列为 φ_{1i} 和 ψ_{1i}（$i = 2, 3, \cdots, n$），要求确定各构件的长度 a、b、c、d。

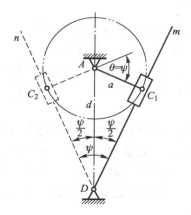

图 3-40 按行程速度变化系数
设计导杆机构

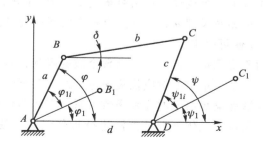

图 3-41 给定两连架杆对应位移
解析法设计四杆机构

以 A 为原点、机架 AD 为 x 轴建立直角坐标系 Axy，则两连架杆 AB 和 CD 相对于 x 轴的位置角之间有如下关系：

$$\begin{cases} a\cos\varphi + b\cos\delta = d + c\cos\psi \\ a\sin\varphi + b\sin\delta = c\sin\psi \end{cases} \tag{3-20}$$

由于两连架杆角位移的对应关系，只与各构件的相对长度有关，为此以杆 AB 的长度 a 为基准，并设

$$m = \frac{b}{a}, \quad n = \frac{c}{a}, \quad p = \frac{d}{a} \tag{3-21}$$

将其代入式（3-20）得

$$\begin{cases} m\cos\delta = p + n\cos\psi - \cos\varphi \\ m\sin\delta = n\sin\psi - \sin\varphi \end{cases}$$

将上式等号两边平方后相加，并整理得

$$\cos\varphi = P_0\cos\psi + P_1\cos(\psi - \varphi) + P_2 \tag{3-22}$$

式中：

$$P_0 = n, \quad P_1 = -\frac{n}{p}, \quad P_2 = \frac{p^2 + n^2 + 1 - m^2}{2p} \tag{3-23}$$

若两连架杆 AB 和 DC 第一位置线相对于 x 轴的夹角分别记为 φ_1 和 ψ_1，则两连架杆第 i 位置相对于 x 轴的夹角分别为 $(\varphi_{1i} + \varphi_1)$ 和 $(\psi_{1i} + \psi_1)$。将式（3-22）用于两连架杆的第一和第 i 位置，有

$$\begin{cases} \cos\varphi_1 = P_0\cos\psi_1 + P_1\cos(\psi_1 - \varphi_1) + P_2 \\ \cos(\varphi_{1i} + \varphi_1) = P_0\cos(\psi_{1i} + \psi_1) + P_1\cos\left[(\psi_{1i} + \psi_1) - (\varphi_{1i} + \varphi_1)\right] + P_2 \end{cases} \tag{3-24}$$

式（3-24）中含有 P_0、P_1、P_2、φ_1 和 ψ_1 五个未知量，共有 n 个方程，其有解的条件为 $n \leq 5$，即铰链四杆机构最多能精确实现两连架杆四组对应角位移，也即两连架杆五组对应角位置。

若 φ_1 和 ψ_1 也预先给定，则铰链四杆机构最多能精确实现两连架杆两组对应角位移，此时式（3-24）可写为

$$\begin{cases} \cos\varphi_1 = P_0\cos\psi_1 + P_1\cos(\psi_1 - \varphi_1) + P_2 \\ \cos(\varphi_{12} + \varphi_1) = P_0\cos(\psi_{12} + \psi_1) + P_1\cos\left[(\psi_{12} + \psi_1) - (\varphi_{12} + \varphi_1)\right] + P_2 \\ \cos(\varphi_{13} + \varphi_1) = P_0\cos(\psi_{13} + \psi_1) + P_1\cos\left[(\psi_{13} + \psi_1) - (\varphi_{13} + \varphi_1)\right] + P_2 \end{cases} \tag{3-25}$$

由以上三个线性方程组可解出 P_0、P_1 和 P_2。将 P_0、P_1 和 P_2 值代入式（3-23）即得各构件的相对长度 m、n、p。再根据实际需要选定构件 AB 的长度 a 后，其他构件的长度 b、c、d 便可确定。

由于受到机构待定尺寸参数个数的限制，四杆机构最多只能精确实现两连架杆五组对应位置。如果给定的对应位置超过五组，甚至希望机构在一定运动范围内，两连架杆对应位置参数能满足给定的连续函数关系，那么四杆机构只能近似实现给定运动规律。此类问题可采用函数最优逼近等方法进行近似设计，使两连架杆再现的函数与给定函数之误差最小。

（2）按给定从动件行程和行程速度变化系数设计四杆机构

若给定曲柄摇杆机构中摇杆 CD 的长度 c、摆角 ψ 以及行程速度变化系数 K，则由式

（3-8）可算出极位夹角 θ 并可作圆 η，如图 3-42 所示。圆 η 的半径为

$$r = l_{OC1} = \frac{c\sin\dfrac{\psi}{2}}{\sin\theta} \qquad (3-26)$$

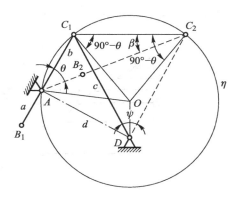

固定铰链中心 A 可在圆 η 的两段圆弧上任选，即有无穷多个解。若再给定某些附加条件，点 A 的位置就受到了限制，不同附加条件对应的各构件长度的求解方法也略有差异。

如图 3-42 所示，若以 $\beta = \angle AC_2C_1$ 表示点 A 在圆 η 上的位置，并引入符号系数 δ。当 $\theta \geqslant \dfrac{\psi}{2}$ 时，$\delta = +1$；当 $\theta < \dfrac{\psi}{2}$ 时，$\delta = -1$。对于 $\theta < 90°$ 并按 I 型曲柄摇杆机构进行设计时，有

图 3-42 给定行程速度变化系数解析法设计四杆机构

$$g = l_{OD} = \frac{c\sin\left[\delta\left(\theta - \dfrac{\psi}{2}\right)\right]}{\sin\theta} \qquad (3-27)$$

$$l_{AC1} = b - a = \frac{l_{C1C2}\sin\beta}{\sin\theta} = 2r\sin\beta = \frac{2c\sin\beta\sin\dfrac{\psi}{2}}{\sin\theta} \qquad (3-28)$$

$$l_{AC2} = b + a = \frac{l_{C1C2}\sin(\beta+\theta)}{\sin\theta} = 2r\sin(\beta+\theta) = \frac{2c\sin(\beta+\theta)\ \sin\dfrac{\psi}{2}}{\sin\theta} \qquad (3-29)$$

$$a = \frac{c\sin\dfrac{\psi}{2}\left[\sin(\beta+\theta) - \sin\beta\right]}{\sin\theta} \qquad (3-30)$$

$$b = \frac{c\sin\dfrac{\psi}{2}\left[\sin(\beta+\theta) + \sin\beta\right]}{\sin\theta} \qquad (3-31)$$

$$d = \sqrt{r^2 + g^2 + 2rg\delta\cos(2\beta+\theta)} \qquad (3-32)$$

若附加条件为给定机架 AD 的长度 d，则由式（3-32）可求得角 β，将其代入式（3-30）和式（3-31）便可求得曲柄 AB 和连杆 BC 的长度 a 和 b。

又若附加条件为给定最小传动角 $\gamma_{\min}$，则对于 I 型曲柄摇杆机构，有

$$\cos\gamma_{\min} = \frac{b^2 + c^2 - (d-a)^2}{2bc} \qquad (3-33)$$

将式（3-30）~式（3-32）代入式（3-33），得未知量仅为 β 的方程 $\cos\gamma_{\min} = f(\beta)$。采用数值方法求解此式，便可确定最小传动角为给定值时的 β 角及 A 点的位置。将 β 值代入式（3-30）~式（3-32），即可求得 a、b、d。

3）实验法

按两连架杆对应的角位移设计四杆机构，在实际工作中，有时要求实现机构的两个连架杆

之间多组的对应位置，用图解法很难在作图的精度范围内精确求解。这时，可以采用实验法近似设计四杆机构。如图 3-43a 所示，给定两个连架杆的 7 组对应角位移，设计一铰链四杆机构。

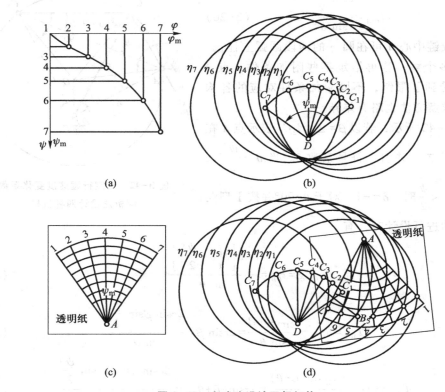

图 3-43   实验法设计四杆机构

首先，任选从动连架杆 CD 和连杆 BC 的长度。如图 3-43b 所示，在图样上作出从动连架杆的各个对应位置 C_1D、C_2D、$\cdots$、C_7D，然后以 C_1、C_2、$\cdots$、C_7 为圆心，以所选连杆长度 BC 为半径作圆 η_1、η_2、$\cdots$、η_7。

然后，用一张透明纸或透明板，作出原动连架杆的各个对应位置 A_1、A_2、$\cdots$、A_7，并以 A 为圆心，画出若干不同半径的圆弧，如图 3-43c 所示。

试凑时，将此透明纸覆盖在图 3-43b 所示的图样上，并且缓慢移动。移动时，要注意透明纸上的各条射线与图样上相应各圆的交点是否能落在透明纸同一圆弧上。若相应的 7 个交点落在某一圆弧上（图中只标出了其中一个交点 B_5），则根据此透明纸的位置，可以求得所需的机架 AD 的长度和连架杆 AB 的长度，如图 3-43d 所示，即得到四杆机构 $ABCD$。如果求得的四杆机构 $ABCD$ 不能满足最小传动角或曲柄存在条件等辅助条件，则另选连架杆 CD 的长度，或另选连杆 BC 的长度，重复上述的试凑过程。可能所选长度难以使各交点落在同一圆弧上，也要重新选择 CD 或 BC 长度进行试凑。

3. 按预定的运动轨迹设计四杆机构

1）解析法

如图 3-44 所示的铰链四杆机构，以铰链中心 A 为原点、机架 AD 为 x' 轴建立直角坐标系 $Ax'y'$。若连杆上一点 M 在该坐标系中的位置坐标为 (x', y')，则有

$$x' = a\cos\varphi + l\cos\beta \qquad (3-34)$$
$$y' = a\sin\varphi + l\sin\beta \qquad (3-35)$$

或

$$x' = d + c\cos\psi + m\cos(\beta+\delta) \qquad (3-36)$$
$$y' = c\sin\psi + m\sin(\beta+\delta) \qquad (3-37)$$

由式（3-34）和式（3-35）消去 φ，得

$$2lx'\cos\beta + 2ly'\sin\beta = x'^2 + y'^2 + l^2 - a^2 \qquad (3-38)$$

由式（3-36）和式（3-37）消去 ψ，得

$$2(x'-d)m\cos(\beta+\delta) + 2y'm\sin(\beta+\delta) = (x'-d)^2 + y'^2 + m^2 - c^2 \qquad (3-39)$$

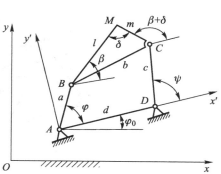

**图 3-44 按预定的运动轨迹
解析法设计四杆机构**

再由式（3-38）和式（3-39）消去 β，则得在坐标系 $Ax'y'$ 中表示 M 点的曲线方程：

$$U^2 + V^2 = W^2 \qquad (3-40)$$

式中：

$$U = m\left[(x'-d)\cos\delta + y'\sin\delta\right](x'^2+y'^2+l^2-a^2) - lx'\left[(x'-d)^2+y'^2+m^2-c^2\right]$$
$$V = m\left[(x'-d)\sin\delta - y'\cos\delta\right](x'^2+y'^2+l^2-a^2) + ly'\left[(x'-d)^2+y'^2+m^2-c^2\right]$$
$$W = 2lm\sin\delta[x'(x'-d)+y'^2-dy'\cos\delta]$$

所以，式（3-40）是关于 x'、y' 的一个六次代数方程。

在用铰链四杆机构的连杆点 M 再现给定轨迹时，给定轨迹通常在另一坐标系 Oxy 中表示。如图 3-44 所示，若设点 A 在坐标系 Oxy 中的位置坐标为 (x_A, y_A)，x 轴正向至 x' 轴正向沿逆时针方向的夹角为 φ_0，点 M 在坐标系 Oxy 中的坐标为 (x, y)，则有

$$\begin{cases} x' = (x-x_A)\cos\varphi_0 + (y-y_A)\sin\varphi_0 \\ y' = -(x-x_A)\sin\varphi_0 + (y-y_A)\cos\varphi_0 \end{cases} \qquad (3-41)$$

将上式代入式（3-40），得关于 x、y 的六次代数方程：

$$f(x, y, x_A, y_A, a, b, c, d, l, m, \beta) = 0 \qquad (3-42)$$

式中共有九个待定尺寸参数，即铰链四杆机构的连杆点最多能精确通过给定轨迹上所选的九个点。若已知给定轨迹上九个点在坐标系 Oxy 的坐标值为 (x_{Mi}, y_{Mi})（$i=1, 2, \cdots, 9$），将其代入式（3-42），得九个非线性方程，采用数值方法解此方程组，便可求得机构的九个待定尺寸参数。当需通过的轨迹点数少于九个时，可预先选定某些机构参数，以获得唯一解；而当轨迹点数大于九个时，由于受到待定尺寸参数个数的限制，铰链四杆机构的连杆点只能近似实现给定要求。

2）实验法

如图 3-45 所示，设已给定连架杆 AB 的长度及其固定铰链 A，给定连杆上一点 M，现要求设计一四杆机构，使连杆上的点 M 沿着预期的运动轨迹曲线 m 运动。

要设计此四杆机构，在连杆上另外固接若干杆件，各杆件的端点分别为 C^I、C^{II}、$\cdots$，当点 M 沿曲线 m 移动一周，同时点 C^I、C^{II}、$\cdots$ 将描出各自相应的曲线 m^I、m^{II}、$\cdots$，从这些曲线中寻找一条圆弧曲线或直线，或近似圆弧的曲线，如图中曲线 m^{II}，则此圆弧曲线的圆心 D 即为连架杆 CD 的固定铰链。这时，BC^{II} 的长度即为所示的连杆长度 b，$C^{II}D$ 的长度即为所求的连架杆 CD 的长度 c，而 AD 的长度则为机架长度 d。

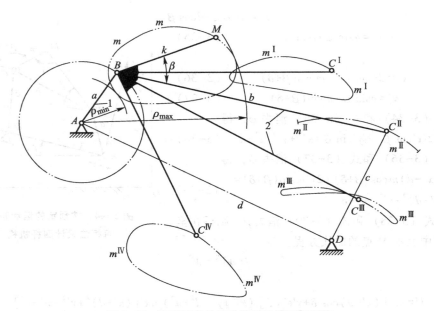

图 3-45　按照给定的运动轨迹设计四杆机构

　　按照给定的运动轨迹设计四杆机构的另一种简便方法是图谱法，即利用事先编制的连杆"曲线图谱"来求解。

　　图 3-46 所示为描绘连杆曲线的模型。取原动件 AB 的长度为 1 单位，其余各构件相对于构件 AB 的相对长度可调节。在连杆上固定一块不透明的多孔薄板，当机构运动时，板上的每个孔的运动轨迹就是一条连杆曲线。

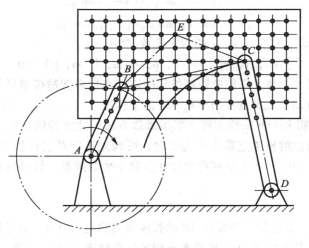

图 3-46　描绘连杆曲线的模型

　　为了把这些曲线记录下来，可以利用光束照射的办法把这些曲线印在感光纸上。这样就得到一组连杆曲线。依次改变 BE、EC、CD 相对 AB 构件的长度，就可以得到许多组连杆曲线。将这些连杆曲线按顺序整理汇编成册，即成连杆曲线图谱。图 3-47 所示为连杆机构分析图谱示意图，出自由 J. A. 朗内斯、G. L. 纳耳桑编著的《四连杆机构分析图谱》。根据预期的运动轨迹进行设计时，可从图谱中查出形状与要求实现的轨迹接近的连杆曲线及描绘该连杆曲线的四杆机构中各构件的相对长度，然后用缩放仪求出图谱中的连杆曲线和所要求的轨迹之间相差的倍数，并由此确定所求四杆机构的真实尺寸。

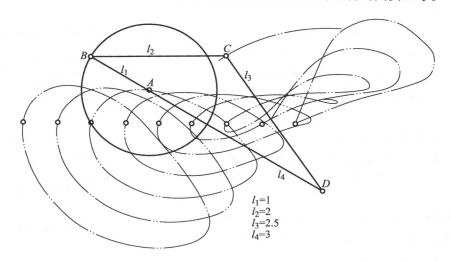

$l_1 = 1$
$l_2 = 2$
$l_3 = 2.5$
$l_4 = 3$

图 3-47　连杆机构分析图谱示意图

3.4　平面机构的运动分析

　　在已知机构的结构参数和主动构件运动的情况下，确定机构中其他构件或其上点的运动，称为对机构的运动分析。具体内容包括位移、速度和加速度分析。

　　对机构进行运动分析，主要基于以下目的：

　　通过对机构的位移分析，可以确定机构中构件运动时所需的空间，判断机构运动时各构件之间是否会互相干涉。确定机构中从动件的行程或机构中某一构件上点的位置、轨迹是否能实现预期的要求。

　　通过速度分析可了解从动件速度的变化是否满足工作要求。另外，速度分析是加速度分析的基础。

　　通过对机构进行加速度分析，可以了解机构中某些构件或其上点的加速度是否满足预期的工作要求，判断机构运动的动力学特性，如是否存在冲击以及冲击的类型等。另外，加速度是计算构件惯性力的基础。所以，加速度分析又是对机构进行动力学研究的基础。

　　对机构进行运动分析主要有图解法和解析法。图解法的特点是形象、直观，用于平面机构简单方便，但精度和求解效率较低。解析法的计算精度较高，因此这种方法得到了广泛应用。解析法还可以将机构的分析与综合问题联系起来，以寻求机构的最优方案。

　　下面主要介绍用速度瞬心法求解平面机构的速度，用矢量方程法对平面机构进行运动分析。

3.4.1　平面机构速度分析的瞬心法

1. 速度瞬心的概念

两个作相对平面运动的构件（刚体），在任一瞬时，都可以认为它们是绕某一点作相对转动，该点即为瞬时速度中心，简称瞬心。对于构件 i 和 j，它们之间的速度瞬心用 P_{ij} 或 P_{ji} 表示。

两个构件在瞬心处没有相对速度，所以速度瞬心可以定义为：作平面相对运动的两构件上在某一瞬时相对速度为零的重合点。如图 3-48 所示的两构件 1 和 2，在图示的运动位置，构件 1 和 2 在点 P_{21} 的相对速度为零，即在该点两构件的绝对速度相等。

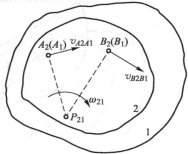

图 3-48　两构件的速度瞬心

若两构件的等速重合点的绝对速度等于零，则称该点为绝对速度瞬心。否则，称为相对速度瞬心。

2. 机构中瞬心的数目

由于每两个构件有一个速度瞬心，所以对于由 n 个构件组成的机构，其总的瞬心数 N 为

$$N = \frac{n(n-1)}{2} \tag{3-43}$$

3. 机构中瞬心位置的确定

机构中瞬心位置的确定可分为两类。一类是两构件之间直接通过运动副连接在一起，它们之间的瞬心可通过分析直接确定。另一类是两构件之间没有运动副直接连接，则它们之间的速度瞬心位置需通过"三心定理"确定。

1）通过运动副直接相连的两构件的瞬心

（1）以转动副连接的两构件的瞬心。如图 3-49a、b 所示，当两构件 1 和 2 以转动副连接时，转动副的中心即为它们之间的速度瞬心 P_{12}。图 3-49a、b 中的 P_{12} 分别为绝对瞬心和相对瞬心。

（2）以移动副连接的两构件的瞬心。如图 3-49c、d 所示，当两构件以移动副连接时，构件 1 相对于构件 2 移动的速度平行于导路方向，由此瞬心 P_{12} 位于移动副导路方向的垂线上的无穷远处。图 3-49c、d 中的 P_{12} 分别为绝对瞬心和相对瞬心。

（3）以平面高副连接的两构件的瞬心。如图 3-49e、f 所示，当两构件以平面高副连接时，如果两构件之间为纯滚动（ω_{12} 为相对滚动的角速度），则两构件的接触点 M 为两构件的瞬心，如图 3-49e 所示。

如果两构件之间既作相对滚动，又有相对滑动，如图 3-49f 所示，v_{M1M2} 为两构件接触点间的相对滑动速度，则不能直接定出两构件的瞬心 P_{12} 的具体位置，需通过"三心定理"确定。但是，由于构成高副的两构件始终保持接触，且两构件在接触点 M 处的相对滑动速度一定沿着高副接触点处的公切线 t-t 方向，所以两构件的瞬心 P_{12} 必定位于两构件在接触点处的公法线 n-n 上。

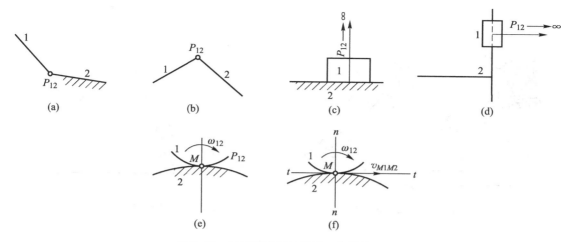

图 3-49 通过运动副连接的两构件的瞬心

2）不直接相连的两构件瞬心的确定

对于不直接以运动副相连的两构件的速度瞬心，可用三心定理来确定。所谓三心定理，就是三个作相对平面运动的构件共有三个速度瞬心，且它们位于同一条直线上。现证明如下：

如图 3-50 所示的是作相对平面运动的三个构件 1、2 和 3，它们之间应有三个瞬心 P_{12}、P_{13} 和 P_{23}。由于构件 1 和 2、构件 1 和 3 之间分别以转动副相连，所以 P_{12} 和 P_{13} 分别位于构件 1 和 2、1 和 3 构成的转动副的中心处，即可直接求出。现用反证法证明 P_{23} 必位于 P_{12} 和 P_{13} 的连线上。

为简单起见，假定构件 1 固定。在图 3-50 所示的位置，如果构件 2 和 3 的瞬心 P_{23} 不在 P_{12}、P_{13} 的连线上，而在 K 点。由于构件 2 是绕 P_{12} 点转动，所以作为构件 2 上的 K 点，其速度 v_{K2} 的方向应该垂直于 $P_{12}K$，如图 3-50 所示。同理，作为构件 3 上的 K 点，其速度 v_{K3} 的方向应该垂直于 $P_{13}K$，如图 3-50 所示。显然，速度 v_{K2} 和 v_{K3} 的方向不可能相同。根据速度瞬心的定义，v_{K2} 和 v_{K3} 应在任一位置都相等（即方向相同，且大小相等）。显然，只有当 P_{23} 位于 P_{12} 和 P_{13} 的连线上时，构件 2 和 3 的重合点 K 的绝对速度方向才能一致。所以，P_{23} 必位于 P_{12} 和 P_{13} 的连线上。

4. 速度瞬心在平面机构速度分析中的应用

在图 3-51 所示的平面四杆机构中，已知：各构件的杆长，主动件 1 以角速度 ω_1 等速转动，求：连杆 2 的角速度 ω_2 和从动件 3 的角速度 ω_3。

机构共有四个构件，应有六个速度瞬心。其中，瞬心 P_{14}、P_{12}、P_{23} 和 P_{34} 可直接求得，瞬心 P_{13} 和 P_{24} 可通过三心定理求得。

瞬心 P_{13} 一定为直线 $P_{34}P_{14}$ 和直线 $P_{23}P_{12}$ 的交点。同时构件 1 和 3 在点 P_{13} 处的绝对速度相等，所以有

$$\omega_1 \overline{P_{14}P_{13}} = \omega_3 \overline{P_{34}P_{13}}$$

由此可求得

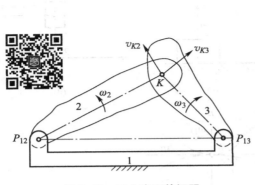

图 3-50　三心定理的证明

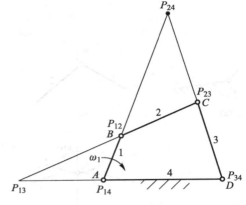

图 3-51　速度瞬心的应用

$$\omega_3 = \omega_1 \frac{\overline{P_{14}P_{13}}}{\overline{P_{34}P_{13}}}$$

瞬心 P_{24} 是构件 2 在该瞬时的转动中心。点 P_{12}（点 B）是构件 1 和构件 2 的瞬心，构件 1 和 2 在点 P_{12} 处的绝对速度相等，所以有

$$\omega_1 \overline{P_{14}P_{12}} = \omega_2 \overline{P_{24}P_{12}}$$

从而求得

$$\omega_2 = \omega_1 \frac{\overline{P_{14}P_{12}}}{\overline{P_{24}P_{12}}}$$

通过上述分析可见，利用瞬心法对四杆机构或平面高副机构进行速度分析很方便。但对于瞬心很多的多杆机构的速度分析，就显得很繁琐。更大的缺点是，瞬心法无法对机构进行加速度分析，又由于该方法是图解法，精确度较差，所以应用有很大的局限性。

3.4.2　平面机构运动分析的解析法

用解析法对平面连杆机构进行运动分析又可分为矢量方程法、杆组法和矩阵法等，本书介绍矢量方程法。矢量方程法与理论力学中介绍的矢量方程原理一样，就是将机构中各构件视为矢量并构成封闭位移矢量多边形，列出矢量方程，进而推导出未知量的表达式。

1. 铰链四杆机构

在图 3-52 所示的平面铰链四杆机构中，已知构件 1、2 和 3 的杆长分别为 l_1、l_2 和 l_3，AD 的长度为 l_4。主动件 1 以角速度 ω_1 逆时针匀速转动，其位置为 φ_1。要求确定构件 2 的转角 φ_2、角速度 ω_2 和角加速度 α_2，构件 3 的转角 φ_3、角速度 ω_3 和角加速度 α_3。

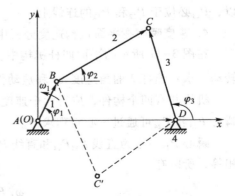

图 3-52　铰链四杆机构的运动分析

以机架 4 为横坐标建立图 3-52 所示的坐标系 Oxy，构件 1、2 和 3 的角位移分别用图 3-52 所示的 φ_1、φ_2 和 φ_3 表示，规定以逆时针方向为正。

1）位移分析

在图 3-52 中将各构件以矢量形式表示，即为矢量 $\boldsymbol{l}_1$、$\boldsymbol{l}_2$、$\boldsymbol{l}_3$ 和 $\boldsymbol{l}_4$，并构成封闭矢量图形 $ABCD$。由此可写出矢量方程为

$$\boldsymbol{l}_1 + \boldsymbol{l}_2 = \boldsymbol{l}_4 + \boldsymbol{l}_3 \tag{3-44}$$

以复数形式表示为

$$l_1 \mathrm{e}^{\mathrm{i}\varphi_1} + l_2 \mathrm{e}^{\mathrm{i}\varphi_2} = l_4 + l_3 \mathrm{e}^{\mathrm{i}\varphi_3} \tag{3-45}$$

展开后分别取实部和虚部：

$$l_1 \cos \varphi_1 + l_2 \cos \varphi_2 = l_4 + l_3 \cos \varphi_3 \tag{3-46a}$$

$$l_1 \sin \varphi_1 + l_2 \sin \varphi_2 = l_3 \sin \varphi_3 \tag{3-46b}$$

在式（3-46）中消去 φ_2 得

$$\varphi_3 = 2\arctan \frac{B \pm \sqrt{A^2 + B^2 - C^2}}{A - C} \tag{3-47}$$

式中：$A = l_4 - l_1 \cos \varphi_1$；

$\quad\quad B = -l_1 \sin \varphi_1$；

$\quad\quad C = \dfrac{A^2 + B^2 + l_3^2 - l_2^2}{2l_3}$。

式（3-47）中的"±"号要根据机构的初始位置和机构运动的连续性确定。在图 3-52 中，"+"对应实线所示的装配模式（$ABCD$）；"−"对应虚线所示的装配模式（$ABC'D$）。

将式（3-47）代入式（3-46b），可求得 φ_2 为

$$\varphi_2 = \arctan \frac{B + l_3 \sin \varphi_3}{A + l_3 \cos \varphi_3} \tag{3-48}$$

2）速度分析

将式（3-45）对时间求导，得

$$l_1 \omega_1 \mathrm{i} \mathrm{e}^{\mathrm{i}\varphi_1} + l_2 \omega_2 \mathrm{i} \mathrm{e}^{\mathrm{i}\varphi_2} = l_3 \omega_3 \mathrm{i} \mathrm{e}^{\mathrm{i}\varphi_3} \tag{3-49}$$

展开后，得

$$l_1 \omega_1 \cos \varphi_1 + l_2 \omega_2 \cos \varphi_2 = l_3 \omega_3 \cos \varphi_3 \tag{3-50a}$$

$$l_1 \omega_1 \sin \varphi_1 + l_2 \omega_2 \sin \varphi_2 = l_3 \omega_3 \sin \varphi_3 \tag{3-50b}$$

联立式（3-50a）和式（3-50b），可得出构件 2 和 3 的角速度：

$$\omega_2 = -\omega_1 \frac{l_1 \sin(\varphi_1 - \varphi_3)}{l_2 \sin(\varphi_2 - \varphi_3)} \tag{3-51a}$$

$$\omega_3 = \omega_1 \frac{l_1 \sin(\varphi_1 - \varphi_2)}{l_3 \sin(\varphi_3 - \varphi_2)} \tag{3-51b}$$

3）加速度分析

将式（3-49）再对时间求导，得

$$-l_1 \omega_1^2 \mathrm{e}^{\mathrm{i}\varphi_1} + l_2 \alpha_2 \mathrm{i} \mathrm{e}^{\mathrm{i}\varphi_2} - l_2 \omega_2^2 \mathrm{e}^{\mathrm{i}\varphi_2} = l_3 \alpha_3 \mathrm{i} \mathrm{e}^{\mathrm{i}\varphi_3} - l_3 \omega_3^2 \mathrm{e}^{\mathrm{i}\varphi_3} \tag{3-52}$$

展开后，得

$$l_1 \omega_1^2 \cos \varphi_1 + l_2 \alpha_2 \sin \varphi_2 + l_2 \omega_2^2 \cos \varphi_2 = l_3 \alpha_3 \sin \varphi_3 + l_3 \omega_3^2 \cos \varphi_3 \tag{3-53a}$$

$$-l_1\omega_1^2\sin\varphi_1+l_2\alpha_2\cos\varphi_2-l_2\omega_2^2\sin\varphi_2=l_3\alpha_3\cos\varphi_3-l_3\omega_3^2\sin\varphi_3 \tag{3-53b}$$

联立式（3-53a）和式（3-53b），可得出构件 2 和 3 的角加速度：

$$\alpha_2=\frac{l_3\omega_3^2-l_1\omega_1^2\cos(\varphi_1-\varphi_3)-l_2\omega_2^2\cos(\varphi_2-\varphi_3)}{l_2\sin(\varphi_2-\varphi_3)} \tag{3-54a}$$

$$\alpha_3=\frac{l_2\omega_2^2+l_1\omega_1^2\cos(\varphi_1-\varphi_2)-l_3\omega_3^2\cos(\varphi_3-\varphi_2)}{l_3\sin(\varphi_3-\varphi_2)} \tag{3-54b}$$

2. 曲柄滑块机构

在图 3-53 所示的曲柄滑块机构中，已知构件 1 和 2 的长度分别为 l_1 和 l_2，主动曲柄 1 以等角速度 ω_1 转动，其位置为 φ_1。要求确定构件 2 的转角 φ_2、角速度 ω_2 和角加速度 α_2，滑块 3 的位置 x_3、速度 v_3 和加速度 a_3。

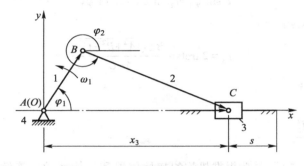

图 3-53 曲柄滑块机构的运动分析

建立以 O 为坐标原点，以滑块导路方向为 x 轴的坐标系 Oxy。

1）位移分析

由封闭矢量图 ABC 可得矢量方程为

$$\boldsymbol{l}_1+\boldsymbol{l}_2=\boldsymbol{x}_3 \tag{3-55a}$$

其复数形式为

$$l_1\mathrm{e}^{\mathrm{i}\varphi_1}+l_2\mathrm{e}^{\mathrm{i}\varphi_2}=x_3 \tag{3-55b}$$

展开后分别取实部和虚部：

$$l_1\cos\varphi_1+l_2\cos\varphi_2=x_3 \tag{3-56a}$$

$$l_1\sin\varphi_1+l_2\sin\varphi_2=0 \tag{3-56b}$$

联立式（3-56a）和式（3-56b），可得出 φ_2、x_3：

$$\varphi_2=\arcsin\frac{-l_1\sin\varphi_1}{l_2} \tag{3-57}$$

$$x_3=l_1\cos\varphi_1+l_2\cos\varphi_2 \tag{3-58}$$

2）速度分析

将式（3-55b）对时间求导，得

$$l_1\omega_1\mathrm{i}\mathrm{e}^{\mathrm{i}\varphi_1}+l_2\omega_2\mathrm{i}\mathrm{e}^{\mathrm{i}\varphi_2}=v_3 \tag{3-59}$$

展开后可求得

$$\omega_2=-\frac{l_1\omega_1\cos\varphi_1}{l_2\cos\varphi_2} \tag{3-60a}$$

$$v_3 = -\frac{l_1\omega_1\sin(\varphi_1-\varphi_2)}{\cos\varphi_2} \tag{3-60b}$$

3）加速度分析

将式（3-59）再对时间求导，得

$$-l_1\omega_1^2 e^{i\varphi_1}+l_2\alpha_2 ie^{i\varphi_2}-l_2\omega_2^2 e^{i\varphi_2}=a_3 \tag{3-61}$$

展开后联立求解，可得

$$\alpha_2 = \frac{l_1\omega_1^2\sin\varphi_1+l_2\omega_2^2\sin\varphi_2}{l_2\cos\varphi_2} \tag{3-62a}$$

$$a_3 = -\frac{l_1\omega_1^2\cos(\varphi_1-\varphi_2)+l_2\omega_2^2}{\cos\varphi_2} \tag{3-62b}$$

3. 导杆机构

在图 3-54 所示的导杆机构中，已知曲柄 1 的长度 l_1、转角 φ_1，以等角速度 ω_1 转动，中心距 l_4，要求确定导杆的转角 φ_3、角速度 ω_3 和角加速度 α_3，以及滑块在导杆上的位置 s、滑动速度 v_{B2B3} 及加速度 a_{B2B3}。

建立图 3-54 所示的坐标系 Oxy。

1）位移分析

由封闭矢量图 ABC 可得矢量方程为

$$\boldsymbol{l_4}+\boldsymbol{l_1}=\boldsymbol{s} \tag{3-63}$$

其复数形式为

$$l_4 i+l_1 e^{i\varphi_1}=se^{i\varphi_3} \tag{3-64}$$

展开后分别取实部和虚部：

$$l_1\cos\varphi_1=s\cos\varphi_3 \tag{3-65a}$$

$$l_4+l_1\sin\varphi_1=s\sin\varphi_3 \tag{3-65b}$$

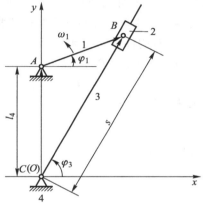

图 3-54　导杆机构

联立式（3-65a）和式（3-65b），可得出 φ_3、s：

$$\varphi_3 = \arctan\frac{l_1\sin\varphi_1+l_4}{l_1\cos\varphi_1} \tag{3-66}$$

$$s = \frac{l_1\cos\varphi_1}{\cos\varphi_3} \tag{3-67}$$

2）速度分析

将式（3-64）对时间求导，得

$$l_1\omega_1 ie^{i\varphi_1}=v_{B2B3}e^{i\varphi_3}+s\omega_3 ie^{i\varphi_3} \tag{3-68}$$

展开后可求得

$$\omega_3 = \frac{l_1\omega_1\cos(\varphi_1-\varphi_3)}{s} \tag{3-69a}$$

$$v_{B2B3} = -l_1\omega_1\sin(\varphi_1-\varphi_3) \tag{3-69b}$$

3）加速度分析

将式（3-68）再对时间求导，得

$$-l_1\omega_1^2 e^{i\varphi_1}=(a_{B2B3}-s\omega_3^2)e^{i\varphi_3}+(s\alpha_3+2v_{B2B3}\omega_3)ie^{i\varphi_3} \tag{3-70}$$

展开后联立求解，可得

$$\alpha_3 = -\frac{2v_{B2B3}\omega_3 + l_1\omega_1^2\sin(\varphi_1-\varphi_3)}{s} \tag{3-71a}$$

$$a_{B2B3} = s\omega_3^2 - l_1\omega_1^2\cos(\varphi_1-\varphi_3) \tag{3-71b}$$

例 3-1 图 3-55 所示为一牛头刨床的机构简图。已知各构件的尺寸为 $l_1 = 125$ mm, $l_3 = 600$ mm, $l_4 = 150$ mm, $l_6 = 275$ mm, $l_6' = 575$ mm, 主动件 1 以 $\omega_1 = 1$rad/s 匀速转动。求构件 1 在方位角 $\varphi_1 = 20°$ 时构件 3 的角位移 φ_3、角速度 ω_3 和角加速度 α_3 及刨头 5 上点 E 的位移 s_E、速度 v_E 和加速度 a_E。

解 首先建立如图 3-55 所示的坐标系 Oxy，并标出各杆的矢量。可以看出该机构由两个机构组成：构件 1、2、3 组成导杆机构，构件 3、4、5 组成滑块机构。为求解需分析两个封闭机构 ABC 和 $CDEF$。

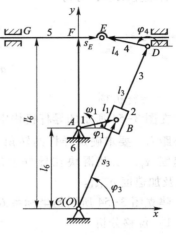

图 3-55 牛头刨床机构的运动分析

1）对构件 3 的运动分析

由封闭机构 ABC，有

$$l_6 + l_1 = s_3$$

写出复数形式为

$$l_6 e^{i\frac{\pi}{2}} + l_1 e^{i\varphi_1} = s_3 e^{i\varphi_3}$$

展开后可求得

$$\varphi_3 = \arctan\frac{l_6 + l_1\sin\varphi_1}{l_1\cos\varphi_1}$$

$$s_3 = \frac{l_1\cos\varphi_1}{\cos\varphi_3}$$

将 $\varphi_1 = 20°$ 代入上式中，得 $\varphi_3 = 69.7125°$，$s_3 = 338.8$ mm。进一步将封闭矢量方程对时间求导，得

$$l_1\omega_1^2 i e^{i\varphi_1} = s_3\omega_3 i e^{i\varphi_3} + v_{B2B3} e^{i\varphi_3}$$

展开后可求得

$$\omega_3 = \frac{l_1\omega_1\cos(\varphi_1-\varphi_3)}{s_3}$$

$$v_{B2B3} = -l_1\omega_1\sin(\varphi_1-\varphi_3)$$

将 $\varphi_1 = 20°$ 代入上式中，得 $\omega_3 = 0.2386$ rad/s，$v_{B2B3} = 0.0954$ m/s。进一步将矢量方程对时间求导，得

$$-l_1\omega_1^2 e^{i\varphi_1} = s_3\alpha_3 i e^{i\varphi_3} - s_3\omega_3^2 e^{i\varphi_3} + a_{B2B3} e^{i\varphi_3} + 2v_{B2B3}\omega_3 i e^{i\varphi_3}$$

展开后联立求解，可得

$$\alpha_3 = \frac{l_1\omega_1^2\sin(\varphi_3-\varphi_1) - 2\omega_3 v_{B2B3}}{s_3}$$

$$a_{B2B3} = \omega_3^2 s_3 - l_1\omega_1^2\cos(\varphi_1-\varphi_3)$$

将有关参数代入上式中得，在 $\varphi_1 = 20°$ 时，$\alpha_3 = 0.147\ 1\ \text{rad/s}^2$。

2）刨头 5 的运动分析

由封闭机构 $CDEF$，有

$$l_3 + l_4 = l_6' + s_E$$

写出复数形式为

$$l_3 \mathrm{e}^{\mathrm{i}\varphi_3} + l_4 \mathrm{e}^{\mathrm{i}\varphi_4} = l_6' \mathrm{e}^{\mathrm{i}\frac{\pi}{2}} + s_E$$

展开后可求得

$$\varphi_4 = \pi - \arcsin \frac{l_6' - l_3 \sin\ \varphi_3}{l_4}$$

$$s_E = l_3 \cos\ \varphi_3 + l_4 \cos\ \varphi_4$$

将求得的 φ_3 代入上式中，得 $\varphi_4 = 175.326\ 6°$，$s_E = 58.5\ \text{mm}$。进一步将矢量方程对时间求导，得

$$l_3 \omega_3 \mathrm{i} \mathrm{e}^{\mathrm{i}\varphi_3} + l_4 \omega_4 \mathrm{i} \mathrm{e}^{\mathrm{i}\varphi_4} = v_E$$

展开后可求得

$$\omega_4 = -\frac{l_3 \omega_3 \cos\ \varphi_3}{l_4 \cos\ \varphi_4}$$

$$v_E = -\frac{l_3 \omega_3 \sin\ (\varphi_3 - \varphi_4)}{\cos\ \varphi_4}$$

将求得的 φ_3、φ_4 和 ω_3 代入上式中，得 $\omega_4 = 0.332\ 0\ \text{rad/s}$，$v_E = -0.138\ 3\ \text{m/s}$。进一步将封闭矢量方程对时间两次求导，得

$$l_3 \alpha_3 \mathrm{i} \mathrm{e}^{\mathrm{i}\varphi_3} - l_3 \omega_3^2 \mathrm{e}^{\mathrm{i}\varphi_3} + l_4 \alpha_4 \mathrm{i} \mathrm{e}^{\mathrm{i}\varphi_4} - l_4 \omega_4^2 \mathrm{e}^{\mathrm{i}\varphi_4} = a_E$$

展开后可求得

$$\alpha_4 = \frac{l_3 \omega_3^2 \sin\ \varphi_3 + l_4 \omega_4^2 \sin\ \varphi_4 - l_3 \alpha_3 \cos\ \varphi_3}{l_4 \cos\ \varphi_4}$$

$$a_E = -\frac{l_3 \alpha_3 \sin\ (\varphi_3 - \varphi_4)\ + l_3 \omega_3^2 \cos\ (\varphi_3 - \varphi_4)\ - l_4 \omega_4^2}{\cos\ \varphi_4}$$

将上述已经计算出的有关参数代入上式可得：$\alpha_4 = -0.018\ 6\ \text{rad/s}^2$，$a_E = -0.111\ 1\ \text{m/s}^2$。

习　　题

3-1　瞬心法用于机构运动分析有什么优、缺点？

3-2　铰链四杆机构有曲柄的条件是什么？导杆机构和滑块机构曲柄存在的条件是什么？

3-3　何谓连杆机构的压力角、传动角？其大小对机构有何影响？如何确定铰链四杆机构、偏置曲柄滑块机构最小传动角 $\gamma_{\min}$ 的位置？

3-4　在曲柄摇杆机构中，当以曲柄为原动件时，机构是否一定存在急回运动？为

什么？

3-5　行程速度变化系数 K 表示机构什么特征？何为极位夹角 θ？它与行程速度变化系数 K 有何关系？

3-6　何为连杆机构的止点？试举出避免止点和利用止点的例子。

3-7　在四杆机构中极位和止点有何异同？

3-8　为什么说用解析法进行机构分析时的关键是位移分析？

3-9　图 3-56 所示的平面铰链四杆机构中，已知各构件长度分别为 $l_{AB} = 55$ mm，$l_{BC} = 40$ mm，$l_{CD} = 50$ mm，$l_{AD} = 25$ mm。

（1）判断该机构运动链中四个转动副的类型。

（2）取哪个构件为机架可得到曲柄摇杆机构？

（3）取哪个构件为机架可得到双曲柄机构？

（4）取哪个构件为机架可得到双摇杆机构？

3-10　图 3-57 所示为一偏置曲柄滑块机构，试求杆 AB 为曲柄的条件。若偏距 $e = 0$，则杆 AB 为曲柄的条件又如何？

3-11　在图 3-58 所示的铰链四杆机构中，各杆件长度分别为 $l_{AB} = 25$ mm，$l_{BC} = 40$ mm，$l_{CD} = 50$ mm，$l_{AD} = 55$ mm。

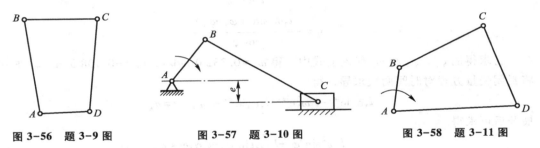

图 3-56　题 3-9 图　　　　图 3-57　题 3-10 图　　　　图 3-58　题 3-11 图

（1）若取 AD 为机架，求该机构的极位夹角 θ、杆 CD 的最大摆角 ψ 和最小传动角 $\gamma_{\min}$。

（2）若取 AB 为机架，该机构将演化为何种类型的机构？为什么？请说明这时 C、D 两个转动副是周转副还是摆转副。

3-12　在图 3-59 所示的连杆机构中，已知各构件的尺寸：$l_{A_0A} = 160$ mm，$l_{AB} = 260$ mm，$l_{B_0B} = 200$ mm，$l_{A_0B_0} = 80$ mm。并已知构件 A_0A 为原动件，沿顺时针方向匀速回转，试确定：

（1）四杆机构 A_0ABB_0 的类型。

（2）该四杆机构的最小传动角 $\gamma_{\min}$。

（3）滑块 C 的行程速度变化系数 K。

3-13　试说明对心曲柄滑块机构当以曲柄为主动件时，其传动角在何处最大，何处最小。

3-14　图 3-60 所示的六杆机构中，各构件的尺寸为 $l_{A_0A} = 30$ mm，$l_{AB} = 55$ mm，$l_{B_0B} = 40$ mm，$l_{A_0B_0} = 50$ mm，$l_{B_0B'} = 20$ mm，$l_{B'C} = 60$ mm，滑块 C 为输出构件。

（1）滑块 C 往返行程的平均速度是否相同？试求其行程速度变化系数 K。

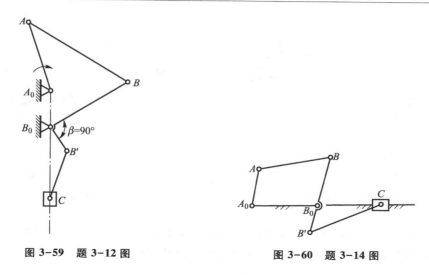

图 3-59　题 3-12 图　　　　　　　　图 3-60　题 3-14 图

（2）求滑块 C 的行程 H。

（3）求机构的最小传动角 $\gamma_{\min}$。

3-15　图 3-61 所示为加热炉炉门的启闭状态，试设计一机构，使炉门能占有图示的两个位置。

3-16　试设计一个如图 3-62 所示的平面铰链四杆机构。设已知其摇杆 B_0B 的长度 $l_{B0B}=75$ mm，行程速度变化系数 $K=1.5$，机架 A_0B_0 的长度 $l_{A0B0}=100$ mm，又知摇杆的一个极限位置与机架间的夹角 $\psi=45°$，试求其曲柄的长度 l_{A0A} 和连杆的长度 l_{AB}。

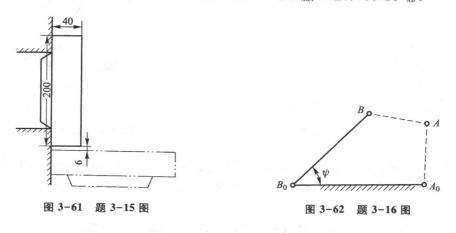

图 3-61　题 3-15 图　　　　　　　　图 3-62　题 3-16 图

3-17　如图 3-63 所示，设已知破碎机的行程速度变化系数 $K=1.2$，颚板长度 $l_{CD}=300$ mm，颚板摆角 $\psi=35°$，曲柄长度 $l_{AB}=80$ mm。求连杆的长度，并验算最小传动角 $\gamma_{\min}$ 是否在允许的范围内。

3-18　试设计一曲柄滑块机构，设已知滑块的行程速度变化系数 $K=1.5$，滑块的冲程 $H=50$ mm，偏距 $e=20$ mm，并求其最大压力角 $\alpha_{\max}$。

3-19　图 3-64 所示为一牛头刨床的主传动机构，已知 $l_{A0A}=75$ mm，$l_{BC}=100$ mm，行程速度变化系数 $K=2$，刨头 5 的行程 $H=300$ mm。要求在整个行程中，刨头 5 有较小的压力角，试设计此机构。

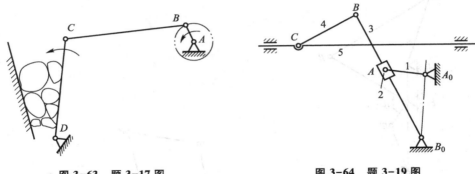

图 3-63 题 3-17 图   图 3-64 题 3-19 图

3-20 试设计一平面铰链四杆机构 A_0AB_0B，要求满足 A_0A_1、A_0A_2 与 B_0C_1、B_0C_2 两组对应位置如图 3-65 所示，并要求满足摇杆 B_0C_2 为极限位置，已知 l_{A0A} 和 l_{A0B0}，试求铰链 B 的位置。

3-21 图 3-66 所示的插床用转动导杆机构中，已知 $l_{A0A}=40$ mm，$l_{A0B0}=50$ mm，行程速度变化系数 $K=2.27$，求曲柄 B_0B 的长度 l_{B0B} 和插刀 P 的行程 s。

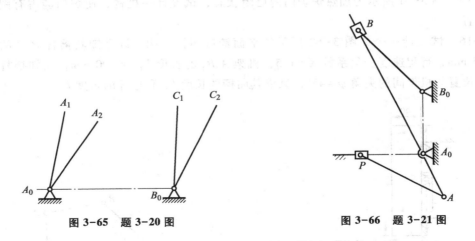

图 3-65 题 3-20 图   图 3-66 题 3-21 图

3-22 有一曲柄摇杆机构，已知其摇杆长 $l_{B0B}=420$ mm，摆角 $\psi=90°$，摇杆在两极限位置时与机架所成的夹角各为 60° 和 30°，机构的行程速度变化系数 $K=1.5$，设计此四杆机构，并验算最小传动角 γ_{min}。

3-23 试求图 3-67 所示的各机构在图示位置时全部瞬心的位置。

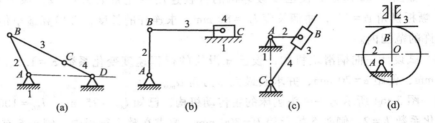

(a)   (b)   (c)   (d)

图 3-67 题 3-23 图

3-24 在图 3-68 所示的机构中，已知曲柄 2 顺时针匀速转动，角速度 $\omega_2 = 100$ rad/s，试求在图示位置导杆 4 的角速度 ω_4 的大小和方向。

3-25 图 3-69 所示为平锻机中的六杆机构。已知各构件的尺寸如下：$l_{A_0A} = 120$ mm，$l_{AB} = 460$ mm，$l_{AC} = 240$ mm，$l_{CD} = 200$ mm，$l_{DD_0} = 260$ mm，$\beta = 30°$，$\omega_1 = 10$ rad/s，$x_{D0} = 500$ mm，$y_{D0} = 180$ mm。试求在一个运动周期中滑块 3 的位移、速度、加速度及构件 4 和 5 的角速度及角加速度，并写出求解步骤，画出计算流程图。

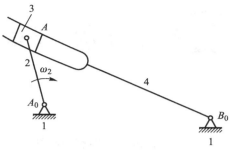

图 3-68 题 3-24 图

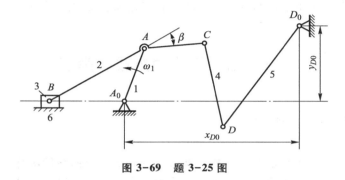

图 3-69 题 3-25 图

3-26 图 3-70 所示为干草压缩机中的六杆机构。已知各构件长度 $l_{A_0A} = 150$ mm，$l_{AD} = 600$ mm，$l_{BD} = 200$ mm，$l_{BC} = 600$ mm，$x_{D0} = 400$ mm，$y_{D0} = 600$ mm，$y_C = 650$ mm，$\omega_1 = 10$ rad/s。欲求活塞 C 在一个运动周期中的位移、速度和加速度，试写出求解步骤并画出计算流程图。

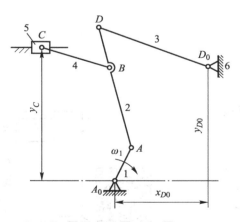

图 3-70 题 3-26 图

第4章　凸轮机构

凸轮机构因机构中有一特征构件——凸轮而得名。凸轮是指具有曲线轮廓或凹槽等特定形状的构件。凸轮通过高副接触带动从动件实现预期的运动，这样构成的机构称为凸轮机构。凸轮机构广泛应用于自动机械、自动控制装置和装配生产线中。

4.1　凸轮机构的组成和类型

4.1.1　凸轮机构的组成

图 4-1 所示是一内燃机的配气机构，构件 1 的外形具有曲线轮廓称为凸轮，当其匀速转动时，推动气阀 2 上下运动。只要选择合适的凸轮轮廓线形状，就可以控制气阀开启或关闭时间的长短。

图 4-2 所示为绕线机的排线凸轮机构。绕线轴 3 连续快速转动，经蜗杆传动带动凸轮 1 缓慢转动，通过凸轮高副驱动从动件 2 往复摆动，从而使线均匀地缠绕在绕线轴上。

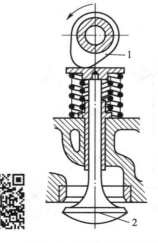

图 4-1　内燃机的配气机构

1—凸轮；2—气阀

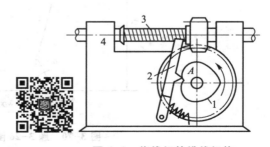

图 4-2　绕线机的排线机构

1—凸轮；2—从动件；3—绕线轴；4—机座

而在图 4-3 所示的巧克力输送凸轮机构中，当带有凹槽的圆柱凸轮 1 连续等速转动时，通过嵌于其槽中的滚子驱动从动件 2 往复移动，凸轮 1 每转动一周，从动件 2 即从喂料器中推出一块巧克力并将其送至待包装位置。

　　由上述三个例子可以看出：凸轮机构一般是由三个构件、两个低副和一个高副组成的单自由度机构。

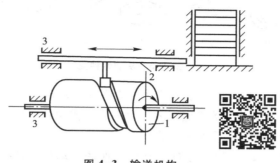

图 4-3　输送机构

1—凸轮；2—从动件；3—机架

4.1.2　凸轮机构的类型

　　凸轮机构的类型很多，一般可根据凸轮的形状、从动件的形状和运动形式及凸轮与从动件维持高副接触的方式来进行分类。

　　1. 按照凸轮的形状分类

　　（1）盘形凸轮机构　如图 4-1 所示，凸轮为盘状，具有变化的向径。当绕固定轴转动时，可推动从动件在垂直于凸轮转轴的平面内运动。它是凸轮机构中最基本的结构形式，应用最广。

　　（2）移动凸轮机构　当凸轮机构中凸轮的转轴位于无穷远处时，就演化成了如图 4-4 所示的凸轮，这种凸轮称为移动凸轮。凸轮呈板状，相对于机架作直线移动。

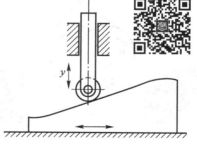

　　在以上两种凸轮机构中，凸轮与从动件之间的相对运动为平面运动，故称为平面凸轮机构。

　　（3）圆柱凸轮机构　如图 4-3 所示，圆柱表面上具有凸轮轮廓曲线。在这种机构中，凸轮与从动件之间的相对运动是空间运动，所以圆柱凸轮机构属于空间凸轮机构。

图 4-4　移动凸轮机构

　　2. 按照从动件的形状分类

　　（1）尖顶（或尖端）从动件　如图 4-5a 和图 4-2 所示，从动件上与凸轮轮廓线的接触点为一尖点。这种结构可以实现从动件任意的运动规律。尖顶从动件结构简单，但尖顶与凸轮呈点接触，易磨损，故只宜用于受力较小的场合。

　　（2）滚子从动件　图 4-5b 所示的从动件为滚子从动件。从运动学的角度看，这种从动件的滚子运动是多余的，属于局部自由度，但滚子的转动作用把凸轮与滚子之间的滑动摩擦转化为滚动摩擦，减少了凸轮机构的磨损，可以传递较大的动力，故应用最为广泛。

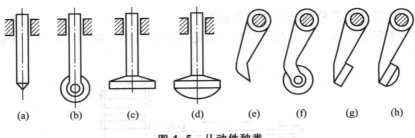

图 4-5 从动件种类

（3）平底从动件 图 4-5c 所示的从动件为平底从动件。在不计摩擦时，凸轮对从动件的作用力始终垂直于从动件的平底，故受力平稳，传动效率高，常用于高速场合。其缺点是与之配合的凸轮轮廓必须全为外凸形状。

（4）曲底从动件 图 4-5d 所示的从动件为曲底从动件。具有尖底与平底的优点，在工程中的应用也较多。

图 4-5e、f、g、h 所示为相应的摆动从动件。

3. 按照从动件的运动形式分类

从动件的运动形式有两种，即移动从动件和摆动从动件。

（1）移动从动件 从动件作往复直线运动，如图 4-6a、c 所示。

（2）摆动从动件 从动件作往复摆动，如图 4-6b 所示。

移动从动件凸轮机构又可以根据从动件与凸轮回转轴心的相对位置，进一步分为对心（图 4-6c）和偏置（图 4-6a）两种移动从动件凸轮机构。

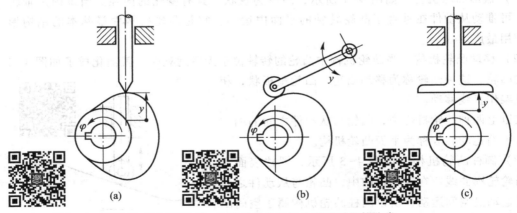

图 4-6 按照从动件的运动形式对凸轮分类

4. 按照凸轮与从动件维持高副接触的方式分类

为了使凸轮轮廓与从动件始终保持接触，维持高副的存在，实际应用中一般有两类方式维持高副接触，一类是力锁合，另一类是形锁合。

（1）力锁合型凸轮机构 利用重力、弹簧力或其他外力使凸轮与从动件始终保持高副接触状态，这种凸轮机构称为力锁合型凸轮机构。图 4-1 所示即为这种类型的凸轮机构。

（2）形锁合型凸轮机构 利用高副元素本身的几何形状使从动件与凸轮轮廓始终保持接触，这种凸轮机构称为形锁合型凸轮机构。常用的形锁合型凸轮机构又可分为如下几种类型：

① 槽道凸轮机构。如图 4-7a 所示，凸轮轮廓曲线做成凹槽，从动件的滚子置于凹槽

中，依靠凹槽两侧的轮廓曲线使从动件与凸轮在运动过程中始终保持接触。这种锁合方式结构简单，其缺点是加大了凸轮的尺寸和重量。

② 等宽凸轮机构。如图 4-7b 所示，从动件为矩形框架形状，凸轮轮廓线上任意两条平行切线间的距离都等于框架内侧的宽度，因此凸轮轮廓可始终保持与框架内侧接触。其缺点是从动件的运动规律的选择受到一定限制，当 180° 范围内的凸轮轮廓线根据从动件的运动规律确定后，其余 180° 内的凸轮轮廓线必须根据等宽的原则来确定。

③ 等径凸轮机构。如图 4-7c 所示，从动件上装有两个滚子，凸轮轮廓线同时与两个滚子相接触。由于两滚子中心间的距离始终保持不变，故可使凸轮轮廓线与两滚子始终保持接触。其缺点与等宽凸轮机构相同，即当 180° 范围内的凸轮轮廓线根据从动件的运动规律确定后，其余 180° 内的凸轮轮廓线必须根据等径的原则来确定。因此，从动件的运动规律的选择受到一定限制。

④ 共轭凸轮机构。为了克服等宽、等径凸轮机构的缺点，可以用两个固接在一起的凸轮控制一个具有两滚子的从动件，如图 4-7d 所示。一个主凸轮推动从动件完成升程运动，另一个回凸轮推动从动件完成回程的运动，所以这种凸轮机构又称为主回凸轮机构。其缺点是结构比较复杂，对制造精度要求较高。

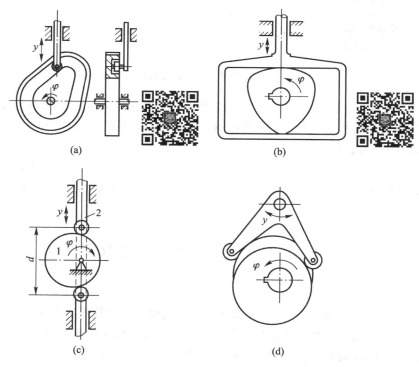

图 4-7 形锁合型凸轮机构

4.1.3 凸轮机构的运动过程及主要参数

图 4-8a 所示为一尖端移动从动件盘形凸轮机构，图 4-8b 所示是对应于凸轮转动一周从动件的位移线图，可以看出从动件的运动循环过程。横坐标代表凸轮的转角 φ，纵坐标

代表从动件的位移 s。在该位移线图上，可以找到从动件上升的那段曲线，与这段曲线相对应的从动件的运动，是远离凸轮轴心的运动，称从动件的这一行程为推程或升程。从动件上升的最大距离称为行程，用 h 表示。相应的凸轮转角称为推程运动角，用 Φ 表示。从动件处于静止不动的阶段称为停歇。从动件离凸轮轴心最远位置的停歇称为远休止，相应的凸轮转角为远休止运动角，用 Φ_0' 表示。从动件离凸轮轴心最近位置的停歇称为近休止，相应的凸轮转角为近休止运动角，用 Φ_0 表示。从动件朝着凸轮轴心运动的阶段称为回程，相应的凸轮转角称为回程运动角，用 Φ' 表示。

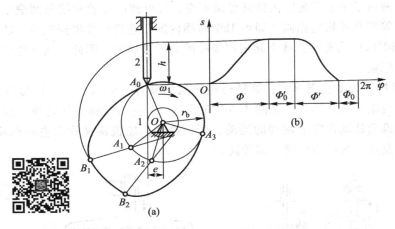

图 4-8　平面凸轮机构的结构

一般情况下，从动件运动位移从其近休止结束作为起始点，如图 4-8a 所示的凸轮机构，A_0 点为从动件运动位移 s 的坐标原点。推程阶段的凸轮转角为 $0 \leqslant \varphi \leqslant \Phi$，回程阶段的凸轮转角为 $0 \leqslant \varphi \leqslant \Phi'$。

在图 4-8a 中，以凸轮轮廓的最小向径 r_b 为半径的圆称为凸轮的基圆。从动件导路中心线相对凸轮轴心 O 偏置的距离称为偏距，用 e 表示。以 O 为圆心、e 为半径的圆称为偏距圆。

4.2　从动件的运动规律

从动件的运动规律是指从动件的位移 s、速度 v 和加速度 a 随时间 t（或凸轮转角 φ）变化的情况，这些参数的变化规律反映了从动件的运动学特性。为使设计的凸轮机构运动平稳，设计的从动件的运动规律应使凸轮机构具有较好的运动性能，为此必须优选从动件的运动规律。下面对一些基本的从动件运动规律的特点进行分析比较，以便选用。

4.2.1　多项式运动规律

从动件运动规律用多项式表达时，其位移 s 的表达式为

$$s = c_0 + c_1 \varphi + c_2 \varphi^2 + \cdots + c_n \varphi^n \tag{4-1}$$

式中：φ 为凸轮转角；c_0、c_1、$\cdots$、c_n 为待定系数，须根据从动件在不同运动阶段的边界条件来确定。

1. 一次多项式运动规律

一次多项式运动规律也称等速运动规律。设凸轮以等角速度 ω 转动，从动件的运动速度是常数，则可得出推程阶段的运动方程为

$$\begin{cases} s = c_0 + c_1\varphi \\ v = \dfrac{\mathrm{d}s}{\mathrm{d}t} = \omega c_1 \\ a = \dfrac{\mathrm{d}v}{\mathrm{d}t} = 0 \end{cases} \qquad (4-2)$$

设在起始点处，$\varphi = 0$，$s = 0$；在推程终点处，$\varphi = \Phi$，$s = h$。代入式（4-2），可求得 $c_0 = 0$，$c_1 = h/\Phi$，所以一次多项式运动规律推程阶段的运动方程为

$$\begin{cases} s = \dfrac{h\varphi}{\Phi} \\ v = \dfrac{h\omega}{\Phi} \qquad (0 \leqslant \varphi \leqslant \Phi) \\ a = 0 \end{cases} \qquad (4-3)$$

回程时，位移 s 应在最大行程 h 的基础上逐渐减小到 0。在 $\varphi = 0$ 时，$s = h$；在 $\varphi = \Phi'$ 时，$s = 0$。可求得 $c_0 = h$，$c_1 = -h/\Phi'$，所以一次多项式运动规律回程阶段的运动方程为

$$\begin{cases} s = h\left(1 - \dfrac{\varphi}{\Phi'}\right) \\ v = -\dfrac{h\omega}{\Phi'} \qquad (0 \leqslant \varphi \leqslant \Phi') \\ a = 0 \end{cases} \qquad (4-4)$$

根据式（4-3）和式（4-4）可以绘出一次多项式运动规律运动线图，如图 4-9 所示。在加速度线图中，当 $\varphi = 0$ 时，加速度 $a_0 = \lim\limits_{\Delta t \to 0} \dfrac{v_{0^+} - v_{0^-}}{\Delta t}$，其中 v_{0^+} 和 v_{0^-} 分别为 $t = 0^+$ 和 $t = 0^-$ 时刻从动件的运动速度，显然 $v_{0^-} = 0$，而 $v_{0^+} \neq 0$，所以 $a_0 = +\infty$。

同理当 $\varphi = \Phi$ 时，可求出加速度 $a_\Phi = -\infty$。由此可见，从动件在升程起始点和最远点处加速度分别为正、负无穷大，而从动件的惯性力与加速度成正比，所以在升程起始点和终点处，从动件中产生非常大的冲击惯性力，这样的冲击称为刚性冲击。

同样，在回程阶段 $\varphi = 0$ 和 $\varphi = \Phi'$ 点处，加速度也分别等于正、负无穷大，在这两点也有刚性冲击。

2. 二次多项式运动规律

二次多项式运动规律也称为等加速等减速运

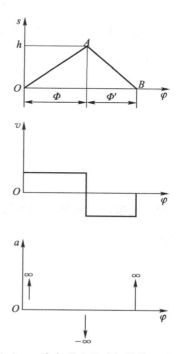

图 4-9 一次多项式运动规律的运动线图

动规律，其运动方程的形式为

$$\begin{cases} s = c_0 + c_1\varphi + c_2\varphi^2 \\ v = c_1\omega + 2\omega c_2\varphi \\ a = 2c_2\omega^2 \end{cases} \tag{4-5}$$

在等加速等减速运动规律中，为使凸轮机构运动平稳，通常使从动件在前半程作加速运动，在后半程作减速运动。设这两个阶段凸轮转角分别为 $\dfrac{\Phi}{2}$，则在推程阶段前半程的边界条件为

$$\varphi = 0, \qquad s = 0, \qquad v = 0$$
$$\varphi = \frac{\Phi}{2}, \qquad s = \frac{h}{2}$$

代入式（4-5）中，得 $c_0 = 0$，$c_1 = 0$，$c_2 = \dfrac{2h}{\Phi^2}$。故推程阶段前半程 $\varphi \in \left[0, \dfrac{\Phi}{2}\right]$ 范围内运动方程为

$$\begin{cases} s = \dfrac{2h}{\Phi^2}\varphi^2 \\ v = \dfrac{4h\omega}{\Phi^2}\varphi \\ a = \dfrac{4h\omega^2}{\Phi^2} \end{cases} \tag{4-6}$$

升程阶段后半程的边界条件为

$$\varphi = \frac{\Phi}{2}, \qquad s = \frac{h}{2}$$
$$\varphi = \Phi, \qquad s = h, \qquad v = 0$$

代入式（4-5）中，得 $c_0 = -h$，$c_1 = \dfrac{4h}{\Phi}$，$c_2 = -\dfrac{2h}{\Phi^2}$。所以，升程阶段后半程 $\varphi \in \left[\dfrac{\Phi}{2}, \Phi\right]$ 范围内的运动方程为

$$\begin{cases} s = h - \dfrac{2h\ (\Phi - \varphi)^2}{\Phi^2} \\ v = \dfrac{4h\omega\ (\Phi - \varphi)}{\Phi^2} \\ a = -\dfrac{4h\omega^2}{\Phi^2} \end{cases} \tag{4-7}$$

同理，可求出回程阶段的运动方程。当 $\varphi \in \left[0, \dfrac{\Phi'}{2}\right]$ 时，从动件作等加速运动，其运动方程为

$$\begin{cases} s = h - \dfrac{2h}{\Phi'^2}\varphi^2 \\ v = -\dfrac{4h\omega}{\Phi'^2}\varphi \\ a = -\dfrac{4h\omega^2}{\Phi'^2} \end{cases} \tag{4-8}$$

当 $\varphi \in \left[\dfrac{\Phi'}{2},\ \Phi' \right]$ 时，从动件作等减速运动，其运动方程为

$$\begin{cases} s = \dfrac{2h(\Phi'-\varphi)^2}{\Phi'^2} \\ v = -\dfrac{4h\omega(\Phi'-\varphi)}{\Phi'^2} \\ a = \dfrac{4h\omega^2}{\Phi'^2} \end{cases} \tag{4-9}$$

根据式（4-6）~式（4-9）可以绘出二次多项式运动规律的运动线图，如图 4-10 所示。由加速度线图可知，在 O、A、B、C、D 五点处加速度有突变，由于加速度突变为一有限值，惯性力的突变也是有限的，对凸轮机构的冲击也是有限的，所以称之为柔性冲击。

3. 五次多项式运动规律

当采用五次多项式时，其表达式为

$$\begin{cases} s = c_0 + c_1\varphi + c_2\varphi^2 + c_3\varphi^3 + c_4\varphi^4 + c_5\varphi^5 \\ v = c_1\omega + 2c_2\omega\varphi + 3c_3\omega\varphi^2 + 4c_4\omega\varphi^3 + 5c_5\omega\varphi^4 \\ a = 2c_2\omega^2 + 6c_3\omega^2\varphi + 12c_4\omega^2\varphi^2 + 20c_5\omega^2\varphi^3 \end{cases} \tag{4-10}$$

当 $\varphi \in \left[0,\ \dfrac{\Phi}{2} \right]$ 时，推程阶段的边界条件为

$$\varphi = 0\ \text{时},\ s = 0,\ v = 0,\ a = 0;$$
$$\varphi = \Phi\ \text{时},\ s = h,\ v = 0,\ a = 0。$$

代入式（4-10），可求出 $c_0 = c_1 = c_2 = 0$，$c_3 = \dfrac{10h}{\Phi^3}$，$c_4 = -\dfrac{15h}{\Phi^4}$，$c_5 = \dfrac{6h}{\Phi^5}$。所以，推程阶段的运动方程为

$$\begin{cases} s = \dfrac{10h}{\Phi^3}\varphi^3 - \dfrac{15h}{\Phi^4}\varphi^4 + \dfrac{6h}{\Phi^5}\varphi^5 \\ v = h\omega\left(\dfrac{30}{\Phi^3}\varphi^2 - \dfrac{60}{\Phi^4}\varphi^3 + \dfrac{30}{\Phi^5}\varphi^4 \right) \\ a = h\omega^2\left(\dfrac{60}{\Phi^3}\varphi - \dfrac{180}{\Phi^4}\varphi^2 + \dfrac{120}{\Phi^5}\varphi^3 \right) \end{cases} \tag{4-11}$$

同理，可求出回程阶段的运动方程

$$\begin{cases} s = h - \left(\dfrac{10h}{\Phi'^3}\varphi^3 - \dfrac{15h}{\Phi'^4}\varphi^4 + \dfrac{6h}{\Phi'^5}\varphi^5 \right) \\ v = -h\omega\left(\dfrac{30}{\Phi'^3}\varphi^2 - \dfrac{60}{\Phi'^4}\varphi^3 + \dfrac{30}{\Phi'^5}\varphi^4 \right) \\ a = -h\omega^2\left(\dfrac{60}{\Phi'^3}\varphi - \dfrac{180}{\Phi'^4}\varphi^2 + \dfrac{120}{\Phi'^5}\varphi^3 \right) \end{cases} \tag{4-12}$$

根据式（4-11）和式（4-12）可以绘出五次多项式运动规律的运动线图，如图 4-11 所示。由加速度线图可知，五次多项式运动规律的加速度随凸轮转角的变化是连续的，因而没有惯性力引起的冲击现象，运动平稳性好，可用于高速凸轮机构。

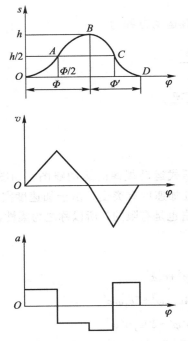
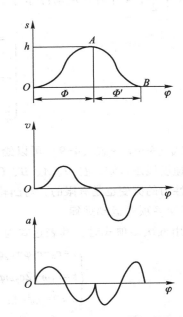

图 4-10　二次多项式运动规律的运动线图　　图 4-11　五次多项式运动规律的运动线图

4.2.2　三角函数运动规律

三角函数运动规律是指从动件的加速度按余弦曲线或正弦曲线变化。

1. 余弦加速度运动规律

余弦加速度运动规律也称简谐运动规律，在推程或回程阶段，从动件的加速度按半个周期的余弦关系变化，用积分法写出速度与位移方程，方程中含有积分常数，用边界条件来确定这些常数。

当 $\varphi \in [0, \Phi]$ 时，推程阶段运动方程为

$$\begin{cases} s = \dfrac{h}{2}\left(1 - \cos\dfrac{\pi\varphi}{\Phi}\right) \\[2mm] v = \dfrac{\pi h \omega}{2\Phi}\sin\dfrac{\pi\varphi}{\Phi} \\[2mm] a = \dfrac{\pi^2 h \omega^2}{2\Phi^2}\cos\dfrac{\pi\varphi}{\Phi} \end{cases} \tag{4-13}$$

当 $\varphi \in [0, \Phi']$ 时，回程阶段运动方程为

$$\begin{cases} s = \dfrac{h}{2}\left(1 + \cos\dfrac{\pi\varphi}{\Phi'}\right) \\[2mm] v = \dfrac{\pi h \omega}{2\Phi'}\sin\dfrac{\pi\varphi}{\Phi'} \\[2mm] a = -\dfrac{\pi^2 h \omega^2}{2\Phi'^2}\cos\dfrac{\pi\varphi}{\Phi'} \end{cases} \tag{4-14}$$

根据式（4-13）和式（4-14）可以绘出余弦加速度运动规律的运动线图，如图 4-12 所示。由加速度线图可知，从动件在 $\varphi=0$ 和 $\varphi=\varPhi'$ 两点处的加速度有突变，故也有柔性冲击。

2. 正弦加速度运动规律

正弦加速度运动规律也称摆线运动规律，在推程或回程阶段，从动件的加速度按一个周期的正弦关系变化，保证了在运动边界处加速度值为 0。类似余弦运动方程时求积分常数，得出当 $\varphi\in[0,\varPhi]$ 时推程阶段运动方程为

$$\begin{cases} s=h\left(\dfrac{\varphi}{\varPhi}-\dfrac{1}{2\pi}\sin\dfrac{2\pi\varphi}{\varPhi}\right) \\[2mm] v=\dfrac{h\omega}{\varPhi}\left(1-\cos\dfrac{2\pi\varphi}{\varPhi}\right) \\[2mm] a=\dfrac{2\pi h\omega^2}{\varPhi^2}\sin\dfrac{2\pi\varphi}{\varPhi} \end{cases} \tag{4-15}$$

当 $\varphi\in[0,\varPhi']$ 时，回程阶段的运动方程为

$$\begin{cases} s=h\left(1-\dfrac{\varphi}{\varPhi'}+\dfrac{1}{2\pi}\sin\dfrac{2\pi\varphi}{\varPhi'}\right) \\[2mm] v=-\dfrac{h\omega}{\varPhi'}\left(1-\cos\dfrac{2\pi\varphi}{\varPhi'}\right) \\[2mm] a=-\dfrac{2\pi h\omega^2}{\varPhi'^2}\sin\dfrac{2\pi\varphi}{\varPhi'} \end{cases} \tag{4-16}$$

图 4-13 所示是正弦加速度运动规律的运动线图。由加速度线图可知，从动件运动的加速度随凸轮转角的变化是连续的，没有突变，所以不会产生冲击。

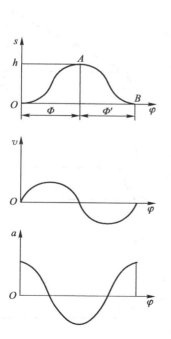

图 4-12　余弦加速度运动规律的运动线图

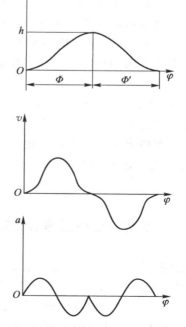

图 4-13　正弦加速度运动规律的运动线图

表 4-1 列出了上述五种运动规律的特征值及适用的场合，供设计凸轮时参考。

表 4-1　从动件常用运动规律特征值及适用场合

运动规律	速度幅值 $v_{max} = (h\omega/\Phi) \times$	加速度幅值 $a_{max} = (h\omega^2/\Phi^2) \times$	跃度幅值 $j_{max} = (h\omega^3/\Phi^3) \times$	冲击	应用场合
等速	1.00	∞	∞	刚性冲击	低速、轻载荷
等加速等减速	2.00	4.00	∞	柔性冲击	中速、轻载荷
五次多项式	1.88	5.77	60.00	无	高速、中载荷
正弦加速度	2.00	6.28	39.48	无	中高速、轻载荷
余弦加速度	1.57	4.93	∞	柔性冲击	中低速、中载荷

4.2.3　组合运动规律

从表 4-1 所列出的常用基本运动规律的运动特征可以看出，由于存在冲击或加速度的最大值 a_{max} 较大，使得基本运动规律应用于高速场合时的运动和动力性能较差。为了克服基本运动规律的缺陷，通常将不同的基本运动规律进行组合，以得到运动和动力性能较佳的新的运动规律，称这种运动规律为组合运动规律。

基本运动规律的组合应遵循以下原则：

（1）按凸轮机构的工作要求选择一种基本运动规律为主体运动规律，然后用其他运动规律与之组合，通过优化对比，寻求最佳的组合形式。

（2）在行程的起始点和终止点有较好的边界条件。

（3）各种运动规律的连接点处，要满足位移、速度、加速度以及更高一阶导数的连续。

（4）各段不同的运动规律要有较好的动力性能和工艺性。

图 4-14 所示为等速运动规律与五次多项式运动规律的组合。该组合运动规律与原等速运动规律相比，原直线的斜率略有变大，其速度也有一些变化，但对运动影响不大，但是它使最大加速度变小、连续性变好。

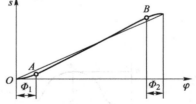
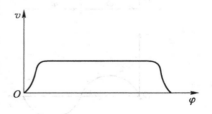
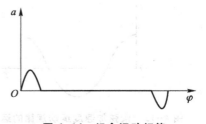

图 4-14　组合运动规律

4.2.4　从动件运动规律的选择

在选择从动件运动规律时，除要考虑刚性冲击与柔性冲击外，还应对各种运动规律的速度幅值 v_{max}、加速度幅值 a_{max} 及其影响加以分析和比较。

若 v_{max} 越大，则从动件动量幅值 mv_{max} 越大。为安全和缓和冲击起见，v_{max} 值越小越好。

若 a_{max} 值越大，则从动件惯性力幅值 ma_{max} 越大，从减小凸轮副的动压力、振动和磨损等方面考虑，a_{max} 值越小越好。

所以，对于重载凸轮机构，考虑到从动件的质量 m 已经较大，应选择 v_{max} 值较小的运动规律；对于高速凸轮机构，为减小从动件惯性力，宜选择 a_{max} 值较小的运动规律。

从动件运动规律的选择除了要考虑上述要求外，还应尽量使凸轮机构具有良好的动力特性，使所设计的凸轮轮廓线便于加工等，而这些因素往往又是相互制约的，因此在选择或设计从动件的运动规律时，必须根据使用的场合、工作条件等分清主次，综合考虑。

4.3　凸轮轮廓线的设计

当根据工作要求和结构条件选定凸轮机构形式、从动件运动规律、凸轮旋转方向以及凸轮基圆半径等基本尺寸之后，就可以进行凸轮轮廓线设计了。凸轮轮廓线设计的方法有图解法和解析法，其基本原理都是相同的。图解法简单直观，但不够精确，只适用于一般场合；解析法精确但计算量大，随着计算机辅助设计的迅速推广和应用，解析法设计已成为设计凸轮机构的主要方法。以下分别介绍这两种方法。

4.3.1　凸轮轮廓线设计的基本原理

凸轮轮廓线设计的基本原理是反转法，反转法的原理是：给整个机构加上一个反向转动，各构件之间的相对运动并不改变。根据这一原理，设想给整个凸轮机构（凸轮、从动件、机架）上加一个与凸轮角速度（ω）大小相等、方向相反的角速度（$-\omega$），于是凸轮静止不动，而从动件一方面随机架一起以角速度（$-\omega$）绕转动中心转动，另一方面又按运动规律作往复移动（或摆动）。对于尖端从动件，由于尖端始终与凸轮轮廓保持接触，所以从动件在反转行程中，其尖端的运动轨迹就是凸轮的轮廓线。因此，凸轮轮廓线的设计就是将凸轮视为固定，作出从动件尖端相对于凸轮的运动轨迹。

4.3.2　图解法设计凸轮轮廓线

1. 移动从动件盘形凸轮轮廓线的设计

对于尖端从动件，图 4-15a 所示为偏置尖端从动件盘形凸轮机构。设已知凸轮的基圆半径为 r_b，从动件导路偏于凸轮转动中心 A_0 的左侧，偏距为 e，凸轮以等角速度 ω 顺时针方向转动。从动件的位移曲线如图 4-15b 所示，要求设计凸轮的轮廓线。

依据反转法原理，具体设计步骤如下：

（1）选取适当的比例尺 μ_l，作出从动件的位移线图，如图 4-15b 所示。将位移曲线的横坐标分成若干等份，得等分点 1、2、…、12。

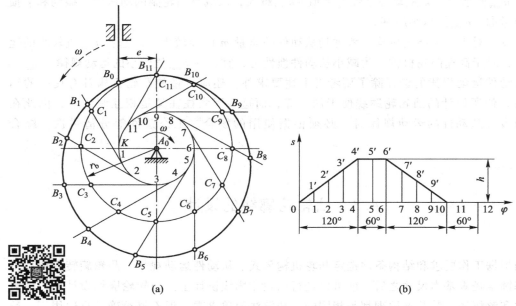

图 4-15　偏置尖端从动件盘形凸轮轮廓线设计

（2）选取同样的比例尺 μ_l，以 A_0 为圆心、r_b 为半径作基圆，并根据从动件的偏置方向画出从动件的起始位置线，该位置线与基圆的交点 B_0，就是从动件尖端的初始位置。

（3）以 A_0 为圆心、偏距 e 为半径作偏距圆，该圆与从动件的起始位置线切于点 K。

（4）自点 K 开始，沿 $-\omega$ 方向将偏距圆分成与位移线图 4-15b 的横坐标对应的等份，得若干个分点。过各分点作偏距圆的切射线，这些线代表从动件在反转过程中所依次占据的位置线。它们与基圆的交点分别为 C_1、C_2、…、C_{11}。

（5）在上述切射线上，从基圆起向外截取线段，使其分别等于图 4-15b 的 φ 角所对应的位移坐标 s，即 $\overline{C_1B_1}=\overline{11'}$，$\overline{C_2B_2}=\overline{22'}$，…，得点 B_1、B_2、…、B_{11}，这些点即代表反转过程中从动件尖端依次占据的位置。

（6）将点 B_0、B_1、B_2、…、B_{11} 连成光滑的曲线，就是所要求的凸轮轮廓线。

对于滚子从动件，图 4-16 所示为偏置滚子从动件盘形凸轮机构。用反转法设计凸轮轮廓线的作图步骤如下：

（1）将滚子中心假想为尖端从动件的尖端，按照上述尖端从动件凸轮轮廓线的设计方法作出曲线 η，这条曲线是反转过程中滚子中心的运动轨迹，称之为凸轮的理论轮廓线。

（2）以理论轮廓线上各点为圆心，以滚子半径 r_r 为半径作一系列滚子圆，然后作这簇滚子圆的内包络线 η'，就是凸轮的实际轮廓线。实际轮廓线是理论轮廓线的法向等距线，其距离为滚子半径。

若同时作滚子圆的内、外包络线 η' 和 η''，则形成图 4-16 所示的盘形凸轮的内、外轮廓线。

对于平底从动件，轮廓曲线的设计思路与滚子从动件凸轮机构相似，不同的是取从动件平底表面上的 B_0 点作为假想的尖端从动件的尖端。结合图 4-17 具体说明设计步骤。

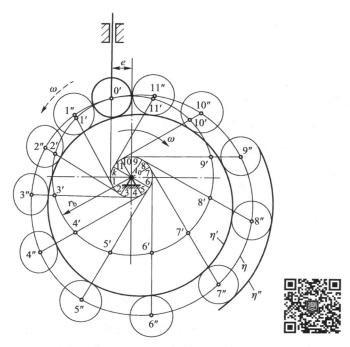

图 4-16 偏置移动滚子从动件盘形凸轮轮廓线设计

（1）取平底与导路中心线的交点 B_0 作为假想的尖端从动件的尖端，按照尖端从动件盘形凸轮的设计方法，求出该尖端反转后的一系列位置 B_1、B_2、B_3、$\cdots$。

（2）过 B_1、B_2、B_3、$\cdots$ 各点，画出一系列代表平底的直线，得一直线簇。这簇直线即代表反转过程中从动件平底依次占据的位置。

（3）作该直线簇的包络线，即可得到凸轮的实际轮廓线。

为了保证在所有位置从动件平底都能与凸轮轮廓曲线相切，凸轮的所有轮廓线必须都是外凸的，并且平底左、右两侧的宽度应分别大于导路中心线至左、右最远切点的距离 b' 和 b''。

2. 摆动从动件盘形凸轮轮廓线的设计

图 4-18a 所示为一尖端摆动从动件盘形凸轮机构。已知凸轮轴轴心与从动件转轴之间的中心距为 a，凸轮基圆半径为 r_b，从动件长度 l，凸轮以等角速度 ω 逆时针转动，从动件的运动规律如图 4-18b 所示。设计该凸轮轮廓线。

摆动从动件凸轮轮廓线的设计方法与移动从动件凸轮轮廓线的相似，下面结合图 4-18 具体说明凸轮轮廓线的设计步骤。

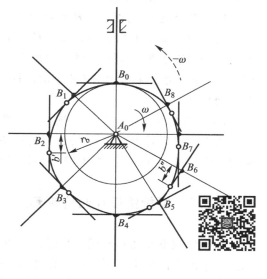

图 4-17 移动平底从动件盘形凸轮轮廓线设计

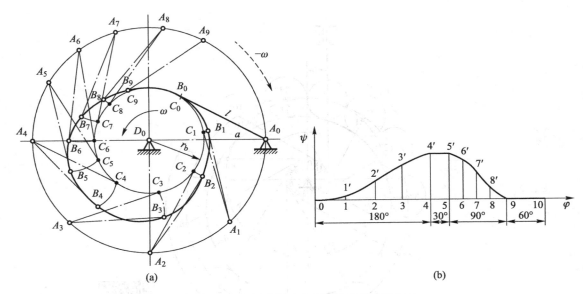

图 4-18　尖端摆动从动件盘形凸轮轮廓线设计

（1）选取适当的比例尺 μ_ψ，作出从动件的位移线图，并将推程和回程区间位移曲线的横坐标各分成若干等份，如图 4-18b 所示。与移动从动件不同的是，这里纵坐标代表从动件的摆角 ψ。

（2）以 D_0 为圆心、r_b 为半径作基圆，并根据已知的中心距 a，确定从动件转轴 A 的位置 A_0。然后以 A_0 为圆心、从动件杆长 l 为半径作圆弧，交基圆于 C_0 点。A_0C_0 即代表从动件的初始位置，C_0 即为从动件尖端的初始位置。

（3）以 D_0 为圆心、a 为半径作转轴圆，并自 A_0 点开始沿着 $-\omega$ 方向将该圆分成与图 4-18b 中横坐标对应的区间和等份数，得点 A_1、A_2、$\cdots$、A_9。它们代表反转过程中从动件上转轴 A 依次占据的位置。

（4）以上述 A_i 为圆心、从动件杆长 l 为半径，分别作圆弧，交基圆于 C_1、C_2、$\cdots$ 各点，得线段 A_1C_1、A_2C_2、$\cdots$；以 A_1C_1、A_2C_2、$\cdots$ 为一边，分别作 $\angle C_1A_1B_1$、$\angle C_2A_2B_2$、$\cdots$ 使它们分别等于图 4-18b 中对应的角位移，且 $A_iB_i=l$，得线段 A_1B_1、A_2B_2、$\cdots$。这些线段即代表反转过程中从动件 AB 所依次占据的位置。B_1、B_2、$\cdots$ 即为反转过程中从动件尖端的运动轨迹。

（5）将点 B_0、B_1、B_2、$\cdots$ 连成光滑曲线，即得凸轮的轮廓线。

由图中可以看出，该轮廓线与线段 AB 在某些位置已经相交。故在考虑机构的具体结构时，应将从动件做成弯杆形式，以避免机构运动过程中凸轮与从动件发生干涉。

4.3.3　解析法设计凸轮轮廓线

随着机械不断朝着高速、精密、自动化的方向发展，以及计算机和各种数控加工机床在生产中的广泛应用，用解析法设计凸轮轮廓线具有更大的现实意义，且越来越广泛地用于生产。下面以常用的盘形凸轮机构为例来介绍解析法设计凸轮轮廓线。

1. 移动从动件盘形凸轮轮廓线的设计

图 4-19 所示为一偏置滚子从动件盘形凸轮机构。已知从动件运动规律 $s=s(\varphi)$，从动件导路相对于凸轮轴心 A_0 的偏距 e，滚子半径 r_r，凸轮基圆半径 r_b 及凸轮逆时针转动，要求设计凸轮轮廓线。

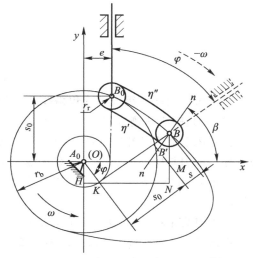

1）理论轮廓线方程

以凸轮回转中心 A_0 点为坐标原点建立图示的直角坐标系 Oxy。图中，B_0 点为从动件处于起始位置时滚子中心所处的位置；当凸轮转过角 φ 后，从动件的位移为 s。根据反转法原理作图，由图 4-19 可以看出，此时滚子中心将处于 B 点，该点的直角坐标为

$$\begin{cases} x=\overline{KN}+\overline{KH}=(s_0+s)\sin\varphi+e\cos\varphi \\ y=\overline{BN}-\overline{MN}=(s_0+s)\cos\varphi-e\sin\varphi \end{cases} \quad (4-17)$$

式中，$s_0=\sqrt{r_b^2-e^2}$。若为对心移动从动件，即 $e=0$，则 $s_0=r_b$。

式（4-17）即为凸轮理论轮廓线的方程式。

图 4-19 解析法设计偏置移动滚子从动件盘形凸轮轮廓线

2）实际轮廓线方程

如前所述，实际轮廓线是理论轮廓线的等距线，只要沿理论轮廓线在 B 点的法线方向等距 r_r，即可得到实际轮廓线上相应点 B' 的坐标值（x'，y'）。

因为曲线上任一点的法线的斜率与该点的切线的斜率互为负倒数，故理论轮廓线上 B 点处的法线 $n-n$ 的斜率为

$$\tan\beta=-\frac{\mathrm{d}x}{\mathrm{d}y}=-\frac{\dfrac{\mathrm{d}x}{\mathrm{d}\varphi}}{\dfrac{\mathrm{d}y}{\mathrm{d}\varphi}} \quad (4-18)$$

式中，$\dfrac{\mathrm{d}x}{\mathrm{d}\varphi}$、$\dfrac{\mathrm{d}y}{\mathrm{d}\varphi}$ 根据式（4-17）对 φ 求导。

当求出 β 角后，由图 4-19 可看出，实际轮廓线上对应点 B' 的坐标为

$$\begin{cases} x'=x\mp r_r\cos\beta \\ y'=y\mp r_r\sin\beta \end{cases} \quad (4-19)$$

式中，$\cos\beta$、$\sin\beta$ 由式（4-18）求得，即

$$\cos\beta=\frac{-\mathrm{d}y/\mathrm{d}\varphi}{\sqrt{\left(\dfrac{\mathrm{d}x}{\mathrm{d}\varphi}\right)^2+\left(\dfrac{\mathrm{d}y}{\mathrm{d}\varphi}\right)^2}}$$

$$\sin\beta=\frac{\mathrm{d}x/\mathrm{d}\varphi}{\sqrt{\left(\dfrac{\mathrm{d}x}{\mathrm{d}\varphi}\right)^2+\left(\dfrac{\mathrm{d}y}{\mathrm{d}\varphi}\right)^2}}$$

将 $\cos \beta$、$\sin \beta$ 代入式（4-19），可得凸轮实际轮廓线方程为

$$\begin{cases} x' = x \pm r_r \dfrac{\mathrm{d}y/\mathrm{d}\varphi}{\sqrt{\left(\dfrac{\mathrm{d}x}{\mathrm{d}\varphi}\right)^2 + \left(\dfrac{\mathrm{d}y}{\mathrm{d}\varphi}\right)^2}} \\[4mm] y' = y \mp r_r \dfrac{\mathrm{d}x/\mathrm{d}\varphi}{\sqrt{\left(\dfrac{\mathrm{d}x}{\mathrm{d}\varphi}\right)^2 + \left(\dfrac{\mathrm{d}y}{\mathrm{d}\varphi}\right)^2}} \end{cases} \tag{4-20}$$

式中，加减号上面一组表示内包络线 η'，下面一组表示外包络线 η''。

3）刀具中心轨迹方程

在磨床上磨削凸轮或在线切割机床上采用钼丝加工凸轮时，通常需要给出刀具中心轨迹方程，即刀具中心的坐标值。对于滚子从动件盘形凸轮，如果刀具（砂轮）半径 r_c 和滚子半径 r_r 相同，则刀具中心轨迹与凸轮理论轮廓线重合，理论轮廓线的方程即为刀具中心轨迹。

如果刀具半径 r_c 不等于滚子半径 r_r，如图 4-20 所示，由于刀具的外圆总与凸轮的工作轮廓相切，因而刀具中心运动轨迹应是凸轮工作轮廓的等距曲线，因此只要用 $|r_c - r_r|$ 代替 r_r，便可由式（4-21）得到刀具中心轨迹方程。

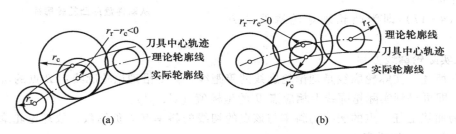

图 4-20　刀具中心轨迹方程的确定

$$\begin{cases} x_c = x \pm |r_c - r_r| \dfrac{\mathrm{d}y/\mathrm{d}\varphi}{\sqrt{\left(\dfrac{\mathrm{d}x}{\mathrm{d}\varphi}\right)^2 + \left(\dfrac{\mathrm{d}y}{\mathrm{d}\varphi}\right)^2}} \\[4mm] y_c = y \mp |r_c - r_r| \dfrac{\mathrm{d}x/\mathrm{d}\varphi}{\sqrt{\left(\dfrac{\mathrm{d}x}{\mathrm{d}\varphi}\right)^2 + \left(\dfrac{\mathrm{d}y}{\mathrm{d}\varphi}\right)^2}} \end{cases} \tag{4-21}$$

当 $r_c > r_r$ 时，取加减号的下面一组；当 $r_c < r_r$ 时，取加减号的上面一组。

加工时，刀具中心沿此轨迹运动即可加工出要求的凸轮工作轮廓线。

2. 移动平底从动件盘形凸轮机构

图 4-21 所示为一移动平底从动件盘形凸轮机构。已知从动件运动规律 $s = s(\varphi)$，从动件平底与导路垂直，凸轮基圆半径为 r_b，凸轮逆时针转动，要求设计凸轮轮廓线。

选取直角坐标系 Oxy 如图 4-21 所示。当从动件处于起始位置时，平底与凸轮轮廓线在 B_0 处接触；当凸轮转过 φ 角后，从动件的位移为 s。根据反转法，此时从动件平底与凸轮轮廓线在 B 点相切。该点的坐标 (x, y) 可用瞬心法求得。

由图 4-21，根据三心定理，P 点为该瞬时从动件与凸轮的瞬心，故从动件在该瞬时的移动速度为

$$v = v_P = \overline{OP}\omega$$

即

$$\overline{OP} = \frac{v}{\omega} = \frac{\mathrm{d}s}{\mathrm{d}\varphi}$$

由图 4-21 可得 B 点的坐标 (x, y) 为

$$\begin{cases} x = \overline{OD} + \overline{EB} = (r_\mathrm{b} + s)\sin\varphi + \dfrac{\mathrm{d}s}{\mathrm{d}\varphi}\cos\varphi \\ y = \overline{CD} - \overline{CE} = (r_\mathrm{b} + s)\cos\varphi - \dfrac{\mathrm{d}s}{\mathrm{d}\varphi}\sin\varphi \end{cases} \tag{4-22}$$

式（4-22）就是凸轮实际轮廓线的方程。

3. 摆动滚子从动件盘形凸轮机构

图 4-22 所示为一摆动滚子从动件盘形凸轮机构。已知摆动从动件运动规律 $\psi = \psi(\varphi)$，凸轮转动中心与摆杆轴心之间的中心距为 a，摆杆长度为 l，滚子半径为 r_r，凸轮基圆半径为 r_b，凸轮逆时针转动，要求设计凸轮轮廓线。

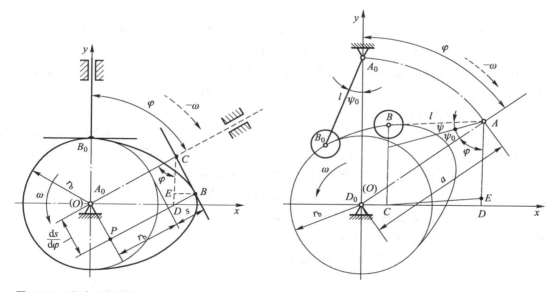

图 4-21 移动平底从动件盘形凸轮轮廓线设计　　**图 4-22 摆动从动件凸轮廓线设计**

以凸轮回转中心 D_0 为坐标原点建立图 4-22 所示的直角坐标系 Oxy。当从动件处于起始位置时滚子中心处于 B_0 点，摆杆与连心线 OA_0 之间的夹角为 ψ_0；当凸轮转过 φ 角后，从动件摆过 ψ 角。根据反转法，此时滚子中心将处于 B 点。由图 4-22 可知，B 点的坐标 (x, y) 为

$$\begin{cases} x = \overline{OD} - \overline{CD} = a\sin\varphi - l\sin(\varphi + \psi_0 + \psi) \\ y = \overline{AD} - \overline{ED} = a\cos\varphi - l\cos(\varphi + \psi_0 + \psi) \end{cases} \tag{4-23}$$

式中，$\psi_0 = \arccos\dfrac{a^2 + l^2 - r_\mathrm{b}^2}{2al}$。

式（4-23）为摆动滚子从动件凸轮理论轮廓线方程。

凸轮实际轮廓线方程和刀具中心轨迹方程，其推导思路与移动滚子从动件盘形凸轮机构相同，其中$\dfrac{\mathrm{d}x}{\mathrm{d}\varphi}$、$\dfrac{\mathrm{d}y}{\mathrm{d}\varphi}$根据式（4-23）对$\varphi$求导后代入计算。

4.4　凸轮机构基本尺寸的确定

从上节对凸轮轮廓线的设计，可以看出，在设计凸轮轮廓线前，除了需要根据工作要求选定从动件的运动规律外，还需事先确定凸轮机构的基圆半径r_b、移动从动件的偏距e、滚子半径r_r等基本尺寸。对基本尺寸的选择是否恰当将会影响凸轮机构的传力性能、结构的紧凑、从动件运动的准确等。本节讨论凸轮机构基本尺寸设计的原则和方法。

4.4.1　凸轮机构的压力角

凸轮机构的压力角α，是指在不计摩擦的情况下，凸轮对从动件作用力的方向线与从动件上力作用点的速度方向之间所夹的锐角。对于图 4-23 所示的滚子从动件盘形凸轮机构来说，过滚子中心所作理论轮廓线的法线 n-n 与从动件运动方向之间的夹角α就是压力角。压力角是衡量凸轮机构传力性能好坏的一个重要参数。

1．压力角与作用力的关系

由图 4-23 可以看出，凸轮对从动件的作用力F可以分解成两个方向的分力，即沿着从动件运动方向的分力F'和垂直于运动方向的分力F''。前者是推动从动件克服载荷的有效分力，而后者将增大从动件与导路间的摩擦，它是有害分力。

压力角α越大，有害分力越大。当压力角α增大到某一数值时，有害分力所引起的摩擦阻力将大于有效分力F'，这时无论凸轮给从动件的作用力F有多大，都不能推动从动件运动，即凸轮机构出现自锁。因此，压力角α应尽可能小一些。

2．压力角与基本尺寸的关系

1）移动从动件凸轮机构的压力角与基本尺寸的关系

在图 4-23 中，过滚子中心B所作理论轮廓线的法线 n-n 与过凸轮轴心A_0所作从动件导路的垂线交于P点，根据三心定理，P点是凸轮与从动件在此时的瞬心，且

$$\overline{A_0P}=\frac{v}{\omega}=\frac{\mathrm{d}s}{\mathrm{d}\varphi} \qquad (4-24)$$

根据图 4-23 中的$\triangle BDP$，凸轮机构的压力角α与基本尺寸的关系为

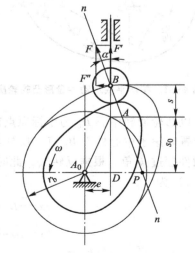

图 4-23　滚子从动件盘形凸轮机构的压力角

$$\tan\alpha=\frac{|\overline{A_0P}\mp e|}{s+s_0}=\frac{\left|\dfrac{\mathrm{d}s}{\mathrm{d}\varphi}\mp e\right|}{s+\sqrt{r_\mathrm{b}^2-e^2}} \tag{4-25}$$

式中的"∓"与凸轮转向、从动件偏置方向有关。当凸轮逆时针转动、从动件偏于凸轮轴心右侧时取"−"号，如图 4-23 所示；当凸轮逆时针转动、从动件偏于凸轮轴心左侧时取"+"号，如图 4-24 所示。当凸轮顺时针转动，符号正好相反。

从式（4-25）可以看出，如果从动件的偏置方向选择不对，如图 4-24 所示，会增大机构的压力角。这样不仅会降低了机械效率，甚至会出现机构的自锁现象。因此，正确选择偏置方向有利于减小机构的压力角。

2）摆动从动件盘形凸轮机构的压力角与基本尺寸的关系

图 4-25 所示为一摆动从动件盘形凸轮机构，从动件与凸轮在任一接触位置点 A，过点 A 作凸轮法线 n-n，交 $\overline{A_0B_0}$ 于点 P，点 P 为凸轮与从动件的瞬心。设凸轮的转角为 φ，凸轮的角速度 ω_1，从动件摆角为 ψ，摆动角速度为 ω_2，$\overline{A_0B_0}=a$，摆杆线性长度 $\overline{B_0A}=l$，则有

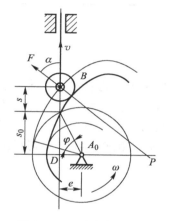

图 4-24 压力角与从动件偏置方向的关系

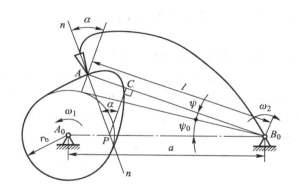

图 4-25 摆动从动件盘形凸轮机构压力角与基本尺寸的关系

$$\frac{\mathrm{d}\psi}{\mathrm{d}\varphi}=\frac{\omega_2}{\omega_1}=\frac{a-\overline{B_0P}}{\overline{B_0P}} \tag{4-26}$$

由图 4-25 中的直角 $\triangle PCA$ 得

$$\tan\alpha=\frac{\overline{AC}}{\overline{PC}}=\frac{\overline{AB_0}-\overline{CB_0}}{\overline{PC}}=\frac{l-\overline{B_0P}\cos(\psi_0+\psi)}{\overline{B_0P}\sin(\psi_0+\psi)} \tag{4-27}$$

式中，ψ_0 为从动件的初始角，可由下式计算求得：

$$\psi_0=\arccos\frac{a^2+l^2-r_\mathrm{b}^2}{2al} \tag{4-28}$$

将式（4-26）代入式（4-27）得压力角 α 的一般表达式为

$$\tan\alpha=\frac{l\dfrac{\mathrm{d}\psi}{\mathrm{d}\varphi}+a\cos(\psi_0+\psi)-l}{a\sin(\psi_0+\psi)} \tag{4-29}$$

由式（4-29）可以看出，凸轮机构的基本参数 a、l 和 r_b 都会影响压力角 α。当给定 l 和运动规律 $\psi=\psi(\varphi)$ 后，压力角 α 的大小取决于基圆半径 r_b 和中心距 a。

3. 许用压力角

在工程设计中，为了使机构能顺利工作，会对凸轮机构的最大压力角加以限制，最大压力角要小于许用压力角 $[\alpha]$，凸轮机构的许用压力角见表 4-2。由于回程时通常受力较小且一般无自锁问题，故许用压力角可取得大些。

表 4-2　凸轮机构的许用压力角

凸轮锁合形式	从动件运动方式	推程	回程
力锁合	移动从动件	$[\alpha]=25°\sim35°$	$[\alpha']=70°\sim80°$
	摆动从动件	$[\alpha]=35°\sim45°$	$[\alpha']=70°\sim80°$
形锁合	移动从动件	$[\alpha]=25°\sim35°$	$[\alpha']=[\alpha]$
	摆动从动件	$[\alpha]=35°\sim45°$	$[\alpha']=[\alpha]$

4.4.2　凸轮基圆半径的确定

设计凸轮机构时结构越紧凑越好，而凸轮尺寸的大小取决于凸轮基圆半径的大小。在实现相同运动规律的情况下，基圆半径越大，凸轮的尺寸也越大。因此，要获得轻便紧凑的凸轮机构，就应当使基圆半径尽可能地小，但是基圆半径的大小又和凸轮机构的压力角有直接的关系。对于图 4-23 所示的移动从动件盘形凸轮机构，由式（4-25）可得出其基圆半径 r_b 的求解方程：

$$r_b=\sqrt{\left(\dfrac{\left|\dfrac{ds}{d\varphi}\mp e\right|}{\tan\alpha}-s\right)^2+e^2} \tag{4-30}$$

可以看出，在其他条件不变的情况下，压力角 α 越大，基圆半径越小，亦即凸轮的尺寸越小。因此，为了使机构结构紧凑，压力角 α 应越大越好，但是凸轮的基圆半径应在 $\alpha\leqslant[\alpha]$ 的前提下选择。由于在机构的运转过程中，压力角的值是随凸轮与从动件的接触点的不同而变化的，即压力角是机构位置的函数。只要使 $\alpha_{max}=[\alpha]$，代入式（4-30）就可以确定凸轮的最小基圆半径和相应的偏距，即 r_{bmin} 和 e 之间满足下式：

$$r_{bmin}=\sqrt{\left(\dfrac{\left|\dfrac{ds}{d\varphi}\mp e\right|}{\tan[\alpha]}-s\right)^2+e^2} \tag{4-31}$$

对式（4-31）可以用图解法或解析法求得 r_{bmin} 和相应的偏心距 e 值，可参阅相关文献。在用计算机对凸轮轮廓线进行辅助设计时，通常是先根据结构条件初选基圆半径 r_b，然后用式（4-25）校核压力角，若 $\alpha_{max}>[\alpha]$，则增大基圆半径重新设计，直到求得 r_{bmin} 和 e 值。

对于摆动从动件盘形凸轮机构，其最小基圆半径也可以按其许用压力角通过式（4-31）求解。

根据许用压力角确定的基圆半径是为了保证机构能顺利工作的凸轮最小基圆半径。在实际设计工作中，最后确定凸轮基圆半径还需要考虑机构的具体结构条件。例如，当凸轮与凸轮轴制成一体时，凸轮的基圆半径必须大于凸轮轴的半径；当凸轮是单独加工、然后装在凸轮轴上时，凸轮上要做出轴毂，凸轮的基圆直径应大于轴毂的外径。通常可取凸轮的基圆直径大于或等于轴径的 1.6~2 倍。

4.4.3 从动件偏置方向的选择

由式（4-25）可以看出，增大偏距 e 使压力角的值增大还是减小，取决于凸轮的转动方向和从动件的偏置方向。需要指出的是，若推程压力角减小，则回程压力角将增大，即通过增加偏距 e 来减小推程压力角，是以增大回程压力角为代价的。但是由于推程的许用压力角较小而回程的许用压力角较大，所以在设计凸轮机构时，如果压力角超过了许用值、而结构空间又不允许增大基圆半径，则可通过选取从动件适当的偏置方向来获得较小的推程压力角。即若凸轮逆时针转动，使从动件轴线偏于凸轮旋转中心的右侧；若凸轮顺时针转动，使从动件轴线偏于凸轮旋转中心的左侧。

4.4.4 滚子半径的确定

滚子从动件盘形凸轮的实际轮廓线，是以理论轮廓线向内等距移动得到的，等距移动的距离就是滚子半径。因此，凸轮实际轮廓线的形状将受滚子半径大小的影响。若滚子半径选择不当，有时可能使从动件不能准确地实现预期的运动规律。下面以图 4-26 为例来分析凸轮实际轮廓线形状与滚子半径的关系。

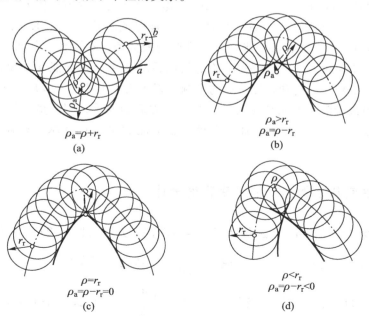

$\rho_a=\rho+r_r$

(a)

$\rho_a>r_r$
$\rho_a=\rho-r_r$

(b)

$\rho=r_r$
$\rho_a=\rho-r_r=0$

(c)

$\rho<r_r$
$\rho_a=\rho-r_r<0$

(d)

图 4-26 滚子半径的确定

图 4-26a 所示为内凹的凸轮轮廓线，曲线 a 为实际轮廓线，曲线 b 为理论轮廓线。实际轮廓线的曲率半径 ρ_a 等于理论轮廓线的曲率半径 ρ 与滚子半径 r_r 之和，即 $\rho_a = \rho + r_r$。因此，无论滚子半径大小如何，实际轮廓线总可以根据理论轮廓线作出。

图 4-26b 所示为外凸的凸轮轮廓线，由于 $\rho_a = \rho - r_r$，所以，若 $\rho > r_r$，则 $\rho_a > 0$，实际轮廓线总可以作出；若 $\rho = r_r$，则 $\rho_a = 0$，即实际轮廓线将出现尖点，如图 4-26c 所示。由于尖点处极易磨损，故不能使用；若 $\rho < r_r$，则 $\rho_a < 0$，这时实际轮廓线将出现交叉，如图 4-26d 所示，当进行加工时，交点以外的部分将被刀具切去，使凸轮轮廓线产生过度切削，致使从动件不能准确地实现预期的运动规律，这种现象称为运动失真。

综上所述，凸轮实际轮廓线产生过度切削的原因在于其理论轮廓线的最小曲率半径 ρ_{min} 小于滚子半径 r_r，即 $\rho_a < 0$。因此，为了避免凸轮实际轮廓线产生过度切割，可采取两种方法。一是减小滚子半径 r_r，二是通过增大基圆半径来加大理论轮廓线的最小曲率半径 ρ_{min}。

为了防止凸轮实际轮廓线产生过度切削并减小应力集中和磨损，设计时一般应保证凸轮实际轮廓线的最小曲率半径不小于许用值 $[\rho_a]$，即

$$\rho_{amin} = \rho_{min} - r_r \geqslant [\rho_a] \tag{4-32}$$

式中，$[\rho_a] = 3 \sim 5$ mm。

理论轮廓线的最小曲率半径 ρ_{min} 可以通过解析法求得。理论轮廓线上任一点的曲率半径的计算公式为

$$\rho = \frac{(\dot{x}^2 + \dot{y}^2)^{3/2}}{\dot{x}\ddot{y} - \ddot{x}\dot{y}} \tag{4-33}$$

式中，$\dot{x} = dx/d\varphi$，$\ddot{x} = d^2x/d\varphi^2$，$\dot{y} = dy/d\varphi$，$\ddot{y} = d^2y/d\varphi^2$。用计算机对凸轮理论轮廓线逐点计算 ρ，并经过比较即可得到 ρ_{min}。

由式（4-33）可以看出：$r_r \leqslant \rho_{min} - [\rho_a]$。滚子半径可取的最大值 $r_{rmax} = \rho_{min} - [\rho_a]$。

需要指出的是，上述确定的滚子半径 r_{rmax}，是保证凸轮实际轮廓线的最小曲率半径 ρ_{amin} 不小于许用值 $[\rho_a]$ 时，滚子半径所允许取的最大值。在设计凸轮机构时，只要实际选用的滚子半径不超过 r_{rmax}，凸轮实际轮廓线的最小曲率半径均能满足设计要求。但是，由于滚子半径还受到其结构和强度方面的限制，因此滚子半径也不宜取得太小。若上述确定的滚子半径的最大值仍不能满足其结构和强度方面的要求，则应增大滚子半径。此时，为了保证凸轮实际轮廓线的最小曲率半径 ρ_{amin} 仍能满足设计要求，则需相应增大基圆半径。

4.4.5　平底从动件凸轮的平底宽度设计

平底的宽度可参照图 4-27 进行计算。当从动件上升时（图 4-27a），接触点 T' 在导路右侧，$\dfrac{ds}{d\varphi}$ 为正值，T' 的右极限位置对应于 $\left(\dfrac{ds}{d\varphi}\right)_{max}$。从动件下降时（图 4-27b），接触点 T'' 在导路左侧，$\dfrac{ds}{d\varphi}$ 为负值，T'' 的左极限位置对应于 $\left(\dfrac{ds}{d\varphi}\right)_{min}$。因此，平底右、左两侧的宽度 b' 和 b'' 应为

$$b' = \left(\frac{\mathrm{d}s}{\mathrm{d}\varphi}\right)_{\max} + \Delta b \qquad (4\text{-}34\mathrm{a})$$

$$b'' = \left|\left(\frac{\mathrm{d}s}{\mathrm{d}\varphi}\right)_{\min}\right| + \Delta b \qquad (4\text{-}34\mathrm{b})$$

平底总宽度 $b = b' + b''$，其中，Δb 为根据结构需要增加的宽度，一般取 $\Delta b = 5 \sim 7$ mm。

为了减少磨损，平底从动件与机架间的移动副有时做成圆柱和圆孔，以便从动件在移动的同时还能绕本身轴线转动。在这种结构中，平底的底面为一圆盘，其直径 d 可由下式确定：

$$d = 2\left(\left|\frac{\mathrm{d}s}{\mathrm{d}\varphi}\right|_{\max} + \Delta b\right) \qquad (4\text{-}35)$$

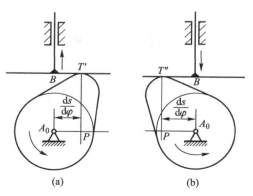

图 4-27   平底宽度的确定

习　　题

4-1　凸轮的基圆半径是指凸轮的转动中心到理论轮廓线的最小半径，还是指凸轮的转动中心到实际轮廓线的最小半径？

4-2　说明等速运动规律、等加速等减速运动规律、简谐运动规律、摆线运动规律、5 次多项式运动规律的加速度变化特点。

4-3　何谓凸轮机构传动中的刚性冲击和柔性冲击？

4-4　从动件的类型有哪些？设计凸轮机构时，如何选择从动件的类型？

4-5　若将同一轮廓线的凸轮分别与直动尖底从动件、滚子从动件、平底从动件配合使用，各种从动件的运动规律是否相同？

4-6　何谓凸轮机构的压力角？在凸轮机构图上如何表示？为减小凸轮机构的压力角，可采取哪些措施？

4-7　何谓凸轮工作轮廓线的变尖现象和从动件运动的失真现象？它对凸轮机构的工作有何影响？如何加以避免？

4-8　有一对心移动从动件盘形凸轮机构，在使用中发现推程压力角稍偏大，拟采用从动件偏置的方法来改善，问是否可行？为什么？

4-9　在图 4-28 所示的凸轮机构中，哪个是正偏置？哪个是负偏置？说明偏置方向对凸轮机构压力角有何影响。

4-10　图 4-29 所示为一尖端移动从动件盘凸轮机构从动件的运动线图。试在图上补全各段的位移、速度及加速度曲线，并指出在哪些位置会出现刚性冲击，哪些位置会出现柔性冲击。

4-11　已知图 4-30 所示凸轮机构的凸轮理论轮廓线，试在图上画出它的实际轮廓线。

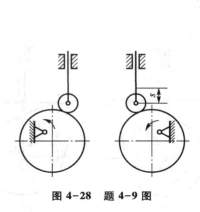

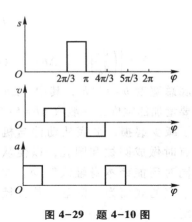

图 4-28　题 4-9 图　　　　　　　　　　图 4-29　题 4-10 图

4-12　图 4-31 所示为一移动从动件盘形凸轮机构从动件在推程的位移曲线示意图。从动件先处于停歇状态，然后加速上升 h_1，等速上升 h_2，减速上升 h_3，最高位置处从动件又处于停歇状态。工作对从动件的运动要求如下：在 A 点，$s=0$，$v=0$，$a=0$；在 B 点，$s=h_1$，$v=v_1$，$a=0$；在 C 点，$s=h_1+h_2$，$v=v_1$，$a=0$；在 D 点，$s=h_1+h_2+h_3$，$v=0$，$a=0$。试选择 AB 段和 BC 段位移曲线的类型，并确定 φ_1、φ_2 和 φ_3 之间的关系。

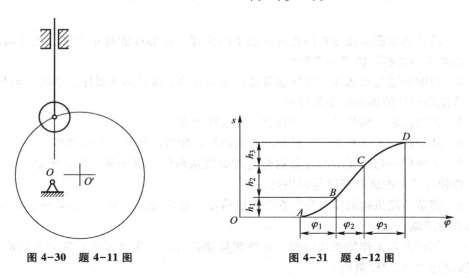

图 4-30　题 4-11 图　　　　　　　　　　图 4-31　题 4-12 图

4-13　已知一移动从动件盘形凸轮机构中，凸轮以 400 r/min 的角速度顺时针高速运转。工作要求从动件的运动如下：当凸轮转动 0°~60° 时，从动件在起始位置停止不动；当凸轮继续转动时，从动件先上升 63.5 mm，然后开始返回，在回程中有 25.4 mm 的行程，从动件是以 1 016 mm/s 的速度作等速运动的。试选择在一个运动循环中，从动件各段运动规律位移曲线的类型，并确定对应于每段曲线从动件的行程及相应的凸轮转角。

4-14　设计一偏置移动滚子从动件盘形凸轮机构。已知凸轮以等角速度 ω 顺时针转动，基圆半径 $r_b=50$ mm，滚子半径 $r_r=10$ mm，凸轮轴心偏于从动件轴线右侧，偏距 $e=10$ mm。从动件运动规律如下：当凸轮转过 120° 时，从动件以简谐运动规律上升 30 mm；

当凸轮接着转过 30°时从动件停歇不动；当凸轮再转过 150°时，从动件以等加减速运动返回原处；当凸轮转过一周的剩余角度时，从动件又停歇不动。

4-15　在图 4-32 所示的凸轮机构中，已知摆杆 B_0B 在起始位置时垂直于 A_0B，l_{A0B} = 40 mm，l_{B0B} = 80 mm，滚子半径 r_r = 10 mm，凸轮以等角速度 ω 顺时针转动。从动件运动规律如下：当凸轮再转过 180°时，从动件以摆线运动规律向上摆动 30°；当凸轮再转过 150°时，从动件以摆线运动规律返回原来位置，当凸轮转过剩余 30°时，从动件又停歇不动。

4-16　试用作图法求出图 4-33 所示的凸轮机构中当凸轮从图示位置转过 45°后机构的压力角，并在图上标注出来。

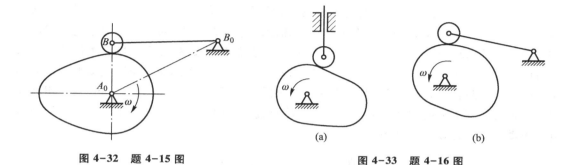

图 4-32　题 4-15 图　　　　　图 4-33　题 4-16 图

4-17　在图 4-34 所示的凸轮机构中，从动件的起始上升点均为 C 点。

（1）试在图上标注出在 D 点接触时，凸轮转过的角度 φ 及从动件走过的位移。

（2）标出在 D 点接触时凸轮机构的压力角 α。

4-18　一对心移动滚子从动件盘形凸轮机构，凸轮的推程运动角 φ = 180°，从动件的升距 h = 75 mm，若选用简谐运动规律，并要求推程压力角不超过 25°，试确定凸轮的基圆半径 r_b。

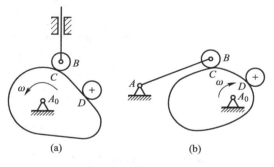

图 4-34　题 4-17 图

4-19　在一对心移动滚子从动件盘形凸轮机构中，已知凸轮顺时针转动，推程运动角 φ = 30°，从动件的升距 h = 16 mm，从动件运动规律为摆线运动。若基圆半径 r_b = 40 mm，试确定推程的最大压力角 α_{max}。如果 α_{max} 太大，而工件空间又不允许增大基圆半径，试问：为保证推程最大压力角不超过 30°应采取什么措施？

4-20　设计一移动平底从动件盘形凸轮机构。工作要求凸轮每转动一周，从动件完成两个运动循环；当凸轮转过 90°时，从动件以简谐运动规律上升 50.8 mm，当凸轮再转过 90°时，从动件以简谐运动规律返回原处；当凸轮转过一周的剩余 180°时，从动件重复前 180°的运动规律。试确定凸轮的基圆半径 r_b 和从动件平底的最小宽度 B。

4-21　图 4-35a 所示为自动闪光对焊机的机构简图。凸轮 1 为原动件，通过滚子 2 推动滑板 3 移动进行焊接。工作要求滑板的运动规律如图 4-35b 所示。今根据结构、空间、强度等条件初选基圆半径 r_b = 90 mm，滚子半径 r_r = 15 mm，试设计该机构。

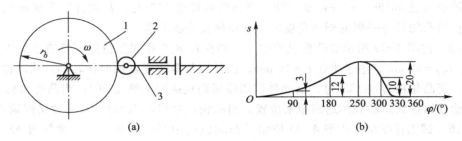

图 4-35　题 4-21 图

4-22　图 4-36 所示为书本打包的推书机构简图。凸轮逆时针转动，通过摆杆滑块机构带动滑块 B 左右移动，完成推书工作。已知滑块行程 $H=80$ mm，凸轮理论轮廓线的基圆半径 $r_b=50$ mm，$l_{AOA'}=160$ mm，$l_{A'B}=120$ mm，其他尺寸如图所示。当滑块处于左极限位置时，A_0A' 与基圆切于 A 点；当凸轮转过 120° 时，滑块以等加速等减速运动规律向右移动 80 mm；当凸轮接着转过 30° 时，滑块在右极限位置不动；当凸轮再转过 60° 时，滑块又以等加速等减速运动向左移动至原处；当凸轮转过一周的最后 150° 时，滑块在左极限位置静止不动。试设计该凸轮机构。

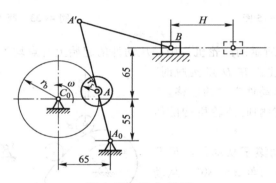

图 4-36　题 4-22 图

4-23　设计一对心移动滚子从动件盘形凸轮机构，已知凸轮顺时针等角速度转动。从动件运动规律如下：当凸轮转过 120° 时，从动件以摆线运动规律上升 45 mm；当凸轮接着转过 60° 时，从动件停歇不动；当凸轮再转过 90° 时，从动件以摆线运动规律返回原处；当凸轮转过一周的剩余角度时，从动件又停歇不动。若初选凸轮理论轮廓线的基圆半径 $r_b=45$ mm，滚子半径 $r_r=10$ mm，要求凸轮机构推程许用压力角 $[\alpha]=30°$，回程许用压力角 $[\alpha]=70°$。若该凸轮在数控线切割机上加工，钼丝（即刀具）直径为 0.15 mm，试给出刀具中心的坐标值。

第5章 齿轮机构

5.1 齿轮机构的类型和特点

5.1.1 齿轮机构的组成和特点

齿轮机构是一种高副机构,它通过轮齿的直接接触来传递两轴间的运动和动力。其优点是传递功率的范围大、圆周速度的范围广、传动效率高、传动比准确、使用寿命长、工作可靠,因此它是应用最为广泛的传动机构之一。其缺点是制造和安装精度高、需用专用机床加工、加工成本高、不适宜远距离传动。

5.1.2 齿轮机构的分类

按一对齿轮的传动比是否恒定,可将其分为两大类:其一是定传动比齿轮机构,该机构中齿轮是圆形的,称为圆形齿轮机构,应用最为广泛;其二是变传动比齿轮机构,齿轮一般是非圆形的,故称为非圆齿轮机构,仅在某些特殊机械中使用。

按两个齿轮轴在空间的相对位置将齿轮机构分为平行轴齿轮机构、相交轴齿轮机构和交错轴齿轮机构。

工程上习惯于按照两齿轮的相对运动形式是平面运动还是空间运动,将齿轮机构分为平面齿轮机构和空间齿轮机构两类。作平面相对运动的齿轮机构称为平面齿轮机构,用作两平行轴间的传动;作空间相对运动的齿轮机构称为空间齿轮机构,用作非平行两轴线间的传动。具体类型如图 5-1 所示。

(a) 外啮合直齿轮　　　　　(b) 内啮合直齿轮　　　　　(c) 齿轮与齿条　　　　　(d) 斜齿轮

(e)人字齿轮　　(f)锥齿轮　　(g)螺旋齿轮　　(h)蜗杆蜗轮

图 5-1 齿轮机构的基本类型

5.2 齿廓啮合基本定律

一对齿轮传动是通过主动轮轮齿的齿廓推动从动轮轮齿的齿廓来实现的。对齿轮传动最基本的要求是传动准确、平稳，即要求瞬时传动比必须保持不变。否则，当主动轮以等角速度回转时，从动轮作变角速度转动，所产生的惯性力不仅影响齿轮的寿命，而且还会引起机器的振动和噪声，影响工作精度。为此，需要研究轮齿的齿廓形状应符合什么条件才能满足齿轮瞬时传动比保持不变的要求，即齿廓啮合基本定律。

图 5-2 所示为两齿廓 G_1、G_2 某一瞬时在 K 点啮合，设主、从动轮角速度分别为 ω_1、ω_2，过 K 点作两齿廓的公法线 n-n，其与两轮连心线 O_1O_2 的交点为 P。由三心定理可知点 P 为两轮的相对瞬心，故 $v_{P1}=v_{P2}$。所以，该对齿轮的传动比为

$$i_{12}=\frac{\omega_1}{\omega_2}=\frac{\overline{O_2P}}{\overline{O_1P}} \tag{5-1}$$

上式表明：一对齿轮传动在任意瞬时的传动比等于其连心线 O_1O_2 被接触点的公法线 n-n 所分割的线段的反比，这个规律称为齿廓啮合基本定律。

由齿廓啮合基本定律可知，若要求一对齿轮的传动比恒定不变，则上述点 P 应为连心线 O_1O_2 上一固定点。由此可得，要使两轮传动比为一常数，则其齿廓曲线必须符合：不论两齿廓在任何位置相啮合，过其啮合点所作的公法线都必须通过两连心线上的一固定点 P。通常称 P 点为节点，分别以 O_1、O_2 为圆心过 P 点所作的两个相切的圆称为节圆，其半径分别用 r_1'、r_2' 表示。一对圆柱齿轮传动可视为一对节圆所作的纯滚动。如果两轮中心 O_1、O_2 发生改变，两轮节圆的大小也将随之改变，所以

$$i_{12}=\frac{\omega_1}{\omega_2}=\frac{\overline{O_2P}}{\overline{O_1P}}=\frac{r_2'}{r_1'} \tag{5-2}$$

凡能满足齿廓啮合基本定律的一对齿廓称为共轭

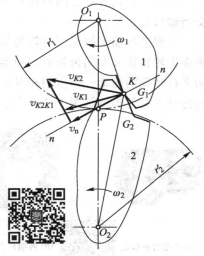

图 5-2 齿廓啮合基本定律

齿廓。只要给定轮 1 的齿廓曲线 G_1，则根据齿廓啮合基本定律用作图法就可确定轮 2 的共轭齿廓曲线 G_2，因此从理论上讲，能够满足齿廓啮合基本定律的共轭曲线有无穷多。由于受设计、制造、测量等多种因素限制，在机械中，常用的齿廓曲线有渐开线、摆线和圆弧等少数几种曲线。由于渐开线齿廓具有较好的传动性能，且制造、安装、强度、效率、寿命以及互换性等都能较好满足，因此在实际生产中应用最广。

5.3　渐开线齿廓

5.3.1　渐开线的形成及其性质

如图 5-3 所示，当一直线 BK 在圆周上作纯滚动时，其上任一点 K 的轨迹 AK 即为该圆的渐开线。该圆称为渐开线的基圆，其半径用 r_b 表示；直线 BK 称为渐开线的发生线，角 $\theta_K = \angle AOK$ 称为渐开线上点 K 的展角。

根据渐开线的形成过程可知，渐开线具有下列特性：

（1）发生线在基圆上滚过的长度 $\overline{BK}$ 等于基圆上被滚过的弧长 $\overparen{AB}$，即 $\overline{BK} = \overparen{AB}$。

（2）当发生线沿基圆作纯滚动时，切点 B 为其转动中心，故发生线上点 K 的速度方向与渐开线在该点的切线 t-t 方向重合，即发生线 $\overline{BK}$ 是渐开线在 K 点的法线；又因为发生线总是基圆的切线，故渐开线上任意点的法线必与基圆相切。

（3）发生线与基圆的切点 B 是渐开线上 K 点的曲率中心，而线段 $\overline{BK}$ 是其曲率半径。由此可知 $\rho_K = \overline{BK}$，渐开线离基圆越远，曲率半径越大，而离基圆越近，曲率半径越小，在基圆上曲率半径为零。

（4）渐开线形状完全取决于基圆的大小，基圆半径越大，曲率半径 $\overline{BK}$ 越大，渐开线越平直，当基圆半径趋于无穷大时，渐开线则成为与发生线 BK 垂直的一条直线（如齿条的直线齿廓亦为渐开线），如图 5-4a 所示。

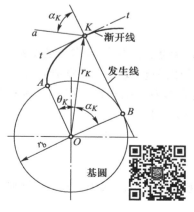

图 5-3　渐开线齿廓的形成

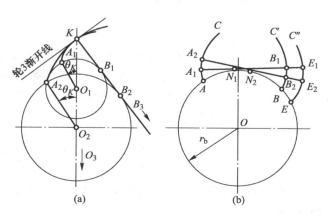

(a)　　　　(b)

图 5-4　渐开线的性质

（5）基圆内无渐开线。

（6）同一基圆上任意两条渐开线的公法线段长度处处相等，如图 5-4b 所示，两条反向的公法线段 $\overline{A_1B_1}=\overline{A_2B_2}$，两条同向的公法线段 $\overline{B_1E_1}=\overline{B_2E_2}$。

5.3.2　渐开线的极坐标方程

如图 5-3 所示，取 OA 为极坐标轴，O 为极点。渐开线上任一点 K 的极坐标分别用 r_K（任意圆半径或极径）和 θ_K 表示。取渐开线的基圆半径为 r_b，齿廓上任意点 K 的速度为 v_K，K 点的压力角为 α_K，$\angle BOK=\alpha_K$（压力角），则以 θ_K 为参数的渐开线极坐标参数方程为

$$\cos \alpha_K = \frac{r_b}{r_K} = \frac{d_b}{d_K}$$

$$r_K = \frac{r_b}{\cos \alpha_K}$$

由上式可知：渐开线上各点的压力角不相等，离基圆越远压力角越大；基圆处压力角为零。

又因　　　　　　$$\tan \alpha_K = \frac{\overline{BK}}{r_b} = \frac{\widehat{BA}}{r_b} = \frac{r_b(\alpha_K+\theta_K)}{r_b} = \alpha_K + \theta_K$$

则有　　　　　　$$\mathrm{inv}\,\alpha_K = \theta_K = \tan \alpha_K - \alpha_K$$

由上式可知：θ_K 随 α_K 变化而变化，工程上常将 θ_K 称为角 α_K 的渐开线函数，用 $\mathrm{inv}\alpha_K$ 表示。工程上为方便使用，常将不同压力角的渐开线函数计算出来列成表备查。

综上所述，得渐开线极坐标方程为

$$\begin{cases} r_K = \dfrac{r_b}{\cos \alpha_K} \\ \theta_K = \tan \alpha_K - \alpha_K \end{cases} \tag{5-3}$$

5.3.3　渐开线齿廓的啮合特性

1. 满足定传动比要求

如图 5-5 所示，一对齿轮的渐开线齿廓在任意 K 点接触，过接触点作其公法线 $n-n$。根据渐开线性质（2）可知，这一公法线必为两轮基圆的内公切线，切点分别为 N_1 和 N_2，在啮合过程中两轮接触点都在内公切线上，内公切线也是两轮的啮合线。内公切线和两齿轮的连心线都为定直线，所以两线的交点 P 为定点，即传动比

$$i_{12} = \frac{\omega_1}{\omega_2} = \frac{\overline{O_2P}}{\overline{O_1P}} = \frac{r'_2}{r'_1} = \frac{\overline{O_2N_2}}{\overline{O_1N_1}} = \frac{r_{b2}}{r_{b1}} = 常量 \tag{5-4}$$

上式表明：传动比满足齿廓啮合基本定律，且角速比为定值。式中，r'_1、r'_2 分别为两齿轮的节圆半径。

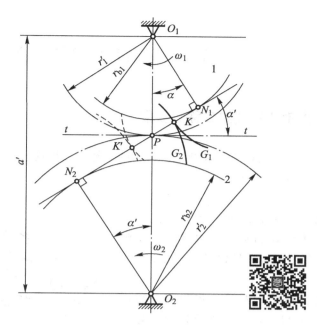

图 5-5   渐开线齿廓的啮合传动

2. 啮合线为一条定直线

一对渐开线齿廓在任何位置啮合时，接触点的公法线都是同一直线 N_1N_2，这就说明两轮渐开线齿廓的接触点均应在 N_1N_2 线上，因此 N_1N_2 线是两齿廓接触点的集合，称该线为渐开线齿廓的啮合线，它在整个传动过程中为一条定直线，所以在渐开线齿轮传动过程中，当传递扭矩一定时，齿廓间的压力大小和方向始终不变，这对齿轮传动的平稳性极为有利。

3. 啮合角恒等于节圆压力角

在图 5-5 中过节点作两节圆的公切线 t-t，它与啮合线 N_1N_2 之间所夹的锐角 α' 称为啮合角，它的大小标志着齿轮传动的动力特性。由于啮合线的方位在传动过程中始终不变，公切线 t-t 也不变，故啮合角 α' 在传动过程中为常数。另外，两节圆在节点 P 相切，所以当一对渐开线齿廓在节点 P 处啮合时，啮合点 K 与节点 P 重合，这时的压力角称为节圆压力角。从图 5-5 中可知，$\triangle N_1O_1P \backsim \triangle N_2O_2P$，即 $\alpha = \alpha'$，因此可得出如下结论：一对相啮合的渐开线齿廓的啮合角，其大小恒等于一对齿轮传动的节圆压力角。

4. 中心距可分性

由式（5-4）可知，渐开线齿轮的传动比取决于两轮基圆半径的大小。基圆大小一定时，即使在安装中使两轮实际中心距 a' 与所设计的中心距 a 有偏差，也不会影响两轮的传动比，渐开线齿轮传动的这一特性称为中心距可分性，这一性质对于渐开线齿轮的加工、装配都十分有利。但中心距的变动，可使传动产生过紧或过松的现象。

5.4　渐开线标准直齿圆柱齿轮

5.4.1　外齿轮各部分的名称和参数

图 5-6 所示为渐开线标准直齿圆柱外齿轮的一部分，齿轮上每个凸起部分称为轮齿。

1. 各部分的名称和符号

1）分度圆

为了便于齿轮各部分尺寸的计算，在齿轮上选择一个圆作为计算的基准，称该圆为齿轮的分度圆，其直径和半径分别以 d 和 r 表示。

2）齿顶圆

过齿轮各齿顶所作的圆称为齿顶圆，其直径和半径分别以 d_a 和 r_a 表示。介于分度圆与齿顶圆之间的轮齿部分称为齿顶，其径向高度称为齿顶高，以 h_a 表示。

3）齿根圆

过齿轮各齿槽底部所作的圆称为齿根圆，其直径和半径分别以 d_f 和 r_f 表示。介于分度圆与齿根圆之间的轮齿部分称为齿根，其径向高度称为齿根高，以 h_f 表示。

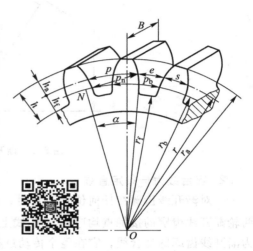

图 5-6　外齿轮各部分的名称和符号

4）齿全高

齿顶圆与齿根圆之间的径向距离，即齿顶高与齿根高之和称为齿全高，以 h 表示，则

$$h = h_a + h_f \tag{5-5}$$

5）齿厚

在任意半径 r_K 的圆周上，一个轮齿两侧齿廓所截该圆的弧长，称为该圆周上的齿厚，以 s_K 表示。

6）齿槽宽

相邻左、右两齿廓之间的空间称为齿槽。一个齿槽两侧齿廓所截任意圆周的弧长，称为该圆周上的齿槽宽，以 e_K 表示。

7）齿距

任意圆上相邻两齿同侧齿廓所截任意圆周的弧长，称为该圆周上的齿距，以 p_K 表示。由图 5-6 可见，在同一圆周上，齿距等于齿厚与齿槽宽之和，即

$$p_K = s_K + e_K \tag{5-6}$$

在分度圆上的齿距、齿厚和齿槽宽分别用 p、s 和 e 表示，且 $p = s + e$。基圆上的齿距、齿厚和齿槽宽分别用 p_b、s_b 和 e_b 表示，且 $p_b = s_b + e_b$。

8）法向齿距

相邻两齿同侧齿廓之间在法线 n-n 所截线段的长度称为法向齿距，以 p_n 表示，由渐开线性质可知

$$p_n = p_b$$

9）顶隙（径向间隙）

顶隙是指一对齿轮啮合时一个齿轮的齿顶圆到另一个齿轮的齿根圆之间的径向间隙，以 c 表示，其值为 $c = c^* m$。

2. 基本参数

1）齿数

在齿轮整个圆周上轮齿的总数称为齿数，用 z 表示。

2）分度圆模数

如上所述，齿轮的分度圆是计算齿轮各部分尺寸的基准，若已知齿轮的齿数 z 和分度圆齿距 p，分度圆的直径即为

$$d = \frac{p}{\pi} z \qquad (5-7)$$

式中所含的无理数 π 给齿轮的计算、制造和测量带来不便，因此人为地把 $\frac{p}{\pi}$ 规定为标准值，此值称为分度圆模数，简称为模数，用 m 表示，即 $m = \frac{p}{\pi}$，单位为 mm。模数是齿轮尺寸计算中的一个基本参数，模数越大，则齿距越大，轮齿也就越大（图 5-7），轮齿的抗弯曲能力便越强。计算齿轮几何尺寸时应采用我国规定的标准模数系列，见表 5-1。

因此，分度圆的直径

$$d = mz$$

分度圆的齿距

$$p = \pi m$$

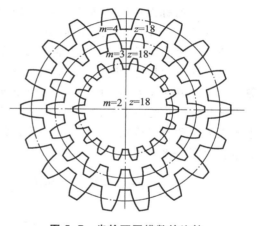

图 5-7　齿轮不同模数的比较

表 5-1　标准模数系列（GB/T 1357—2008）

第一系列	1	1.25	1.5	2	2.5	3	4	5	6	8	10
	12	16	20	25	32	40	50				
第二系列	1.75	2.25	2.75	(3.25)	3.5	(3.75)	4.5				
	5.5	(6.5)	7	9	(11)	14	18	22	28	36	45

注：① 本表适用于渐开线圆柱齿轮，对斜齿轮是指法面模数，对锥齿轮取大端模数为标准模数；
　　② 优先采用第一系列，括号内的模数尽可能不用。

3）分度圆压力角

轮齿的渐开线齿廓位于分度圆周上的压力角称为分度圆压力角，用 α 表示。在图 5-6

中，过分度圆与渐开线交点作基圆切线得切点 N，中心线与 NO 线之间的夹角，其大小与分度圆圆周上压力角相等。我国规定分度圆压力角为标准值，一般为 20°。在某些装置中，也有用分度圆压力角为 14.5°、15°、22.5° 和 25° 等的齿轮。

由上述可知，分度圆周上的模数和压力角均为标准值。

4）齿顶高系数 h_a^*

齿顶高 h_a 用齿顶高系数 h_a^* 与模数 m 的乘积表示，即 $h_a = h_a^* m$。

5）顶隙系数 c^*

齿根高 h_f 用齿顶高系数 h_a^* 与顶隙系数 c^* 之和乘以模数 m 表示，即 $h_f = (h_a^* + c^*) m$。

我国规定了齿顶高系数 h_a^* 和顶隙系数 c^* 的标准值：

（1）正常齿制　当 $m \geqslant 1$ mm 时，$h_a^* = 1$，$c^* = 0.25$；当 $m < 1$ mm 时，$c^* = 0.35$。

（2）短齿制　$h_a^* = 0.8$，$c^* = 0.3$。

3. 渐开线标准直齿圆柱齿轮几何尺寸计算

渐开线标准直齿圆柱齿轮除了基本参数是标准值外，还有两个特征：

（1）分度圆齿厚与齿槽宽相等，$s = e = \dfrac{p}{2}$。

（2）具有标准齿顶高和齿根高，即 $h_a = h_a^* m$，$h_f = (h_a^* + c^*) m$。

不具备上述特征的称为非标准齿轮。

渐开线标准直齿圆柱齿轮几何尺寸计算公式见表 5-2。

当设计和检验齿轮时常需要知道某圆周上的齿厚，例如，为了检验轮齿齿顶的强度就需要计算出齿顶圆上的齿厚，为了确定齿侧间隙就需要计算出节圆上的齿厚等。图 5-8 所示为渐开线齿轮的一个轮齿，图中 s_i 表示任意半径为 r_i 的圆上的齿厚，α_i、θ_i 分别为该圆上的压力角和渐开线展角。s、r、α 及 θ 分别表示分度圆的齿厚、半径、压力角和渐开线展角。由图 5-8 可得

$$\varphi = \angle BOB - 2\angle BOC = \frac{s}{r} - 2(\theta_i - \theta) = \frac{s}{r} - 2(\mathrm{inv}\alpha_i - \mathrm{inv}\alpha)$$

故
$$s_i = r_i \varphi = \frac{s r_i}{r} - 2 r_i (\mathrm{inv}\alpha_i - \mathrm{inv}\alpha) \tag{5-8}$$

式中，$\alpha_i = \arccos \dfrac{r_b}{r_i}$。

表 5-2　渐开线标准直齿圆柱齿轮传动几何尺寸计算公式

名称	符号	计算公式	
		小齿轮	大齿轮
模数	m	（根据齿轮受力情况和结构需要确定，选取标准值）	
压力角	α	选取标准值	
分度圆直径	d	$d_1 = m z_1$	$d_2 = m z_2$
齿顶高	h_a	$h_{a1} = h_{a2} = h_a^* m$	
齿根高	h_f	$h_{f1} = h_{f2} = (h_a^* + c^*) m$	

名称	符号	计算公式	
		小齿轮	大齿轮
齿全高	h	$h_1 = h_2 = (2h_a^* + c^*)m$	
齿顶圆直径	d_a	$d_{a1} = (z_1 + 2h_a^*)m$	$d_{a2} = (z_2 + 2h_a^*)m$
齿根圆直径	d_f	$d_{f1} = (z_1 - 2h_a^* - 2c^*)m$	$d_{f2} = (z_2 - 2h_a^* - 2c^*)m$
基圆直径	d_b	$d_{b1} = d_1 \cos \alpha$	$d_{b2} = d_2 \cos \alpha$
齿距	p	$p = \pi m$	
基圆齿距	p_b	$p_b = p\cos \alpha$	
法向齿距	p_n	$p_n = p\cos \alpha$	
齿厚	s	$s = \dfrac{\pi m}{2}$	
齿槽宽	e	$e = \dfrac{\pi m}{2}$	
顶隙	c	$c = c^* m$	
标准中心距	a	$a = \dfrac{m(z_1 + z_2)}{2}$	
节圆直径	d'	（当中心距为标准中心距 a 时）$d' = d$	
传动比	i_{12}	$i_{12} = \dfrac{\omega_1}{\omega_2} = \dfrac{z_2}{z_1} = \dfrac{d_2'}{d_1'} = \dfrac{d_2}{d_1} = \dfrac{d_{b2}}{d_{b1}}$	

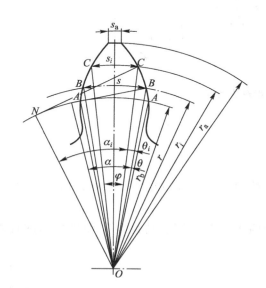

图 5-8 齿轮的齿厚

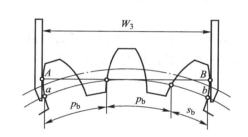

图 5-9 公法线长度的测量

　　由式（5-8）可计算任意圆上的齿厚，如齿顶圆、节圆和基圆上的齿厚等。

　　另外在加工齿轮和检验齿轮时，通常要测量公法线长度，依此来判断齿轮加工精度。如图 5-9 所示，用公法线长度卡尺的两个卡脚跨过三个齿，两卡脚分别与两齿廓相切于 A、B 两点。距离 $\overline{AB}$ 称为公法线长度，用 W_3 表示，则 $W_3 = \overline{AB}$。

　　显然线段 AB 为渐开线齿廓的发生线，由渐开线的性质可知：$W_3 = \overline{AB} = (3-1)p_b + s_b$，若所跨齿数为 k，则上式为

$$W_3 = \overline{AB} = (k-1)p_b + s_b \tag{5-9}$$

式中，p_b、s_b 分别为基圆上的齿距和齿厚。将其值代入式（5-9）可得

$$W_k = m\cos\alpha\left[(k-0.5)\pi + z\,\mathrm{inv}\alpha\right] \tag{5-10}$$

当 $\alpha = 20°$ 时，式（5-10）可改写为

$$W_k = 0.939\,7m\left[(k-0.5)\pi + 0.015z\right] \tag{5-11}$$

　　跨齿数 k 不能任意选取。如果跨齿数太多，则用公法线长度卡尺测量公法线长度时，卡脚会顶在齿顶上（图 5-10），不能与渐开线齿廓相切；如果跨齿数太少，则卡脚的尖顶将与齿根接触，也不能与渐开线齿廓相切（图 5-10）。这两种情况都不能正确地测量出公法线长度。因此，需要选择适当的跨齿数，应保证卡尺的卡脚能与渐开线齿廓相切。对于标准齿轮，应于齿廓的分度圆附近相切，据此可以推算，跨齿数应为（推算过程略）

$$k = \frac{z\alpha}{\pi} + 0.5 \tag{5-12}$$

当 $\alpha = 20°$ 时，式（5-12）可改写为

$$k = 0.111z + 0.5 \tag{5-13}$$

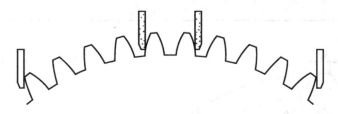

图 5-10　跨齿数的确定

5.4.2　内齿轮

　　图 5-11 所示为一直齿内齿轮。由于内齿轮的轮齿是分布在空心圆柱体的内表面上，所以它与外齿轮比较有下列不同点：

　　（1）内齿轮的齿顶圆小于分度圆，齿根圆大于分度圆。其齿顶圆和齿根圆的计算公式为

$$d_a = d - 2h_a \tag{5-14}$$

$$d_f = d + 2h_f \tag{5-15}$$

　　（2）内齿轮的轮齿相当于外齿轮的齿槽，内齿轮的齿槽相当于外齿轮的轮齿。所以，

外齿轮的齿廓是外凸的，而内齿轮的齿廓是内凹的。

（3）为使内齿轮齿顶的齿廓全部都为渐开线，其齿顶圆必须大于基圆。

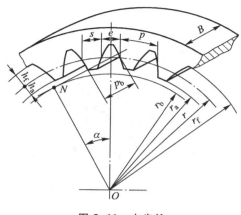

图 5-11 内齿轮

5.4.3 齿条

图 5-12 所示为一标准齿条，它可以看作一个齿数为无穷多的齿轮的一部分，这时齿轮的各圆均变为直线，作为齿廓曲线的渐开线也变成直线。齿条与齿轮相比有下列两个主要的特点：

（1）由于齿条齿廓是直线，所以齿廓上各点的法线相互平行。又由于齿条在传动时作直线移动，齿廓上各点速度的大小和方向都相同。所以，齿条齿廓上各点的压力角都相同，且等于齿廓的倾斜角，此角称为齿形角，标准值为 20°。

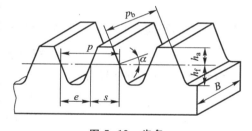

图 5-12 齿条

（2）与齿顶线平行的各直线上的齿距都相同，模数为同一标准值，其中齿厚与槽宽相等且与齿顶线平行的直线称为分度线，它是确定齿条各部分尺寸的基准线。

标准齿条的齿高尺寸 $h_a = h_a^* m$，$h_f = (h_a^* + c^*) m$，与标准齿轮相同。

5.5 渐开线直齿圆柱齿轮的啮合传动

5.5.1 一对渐开线直齿圆柱齿轮正确啮合的条件

一对轮齿能否正确进入和退出啮合是齿轮传动的必要条件。如图 5-13 所示，一对轮齿在 K 点开始进入啮合，经过一段时间啮合传动，这对轮齿到达 K' 点啮合，这时后一对轮齿接替进入 K 点啮合。为了保证前、后两对轮齿能同时在啮合线上接触，相邻两齿同侧

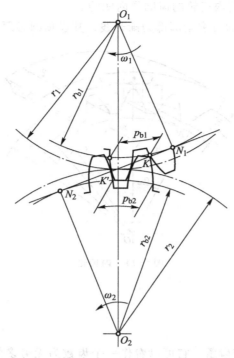

图 5-13　渐开线直齿圆柱齿轮正确啮合条件

齿廓沿法线的距离要相等，即 $\overline{K_1K'}_1 = \overline{K_2K'}_2 = \overline{KK'}$。根据渐开线的特性（1）可知

$$\overline{KK'} = p_{n1} = p_{n2} = p_{b1} = p_{b2} \tag{5-16}$$

由式（5-16）可推导得

$$p_1 \cos \alpha_1 = p_2 \cos \alpha_2$$

$$\pi m_1 \cos \alpha_1 = \pi m_2 \cos \alpha_2$$

$$m_1 \cos \alpha_1 = m_2 \cos \alpha_2$$

渐开线齿轮的模数和压力角已经标准化，若满足上式关系必须使两齿轮的模数和压力角分别相等，因此可得一对渐开线齿轮正确啮合的条件是

$$\begin{cases} m_1 = m_2 = m \\ \alpha_1 = \alpha_2 = \alpha \end{cases} \tag{5-17}$$

故一对渐开线标准直齿圆柱齿轮正确啮合的条件是两齿轮的模数和压力角分别相等。

5.5.2　齿轮传动的无侧隙啮合及标准齿轮的安装

1. 外啮合齿轮传动

1）齿轮传动的无侧隙啮合

一对齿轮传动时，为了在齿廓间能形成润滑油膜，避免因轮齿受力变形、摩擦发热而膨胀所引起的挤压现象，在齿廓间必须留有间隙，此间隙称为齿侧间隙，简称侧隙。但侧隙的存在却会产生齿间冲击，影响齿轮传动的平稳性。因此，这个侧隙只能很小，通常由齿轮的制造公差来保证。对于齿轮的运动设计仍是按无侧隙啮合（侧隙为零）进行的。

因此可得

$$s_1' = e_2' \text{ 或 } s_2' = e_1'$$

即齿轮传动的无侧隙啮合条件是一个齿轮节圆上的齿厚等于另一个齿轮节圆上的齿槽宽。由上述可知，实际存在的侧隙是影响齿轮传动质量的重要因素之一。

2）标准齿轮的安装

对于一对模数、压力角分别相等的外啮合标准齿轮，因其分度圆上的齿厚等于齿槽宽，即 $s_1 = e_1 = s_2 = e_2 = \dfrac{\pi}{2}$。若把两轮安装成其分度圆相切的状态，也就是两轮的节圆与分度圆重合，则 $s_1' = s_1 = e_2 = e_2'$，所以能实现无侧隙啮合传动。标准齿轮的这种安装称为标准安装，如图 5-14a 所示。过节点 P 作两齿轮节圆的公切线，它与啮合线的夹角称为啮合角，用 α' 表示。显然这时的啮合角 α' 等于分度圆压力角 α，而中心距 a 称为标准中心距。因两轮轮齿间无侧隙存在，故标准中心距是标准齿轮外啮合时的最小中心距，其值为

$$a = r_1' + r_2' = r_1 + r_2 = \frac{m}{2}(z_1 + z_2) \tag{5-18}$$

当一对齿轮啮合时，为了避免一轮的齿顶与另一轮的齿槽底相抵触，并能有一定的空隙贮存润滑油，故使一轮的齿顶圆与另一轮的齿根圆之间留有一定的空隙，此空隙沿半径方向测量，称为顶隙，用 c 表示。由图 5-14a 可知，标准齿轮在标准安装时的顶隙 c 为

$$c = h_f - h_a = (h_a^* + c^*)m - h_a^* m = c^* m$$

此时顶隙为标准值。

因渐开线齿轮传动具有可分性，故齿轮安装的中心距可以不等于标准中心距，这时称为非标准安装。外啮合齿轮的非标准安装如图 5-14b 所示，显然其中心距 a' 只有加大。又因其节圆半径为

$$r_1' \cos \alpha' = r_1 \cos \alpha = r_{b1}$$

$$r_2' \cos \alpha' = r_2 \cos \alpha = r_{b2}$$

因此有

$$a' = r_1' + r_2' = \frac{r_1 \cos \alpha}{\cos \alpha'} + \frac{r_2 \cos \alpha}{\cos \alpha'} = a \frac{\cos \alpha}{\cos \alpha'}$$

所以

$$a' \cos \alpha' = a \cos \alpha \tag{5-19}$$

注意，分度圆和节圆是两个不同性质的圆，对单个齿轮不存在节圆，只有分度圆，只有当一对齿轮进行安装后，出现节点 P 才存在节圆，若标准安装时两者才重合，此时 $a = a'$、$\alpha = \alpha'$；若为非标准安装时两者不重合，此时两节圆相切，其 $a \neq a'$、$\alpha \neq \alpha'$。

由式（5-19）及图 5-14b 可知，一对外啮合标准齿轮非标准安装时某些参数变化的情况：因 $a' > a$，故 $\alpha' > \alpha$，$r_1' > r_1$，$r_2' > r_2$，$c > c^* m$，有侧隙。但无论是标准安装还是非标准安装，其传动比都为

$$i_{12} = \frac{\omega_1}{\omega_2} = \frac{z_2}{z_1} = \frac{d_2'}{d_1'} = \frac{d_2}{d_1} = \frac{d_{b2}}{d_{b1}} \tag{5-20}$$

2. 内啮合齿轮传动

图 5-15 所示为内啮合齿轮传动。内啮合齿轮传动与外啮合齿轮传动一样，当标准安装时，既能保证无侧隙啮合，又能保证有标准顶隙，同时分度圆与节圆重合，$\alpha = \alpha'$，其

标准中心距为

$$a = r_2 - r_1 = \frac{m(z_2 - z_1)}{2} \tag{5-21}$$

当非标准安装时与外啮合情况一样，也满足式（5-19）。

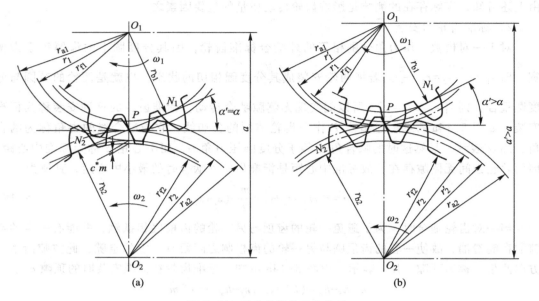

图 5-14　标准齿轮外啮合传动

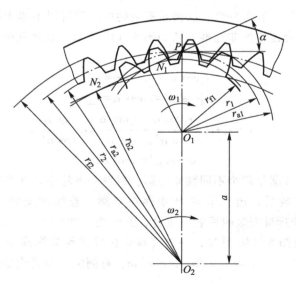

图 5-15　内啮合齿轮传动

3. 齿轮与齿条啮合传动

图 5-16 所示为齿轮齿条啮合传动。当为标准安装（图 5-16a）时，其齿轮分度圆与齿条分度线相切，节圆与分度圆重合，节线与分度线重合，此时 $\alpha = \alpha'$，也等于齿形角；当为非标准安装（图 5-16b）时，即齿条沿径向线 O_1P 远离或靠近时，由于齿条齿廓为直

线，所以不论齿条的位置如何改变，其齿廓总与原始位置平行，而其啮合线总与齿廓垂直，所以不论齿轮齿条是否为标准安装，其啮合线的位置仍保持不变。因此有 $\alpha \equiv \alpha'$，而其节点 P 的位置也不变，故节圆大小也不变，而且恒与分度圆重合。但当非标准安装时其节线与分度线不重合。

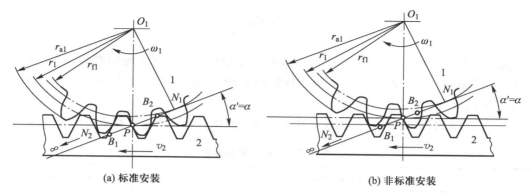

(a) 标准安装   (b) 非标准安装

图 5-16　齿轮与齿条啮合传动

5.5.3　渐开线齿轮的啮合过程及连续传动的条件

1. 一对轮齿的啮合过程

如图 5-17 所示，一对齿廓开始进入啮合时是主动轮 1 的齿根部分与从动轮 2 的齿顶接触，所以起始啮合点是从动轮的齿顶圆与啮合线的交点 B_2。两轮继续转动，啮合点的位置沿啮合线向点 N_2 移动，从动轮齿廓上的接触点由齿顶向齿根移动，而主动轮齿廓上的接触点则由齿根向齿顶移动。一对齿廓终止啮合点是主动轮的齿顶圆与啮合线的交点 B_1。

一对齿廓啮合点的实际轨迹是 $\overline{B_1 B_2}$，故 $\overline{B_1 B_2}$ 为实际啮合线。当两齿轮的齿顶圆加大时，点 B_2 和点 B_1 分别趋近于点 N_1 和点 N_2（因基圆以内无渐开线，$B_1 B_2$ 不会超过 $N_1 N_2$），线段 $N_1 N_2$ 称为理论啮合线。

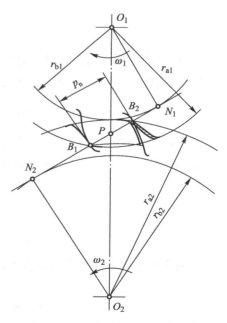

另外在两轮齿啮合过程中，轮齿的齿廓并非全部参与啮合，只是从齿顶到齿根的一段参与接触，该段称为齿廓的工作段。由图 5-17 可看出，主动轮和从动轮的齿廓工作段长度并不相等，这说明两轮齿廓在啮合过程中其相对运动为滚动兼滑动（节点除外），而齿根部分的工作段又较短，所以齿根磨损最严重。

2. 渐开线齿轮连续传动的条件

一对齿轮若要连续传动，其临界条件是 $\overline{B_1 B_2} = p_n$，p_n 为相邻两轮齿同侧齿廓之间的法向的距离（即法向齿距），其值等于基圆齿距 p_b。

图 5-17　渐开线齿轮连续传动的条件

由此可见，一对轮齿啮合传动的区间是有限的，所以为了两轮能够连续地传动，必须保证在前一对轮齿尚未脱离啮合时，后一对轮齿就要及时进入啮合。而为了达到这一目的，则实际啮合线段 $\overline{B_1B_2}$ 应大于等于 p_b，即 $\overline{B_1B_2} \geqslant p_b$。

通常把 $\overline{B_1B_2}$ 与 p_b 的比值 ε_α 称为齿轮传动的重合度。于是得到齿轮连续传动的条件为

$$\varepsilon_\alpha = \frac{\overline{B_1B_2}}{p_b} \geqslant 1 \tag{5-22}$$

从理论上讲，重合度 $\varepsilon_\alpha = 1$ 就能保证齿轮的连续传动。但因齿轮的制造、安装不免有误差，为了确保齿轮传动的连续，应使计算所得的 ε_α 值大于或至少等于一定的许用值 $[\varepsilon_\alpha]$，即 $\varepsilon_\alpha \geqslant [\varepsilon_\alpha]$。

$[\varepsilon_\alpha]$ 值是随齿轮传动的使用要求和制造精度而定的，常用的推荐值见表 5-3。

表 5-3　$[\varepsilon_\alpha]$ 的推荐值

使用场合	一般机械制造业	汽车、拖拉机	金属切削机床
$[\varepsilon_\alpha]$	1.4	1.1~1.2	1.3

3. 重合度的计算

1）外啮合标准直齿轮传动的重合度的计算

可由图 5-18 推导而得

$$\varepsilon_\alpha = \frac{\overline{B_1B_2}}{p_b} = \frac{\overline{PB_1} + \overline{PB_2}}{\pi m \cos \alpha} = \frac{1}{2\pi} [z_1(\tan \alpha_{a1} - \tan \alpha') + z_2(\tan \alpha_{a2} - \tan \alpha')] \tag{5-23}$$

式中：α' 为啮合角；z_1、z_2 分别为齿轮 1、2 的齿数；α_{a1}、α_{a2} 分别为齿轮 1、2 的齿顶圆压力角。

而

$$\alpha_a = \arccos \frac{r_b}{r_a} = \arccos \frac{z\cos \alpha}{z + 2h_a^*}$$

2）内啮合标准直齿轮传动的重合度的计算

用同样方法由图 5-19 可知，进行类似推导可得出

$$\varepsilon_\alpha = \frac{1}{2\pi} [z_1(\tan \alpha_{a1} - \tan \alpha') - z_2(\tan \alpha_{a2} - \tan \alpha')] \tag{5-24}$$

3）齿轮齿条啮合重合度的计算

由图 5-20 可知，将一个齿轮的齿数增至无穷大时则变为齿条，此时可导出

$$\overline{PB_2} = \frac{h_a^* m}{\sin \alpha}$$

$$\varepsilon_\alpha = \frac{1}{2\pi} \left[z_1(\tan \alpha_{a1} - \tan \alpha') + \frac{2h_a^*}{\cos \alpha \sin \alpha} \right] \tag{5-25}$$

当两个齿轮的齿数都增至无穷大而变成齿条时（极限情况），推出

$$\varepsilon_\alpha = \frac{1}{2\pi} \left(\frac{2h_a^*}{\cos \alpha \sin \alpha} + \frac{2h_a^*}{\cos \alpha \sin \alpha} \right) = \frac{4h_a^*}{\pi \sin 2\alpha} \tag{5-26}$$

当 $\alpha = 20°$，$h_a^* = 1$ 时，$\varepsilon_{\alpha\max} = 1.981$，因此直齿轮传动的重合度不可能超过 $\varepsilon_{\alpha\max}$。

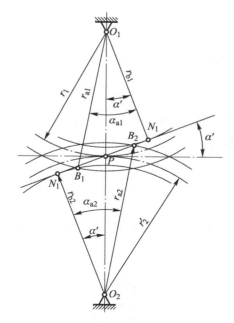

图 5-18 外啮合标准直齿轮传动的重合度

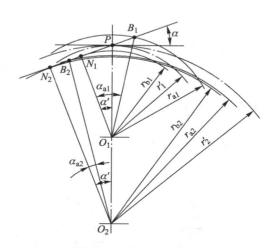

图 5-19 内啮合重合度

一对齿轮传动时，其重合度的大小实质上表明了同时参与啮合的轮齿对数的平均值。增大齿轮传动的重合度，意味着同时参与啮合的轮齿对数增多，这对于提高齿轮传动的平稳性，提高承载能力都有重要意义。

因此，ε_α 是衡量齿轮传动的重要指标之一。若 $\varepsilon_\alpha = 1$，则表示在传动过程中始终只有一对轮齿啮合；若 $\varepsilon_\alpha = 2$，则表示在传动过程中始终有两对轮齿啮合；若 ε_α 不为整数，如 $\varepsilon_\alpha = 1.4$，则表示在转过一个齿距的时间内，有 40% 的时间为两对轮齿啮合，而 60% 的时间为一对轮齿啮合。如图 5-21 所示，当前对齿廓的啮合点到达 D 点时，另一对齿廓进入 B_2 点；前对齿廓的啮合点到达 B_1 点时，后一对齿廓就到达了 E 点。在实际啮合线上 B_2E、B_1D 为双齿啮合区（$0.4p_b$的长度上），而 ED 内（$0.6p_b$ 的长度上）为单齿啮合区。

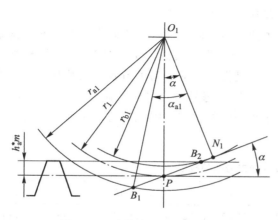

图 5-20 齿轮齿条啮合重合度

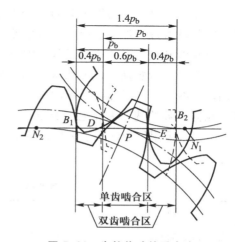

图 5-21 齿轮传动的重合度

5.6   渐开线齿廓的加工

渐开线齿轮的加工有很多方法，如切削、铸造、冲压、成形加工等。切削是一种常用的齿轮加工方法，按其加工原理可分为仿形法和范成法两类。

5.6.1   仿形法

仿形法加工所用的刀具有指状铣刀和盘状铣刀两种，刀具的刃口与所加工的渐开线齿轮齿槽形状相同，如图 5-22 所示。

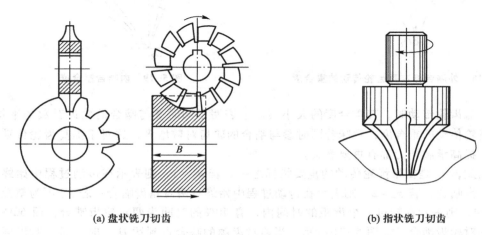

(a) 盘状铣刀切齿   (b) 指状铣刀切齿

图 5-22   仿形法切齿

加工时，铣刀绕本身轴线旋转，同时轮坯沿齿轮轴线方向直线移动。铣出一个齿槽后，将轮坯转过一定角度再铣第二个齿槽，直至加工完成所有齿槽。这种切齿方法简单，普通机床就可进行加工。但生产效率低，故仅适用于单件生产。

齿廓渐开线的形状决定于基圆大小。压力角一定、同一模数下不同齿数的齿轮，其基圆大小不同，齿廓渐开线形状就不同。机器中常用的齿轮齿数为 17～150，因此要想加工精确渐开线齿形，就需要大量的铣刀，这实际上是做不到的。为了节省刀具数量，工程中规定相同模数的铣刀为 8 把（分别称 1～8 号铣刀），每号铣刀对应不同齿数范围的齿轮，见表 5-4。采用仿形法加工齿轮，理论上就存在一定的误差。因此，仿形法加工的齿轮精度低。

表 5-4   刀号及其加工齿数的范围

铣刀号数	1	2	3	4	5	6	7	8
加工齿数的范围	12～13	14～16	17～20	21～25	26～34	35～54	55～134	≥135

5.6.2　范成法

范成法亦称为展成法，是根据一对齿轮互相啮合时其齿廓曲线共轭互为包络线（因此范成法又称为共轭法或包络法）的原理来切齿的。用范成法切齿的常用刀具有齿轮插刀、齿条插刀和齿轮滚刀三种。

齿轮插刀加工齿轮如图 5-23 所示。插齿时，插刀沿轮坯轴线方向作往复切削运动，同时保证插刀与轮坯按一对齿轮啮合传动（范成运动），直至全部齿槽切削完毕。根据正确啮合条件，只要一对齿轮的模数和压力角相等就能实现啮合。因此，理论上一把插刀可以加工同一模数的所有齿数的齿轮。

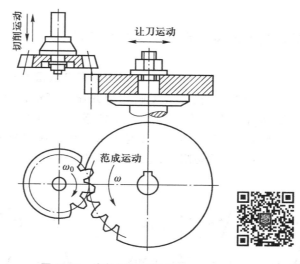

图 5-23　齿轮插刀加工齿轮

用齿条插刀加工齿轮，如图 5-24 所示，其相对运动及相互啮合与齿轮插刀加工齿轮相似，区别在于齿轮插刀的范成运动变为齿条插刀的直线运动。

以上两种刀具都是间断切削，其生产率较低。齿轮滚刀切齿，如图 5-25 所示。滚刀形状为一个具有轴向刃口的螺旋，如图 5-25b 所示；它的轴向截面为一齿条，如图 5-25a 所示，滚刀的转动就相当于齿条移动。因此，齿轮滚刀切齿又相当于齿条插刀加工齿轮。不同的是齿条插刀的切削运动和范成运动由滚刀刀刃的螺旋运动所替代。这种加工方法能实现连续切削，生产率较高，是目前使用最广泛的齿轮加工方法。

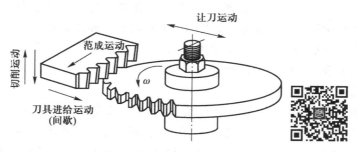

图 5-24　齿条插刀加工齿轮

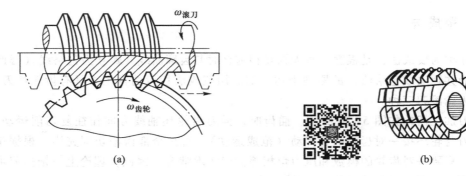

图 5-25　齿轮滚刀加工齿轮

5.6.3　渐开线标准齿条和标准齿条型刀具

GB/T 1356—2001 规定，标准齿条的齿形根据渐开线圆柱齿轮的基准齿形（图 5-26a）设计，刀具的分度线与被加工齿轮分度圆相切并作纯滚动，刀具的分度线与节线是重合的。为保证齿轮传动时具有标准的顶隙，齿条型刀具的齿形比基准齿形高出一段长度 c^*m，如图 5-26b 所示。由于这部分刀刃是圆弧，所以这部分刀刃加工出的不是渐开线。因此在下面讨论渐开线齿廓的切削时，刀具顶部的这部分高度就不再计入。

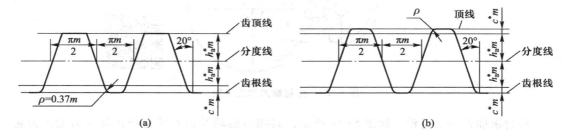

图 5-26　渐开线标准齿条和标准齿条型刀具

5.6.4　根切现象及其产生的原因

1. 根切现象

用范成法切制齿轮，当被加工齿轮的齿数较少时，其轮齿根部的渐开线齿廓被切去一部分，如图 5-27 所示，这种现象被称为根切。产生根切的齿轮，除其轮齿的强度被严重削弱外，还会使齿轮传动的重合度下降，对传动极为不利。

2. 根切产生的原因

刀具的齿顶线与啮合线的交点超过了理论啮合线的极限点 N_1，如图 5-28（刀具实线位置）所示。由基圆内无渐开线的性质可知，超过 N_1 点的刀刃切不出渐开线齿廓，而将根部已加工

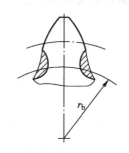

图 5-27　轮齿根切现象

出的渐开线切去一部分（如图中阴影部分）。由此可知，要避免根切，刀具的齿顶线与啮合线的交点不能超过理论啮合线的极限点 N_1。当被加工齿轮的齿数较多时，刀具的齿顶线与啮合线的交点不会超过理论啮合线的极限点 N_1，因此就不会产生根切。

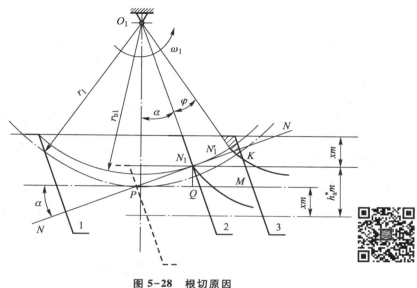

图 5-28　根切原因

3. 渐开线标准齿轮不发生根切的条件及最少齿数

由上分析可知，要避免根切，应使刀具齿顶线不超过啮合极限点 N_1，当用标准齿条插刀切削齿轮时，刀具的分度线必须与被切齿轮的分度圆相切，即刀具齿顶线位置一定，因而要使刀具齿顶线不超过啮合极限点 N_1，可通过改变啮合极限点 N_1 的位置。而由图 5-29 可看出啮合极限点 N_1 的位置与被切齿轮的基圆半径 r_b 的大小有关，r_b 越小，N_1 点越接近节点 P，也就使产生根切的可能性越大。又因 $r_b = \dfrac{mz}{2}\cos\alpha$，而被切齿轮的模数和压力角均与刀具相同，所以产生根切与否就取决于被切齿轮齿数的多少，齿数越少就越容易产生根切。因此，为了不发生根切，齿轮齿数 z 不得少于最少齿数。如图 5-30 所示，为了不产生根切，应使

$$\overline{PB} \leqslant \overline{PN_1}$$

在 $\triangle PO_1N_1$ 中

$$\overline{PN_1} = r\sin\alpha = \frac{mz}{2}\sin\alpha$$

又在 $\triangle BB'P$ 中

$$\overline{PB} = \frac{h_a}{\sin\alpha} = \frac{h_a^* m}{\sin\alpha}$$

所以

$$\frac{h_a^* m}{\sin\alpha} \leqslant \frac{mz\sin\alpha}{2}$$

$$z_{\min} = \frac{2h_a^*}{\sin^2\alpha} \tag{5-27}$$

当 $\alpha = 20°$，$h_a^* = 1$ 时，$z_{\min} = 17$，即标准齿轮不发生根切现象的最少齿数为 17。

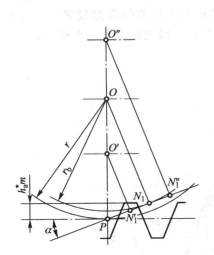

图 5-29　啮合极限点 N_1 与基圆半径的关系

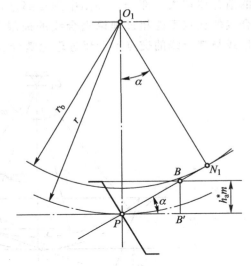

图 5-30　不发生根切的条件

5.7　渐开线变位齿轮

5.7.1　齿轮变位问题的提出

标准齿轮存在以下一些不足之处：

（1）用范成法加工标准齿轮，当 $z < z_{min}$ 时，齿形发生根切，因此只能用于 $z > z_{min}$ 的场合，使传动系统体积增加。

（2）当工作中心距 a' 大于标准中心距 a 时，且仍可以保证定传动比传动，但齿侧间隙增大会使传动不平稳。若 $a' < a$，则两轮无法安装。所以，只能用于工作中心距 a' 等于标准中心距的场合。

（3）一对互相啮合的标准齿轮，小齿轮齿根厚比大齿轮齿根厚度小，若两轮材料相同，则小齿轮齿根的弯曲强度低，易先破坏。

（4）一对互相啮合的标准齿轮，小齿轮参加啮合次数多，若两轮的齿面硬度相同，则小齿轮齿面磨损较快。

在长期的生产实践中，为了解决上述问题，改善传动性能，提高承载能力，提出了变位齿轮传动，或称非标准齿轮传动。

5.7.2　齿轮的变位

为了改善齿轮的传动性能而对齿轮进行修正，可采用多种方法，应用最广泛的方法是变位修正法。

若齿条刀具按标准位置（如图 5-31 所示的虚线位置）安装切齿，则刀具的齿顶线

超过了轮坯的 N_1 点，将产生根切现象。为避免此现象的产生，可考虑将刀具的安装位置沿轮坯径向远离轮坯中心 O_1 一个距离 xm，使其齿顶线刚好通过 N_1 点或在 N_1 点以下，如图 5-31 所示，这样切制出的齿轮便不会产生根切。当然，为保证切出完整的轮齿，这时轮坯的外圆也应相应加大。这种改变刀具与轮坯的相对位置切制齿轮的方法，即所谓变位修正法。用这种方法切制的齿轮称为变位齿轮。以切制标准齿轮时刀具的位置为基准，刀具所移动的距离 xm 称为变位量，其中 x 为变位系数，而 m 为被切齿轮的模数。

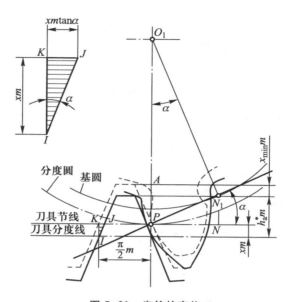

图 5-31 齿轮的变位

切制齿轮时，刀具由标准位置远离轮坯中心的变位称为正变位，即变位系数 $x>0$，切出的齿轮为正变位齿轮；刀具向轮坯中心接近的变位称为负变位，即变位系数 $x<0$，切出的齿轮为负变位齿轮。

由图 5-31 可知，正变位时，因刀具远离轮坯中心，轮坯分度圆将与齿条刀具上分度线至齿顶线之间的某一刀具节线相切，刀具节线上齿槽宽增大而齿厚减小。因此，如图 5-32 所示，切出的齿轮其分度圆上齿厚增大而齿槽宽减小。此外，齿顶圆、齿根圆均增大，齿根高则减小。负变位时，因刀具向轮坯中心移近，故其齿形及尺寸变化情况与正变位时相反，如图 5-32 所示。

由图 5-32 还可看出，正变位齿轮齿根厚度增大，抗弯强度提高，但其齿顶厚度减小。负变位齿轮的情形则相反，抗弯强度有所削弱，故尽量不采用。

此外，不论齿轮变位系数 $x>0$、$x=0$ 或 $x<0$，用范成法加工得到的三种齿廓仅是同一基圆同一条渐开线上的不同部位。变位系数越大的齿廓，其渐开线段越远离基圆，而离基圆

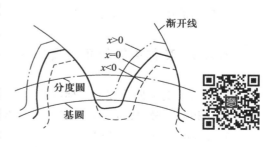

图 5-32 标准齿形与变位齿形的比较

越远，渐开线的曲率半径则越大，因而其齿廓接触应力越小，即齿廓接触强度越高。所以，正变位还有利于提高齿面接触疲劳强度，负变位则相反。

5.7.3   不根切的最小变位系数

用范成法加工齿数 $z<z_{min}$ 的齿轮时，为避免根切，须做正变位。如图 5-31 所示，根据不根切条件，变位量应该满足：

$$\overline{N_1N}=h_a^*\,m-xm \tag{5-28}$$

因为 $\overline{N_1N}=\overline{PN_1}\sin\alpha$，$\overline{PN_1}=r\sin\alpha=\dfrac{mz\sin\alpha}{2}$，所以

$$\overline{N_1N}=\frac{mz}{2}\sin^2\alpha \tag{5-29}$$

将式（5-28）代入式（5-29）得

$$x\geqslant h_a^*-\frac{z\sin^2\alpha}{2}$$

又由式（5-27）可知 $\dfrac{\sin^2\alpha}{2}=\dfrac{h_a^*}{z_{min}}$，故最后得出

$$x\geqslant\frac{h_a^*(z_{min}-z)}{z_{min}} \tag{5-30}$$

故最小变位系数 $x_{min}=\dfrac{h_a^*(z_{min}-z)}{z_{min}}$。当 $\alpha=20°$，$h_a^*=1$ 的齿条插刀或滚刀切制齿轮时，被切齿轮的最少齿数 $z_{min}=17$，故标准齿轮最小变位系数为

$$x_{min}=\frac{17-z}{17}$$

由式（5-30）可知，当齿轮的齿数 $z<z_{min}$ 时，最小变位系数 x_{min} 为正值，这说明为了避免发生根切，刀具应由标准位置向远离轮坯中心方向移动一段距离 xm；而当 $z>z_{min}$ 时，最小变位系数 x_{min} 为负值，这表明在此情况下，如有必要，即使将刀具由标准位置向轮坯中心方向移近一段距离 xm，且 $xm\leqslant x_{min}m$，仍然不会发生根切，这种形式称为负变位。采用刀具相对被切齿轮外移或内移的方法加工的齿轮统称为变位齿轮。

与标准齿轮相比，变位齿轮各圆处的齿厚发生变化，为保证一定的全齿高，变位齿轮的齿顶高和齿根高也需要作相应变化，一对变位齿轮啮合传动的相互关系也随之相应变化，如传动的中心距、啮合角等。

5.7.4   变位齿轮的几何尺寸

由于加工变位齿轮和加工标准齿轮的刀具一样，所以变位齿轮的基本参数 m、z、α 与标准齿轮相同，故 d、d_b 与标准齿轮也相同，齿廓曲线取自同一条渐开线的不同段。

1. 分度圆齿厚和齿槽宽

变位齿轮与标准齿轮相比，其齿厚、齿槽宽、齿顶高及齿根高都发生了变化。如图 5-31

所示，由于刀具在其节线上的齿槽宽度较分度线上增加了 $2\overline{KJ}$，因此在与刀具节线作纯滚动的被切齿轮分度圆上的齿厚也增加了 $2\overline{KJ}$。由 $\triangle IJK$ 可知，$\overline{KJ}=xm\tan\alpha$。所以，正变位齿轮的齿厚 s 为

$$s=\frac{\pi}{2}m+2\overline{KJ}=\left(\frac{\pi}{2}+2x\tan\alpha\right)m \tag{5-31}$$

变位齿轮的齿槽宽为

$$e=\frac{\pi}{2}m-2\overline{KJ}=\left(\frac{\pi}{2}-2x\tan\alpha\right)m \tag{5-32}$$

由图 5-31 可见，正变位的齿轮其齿顶高较标准齿轮的增加了 xm，而齿根高则减少了 xm。为了保证齿全高不变，仍为 $h=(2h_a^*+c^*)m$，对正变位齿轮，其齿顶圆半径应较标准齿轮的增大 xm。如切制负变位齿轮，则情况相反。

2. 齿根高和齿顶高

由图 5-31 可知，加工正变位齿轮时，刀具相对齿坯中心往外移动 xm 距离，则切出的齿轮的齿根圆半径增大 xm，而分度圆半径不变，故应有齿根高为

$$h_f=(h_a^*+c^*)m-xm \tag{5-33}$$

齿根高减小时，为保证变位齿轮齿全高不变，齿顶圆半径就须增加 xm 距离，故有齿顶高为

$$h_a=h_a^*m+xm=(h_a^*+x)m \tag{5-34}$$

其齿顶圆半径为

$$r_a=r+(h_a^*+x)m \tag{5-35}$$

对于负变位齿轮，上述公式同样适用，只需要注意其变位系数 x 为负即可。

5.7.5 变位齿轮传动

一对变位齿轮相互啮合需要满足的正确啮合条件和连续传动条件与标准齿轮传动相同，下面主要介绍变位齿轮传动如何满足正确安装条件及其设计问题。

1. 变位齿轮传动的正确安装

与标准齿轮一样，变位齿轮的正确安装条件同样是要求同时保证无侧隙啮合和标准顶隙。

为满足无侧隙啮合条件，两轮节圆上的齿厚与齿槽宽应满足 $s_1'=e_2'$，$s_2'=e_1'$，而齿距 $p'=s_1'+e_1'=s_2'+e_2'=s_1'+s_2'$，又有 $p'=\pi m\dfrac{\cos\alpha}{\cos\alpha'}$，由这些关系可推导出无侧隙啮合方程

$$\text{inv}\alpha'=\frac{2\tan\alpha(x_1+x_2)}{z_1+z_2}+\text{inv}\alpha \tag{5-36}$$

式中：z_1、z_2 为两齿轮的齿数；α 为分度圆压力角；α' 为啮合角；x_1、x_2 为两齿轮的变位系数。

式（5-36）表明：若两齿轮变位系数之和 (x_1+x_2) 不等于零，则其啮合角 α' 将不等于分度圆压力角 α。这就说明此时的实际中心距不等于标准中心距。

设两轮无侧隙啮合时的实际中心距为 a'，它与标准中心距 a 之差为 ym，其中 m 为模

数，y 为中心距变动系数，则

$$a' = a + ym \tag{5-37}$$

即

$$ym = a' - a = \frac{(r_1 + r_2)\cos\alpha}{\cos\alpha'} - (r_1 + r_2)$$

故

$$y = \frac{z_1 + z_2}{2}\left(\frac{\cos\alpha}{\cos\alpha'} - 1\right) \tag{5-38}$$

此外，为了保证两轮之间具有标准的顶隙 $c = c^* m$，则两轮的中心距 a'' 应为

$$
\begin{aligned}
a'' &= r_{a1} + c + r_{f2} \\
&= r_1 + (h_a^* + x_1)m + c^* m + r_2 - (h_a^* + c^* - x_2)m \\
&= a + (x_1 + x_2)m \tag{5-39}
\end{aligned}
$$

由式（5-37）和式（5-39）可知，如果 $y = x_1 + x_2$，就可同时满足上述两个条件。但经证明：只要 $x_1 + x_2 \neq 0$，总有 $x_1 + x_2 > y$，即 $a'' > a'$，工程上为了解决这一矛盾，采用如下办法：两轮按无侧隙中心距 $a' = a + ym$ 安装，而将两轮的齿顶高各减小 Δym，以满足标准顶隙的要求。Δy 称为齿顶高降低系数，其值为

$$\Delta y = (x_1 + x_2) - y \tag{5-40}$$

这时，齿轮的齿顶高为

$$h_a = h_a^* m + xm - \Delta ym = (h_a^* + x - \Delta y)m \tag{5-41}$$

2. 变位齿轮传动的类型及其特点

按照相互啮合的两齿轮的变位系数和（$x_1 + x_2$）之值的不同，可将变位齿轮传动分为三种基本类型。

1）$x_1 + x_2 = 0$ 且 $x_1 = x_2 = 0$

此类齿轮传动就是标准齿轮传动。

2）$x_1 + x_2 = 0$ 且 $x_1 = -x_2 \neq 0$

此类齿轮传动称为等变位齿轮传动（又称高度等变位齿轮传动）。根据式（5-19）、式（5-36）、式（5-38）和式（5-40），由于 $x_1 + x_2 = 0$，故 $\alpha' = \alpha$，$a' = a$，$y = 0$，$\Delta y = 0$。即中心距等于标准中心距，啮合角等于分度圆压力角，节圆与分度圆重合，且齿顶高不需要降低。

等变位齿轮传动的变位系数，既然是一正一负，从强度观点出发，显然小齿轮采用正变位，而大齿轮应采用负变位，这样可使大、小齿轮的强度趋于接近，从而使一对齿轮的承载能力可以相对地提高。而且，因为采用正变位可以制造 $z_1 < z_{min}$ 而无根切的小齿轮，因此可以减少齿轮的齿数。这样，在模数和传动比不变的情况下能使整个机构更加紧凑。

3）$x_1 + x_2 \neq 0$

此类齿轮传动称为不等变位齿轮传动（又称为角度变位齿轮传动）。其中 $x_1 + x_2 > 0$ 时称为正传动；$x_1 + x_2 < 0$ 时称为负传动。

（1）正传动　由于 $x_1 + x_2 > 0$，根据式（5-19）、式（5-36）、式（5-38）和式（5-40），可知 $\alpha' > \alpha$，$a' > a$，$y > 0$，$\Delta y > 0$。即在正传动中，其啮合角 α' 大于分度圆压力角 α，中心距 a' 大于标准中心距 a，又由于 $\Delta y > 0$，故两轮的齿全高比标准齿轮的短了 Δym。

正传动的优点：可以减小齿轮机构的尺寸；且由于两轮均采用正变位，或者小齿轮采用较大的正变位，而大齿轮采用较小的负变位，齿轮机构的承载能力有较大提高。

正传动的缺点：由于啮合角增大和实际啮合线减短，故重合度减小较多。

（2）负传动　由于 $x_1+x_2<0$，故 $\alpha'<\alpha$，$a'<a$，$y<0$，$\Delta y>0$。

负传动的优、缺点与正传动的优、缺点相反，即其重合度略有增加，但轮齿的强度有所下降，所以负传动只用于配凑中心距这种特殊需要的场合中。

综上所述，采用变位修正法来制造渐开线齿轮，不仅当被切齿轮的齿数 $z<z_{\min}$ 时可以避免根切，而且与标准齿轮相比，这样切出来的齿轮除了分度圆、基圆及齿距不变外，其齿厚、齿槽宽、齿廓曲线的工作段、齿顶高和齿根高等发生了变化。因此，可以运用这种方法来提高齿轮机构的承载能力、配凑中心距和减小机构的几何尺寸等，而且在切制这种齿轮时，仍使用标准刀具，并不增加制造的困难，故变位齿轮传动在各种机构中被广泛地采用。

3. 变位齿轮传动的设计步骤

根据已知条件的不同，变位齿轮的设计可以分为如下两类。

1）已知中心距的设计

已知条件是 z_1、z_2、m、α、α'，其设计步骤如下：

（1）由式（5-19）确定啮合角

$$\alpha'=\arccos\left(\frac{a}{a'}\cos\alpha\right)$$

（2）由式（5-36）确定变位系数和

$$x_1+x_2=\frac{z_1+z_2}{2\tan\alpha}(\mathrm{inv}\alpha'-\mathrm{inv}\alpha)$$

（3）由式（5-37）确定中心距变动系数

$$y=\frac{a'-a}{m}$$

（4）由式（5-40）确定齿顶高降低系数

$$\Delta y=(x_1+x_2)-y$$

（5）分配变位系数 x_1、x_2，并按表5-5计算齿轮的几何尺寸。

表 5-5　变位齿轮传动的计算公式

名称	符号	标准齿轮传动	等变位齿轮传动	不等变位齿轮传动
变位系数	x	$x_1=x_2=0$	$x_1=-x_2$，$x_1+x_2=0$	$x_1+x_2\neq0$
节圆直径	d'	$d_i'=d_i=mz_i$ ($i=1$, 2)		$d_i'=d_i\dfrac{\cos\alpha}{\cos\alpha'}$ ($i=1$, 2)
啮合角	α'	$\alpha'=\alpha$		$\cos\alpha'=\dfrac{a}{a'}\cos\alpha$
齿顶高	h_a	$h_a=h_a^*m$	$h_a=(h_a^*+x_i)m$	$h_a=(h_a^*+x_i-\Delta y)m$
齿根高	h_f	$h_f=(h_a^*+c^*)m$		$h_f=(h_a^*+c^*-x)m$
齿顶圆直径	d_a	$d_{ai}=d_i+2h_{ai}$ ($i=1$, 2)		
齿根圆直径	d_f	$d_{fi}=d_i-2h_{fi}$ ($i=1$, 2)		
中心距	a	$a=\dfrac{d_1+d_2}{2}$		$a'=\dfrac{d_1'+d_2'}{2}$ $a'=a+ym$
中心距变动系数	y	$y=0$		$y=\dfrac{a'-a}{m}$
齿顶高变动系数	Δy	$\Delta y=0$		$\Delta y=x_1+x_2-y$

2）已知变位系数的设计

已知条件是 z_1、z_2、m、α、x_1、x_2，其设计步骤如下：

（1）由式（5-36）确定啮合角

$$\text{inv}\alpha' = \frac{2\tan\alpha(x_1+x_2)}{z_1+z_2} + \text{inv}\alpha$$

（2）由式（5-19）确定中心距

$$a' = a\frac{\cos\alpha}{\cos\alpha'}$$

（3）由式（5-38）及式（5-40）确定中心距变动系数 y 及齿顶高降低系数 Δy。

（4）按表 5-5 计算变位齿轮的几何尺寸。

5.8　斜齿圆柱齿轮机构

5.8.1　斜齿圆柱齿轮共轭齿廓曲面的形成

如图 5-33a、图 5-34a 所示，圆柱齿轮无论是直齿轮还是斜齿轮，其齿廓曲面都是发生面在基圆柱上作纯滚动时，发生面上的一条直线 KK 在空间所走过的轨迹而形成的渐开面。所不同的是：当发生面上的直线 KK 与基圆柱母线相平行时，形成直齿轮的齿廓曲面；当发生面上的直线 KK 与基圆柱母线相交成一定角度时，形成斜齿轮的齿廓曲面。

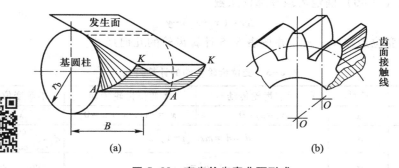

图 5-33　直齿轮齿廓曲面形成

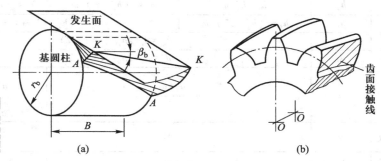

图 5-34　斜齿轮齿廓曲面形成

5.8.2 斜齿轮的基本参数和几何尺寸计算

1. 斜齿轮的基本参数

由于斜齿轮的齿廓曲面是一渐开线的螺旋面，因而在不同方向的截面上其轮齿的齿形各不相同，故斜齿轮主要有两类基本参数，即在垂直于齿轮回转轴线的截面内定义为端面参数（下角标为 t）与在垂直于轮齿方向的截面内定义为法面参数（下角标为 n）。由于在制造斜齿轮时，刀具通常是沿着螺旋线方向进刀的，所以斜齿轮的法面参数与刀具参数相同，因此规定斜齿轮法面的参数为标准值。但是在计算斜齿轮的大部分几何尺寸时却需要按端面参数进行计算，因此必须建立法面参数与端面参数之间的换算关系。

1）螺旋角

螺旋角是斜齿轮的一个重要参数，当斜齿轮的螺旋角为零时该斜齿轮就成了直齿轮。如图 5-34 所示，发生面上的直线 KK 与基圆柱母线相交成角度 β_b，其生成的渐开面与基圆柱的交线 AA 为一螺旋线。该螺旋线的螺旋角等于 β_b，即斜齿轮基圆柱上的螺旋角。斜齿轮的齿廓曲面与分度圆柱面相交的螺旋线，其螺旋角为分度圆柱上的螺旋角，简称斜齿轮的螺旋角，用 β 表示。斜齿轮的螺旋线旋向有左旋和右旋之分，如图 5-35 所示。

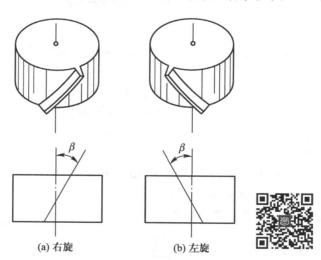

(a) 右旋   (b) 左旋

图 5-35 斜齿轮的旋向

设想把斜齿轮的分度圆柱面展开成一个长方形，如图 5-36 所示。设螺旋线的导程为 l，则由图 5-36b 可知：$\tan\beta = \dfrac{\pi d}{l}$；对于同一个斜齿轮，任一圆柱面上螺旋线的导程 l 都是相等的，故基圆柱面上的螺旋角 β_b 为

$$\tan\beta_b = \frac{\pi d_b}{l}$$

将上述两式相除可得

$$\frac{\tan\beta}{\tan\beta_b} = \frac{d}{d_b} = \frac{1}{\cos\alpha_t}$$

即 $\qquad\qquad\qquad\qquad \tan\beta_b = \tan\beta\cos\alpha_t \qquad\qquad\qquad\qquad$ (5-42)

式中：α_t 为斜齿轮的分度圆端面压力角。

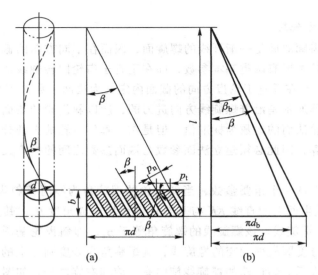

图 5-36　斜齿轮展开图

2）模数

为求法面模数 m_n 与端面模数 m_t 之间的关系，将斜齿轮沿其分度圆柱展开，如图 5-36a 所示。

$$p_n = p_t\cos\beta$$
$$p_n = \pi m_n, \quad p_t = \pi m_t$$
$$m_n = m_t\cos\beta \qquad\qquad (5\text{-}43)$$

3）压力角

如图 5-37 所示为一斜齿条，图中 ABB' 为端面，ACC' 为法面，$\angle BB'A$ 为端面压力角 α_t，$\angle CC'A$ 为法面压力角 α_n，$\angle BAC$ 为分度圆螺旋角 β，所以

$$\tan\alpha_n = \frac{\overline{AC}}{\overline{CC'}}, \quad \tan\alpha_t = \frac{\overline{AB}}{\overline{BB'}}$$

$$\overline{AC} = \overline{AB}\cos\beta, \quad \overline{BB'} = \overline{CC'}$$

故 $\qquad\qquad \dfrac{\tan\alpha_n}{\tan\alpha_t} = \dfrac{\overline{AC}}{\overline{AB}} = \cos\beta$

图 5-37　斜齿条的法面压力角和端面压力角

则 $\qquad\qquad \tan\alpha_n = \tan\alpha_t\cos\beta \qquad\qquad$ (5-44)

法面压力角 α_n 为标准值，国家标准规定为 20°。

2. 斜齿轮传动的几何尺寸计算

在端面上，斜齿轮与直齿轮完全相同。因此，标准斜齿轮几何尺寸计算（表 5-6）用斜齿轮的端面参数参照直齿轮几何尺寸计算公式进行计算。其中斜齿轮的齿顶高和齿根高，无论是从法面还是从端面上看其高度都是相同的。

表 5-6 标准斜齿轮传动的几何尺寸计算公式

名称	符号	计算公式
螺旋角	β	（通常取 $\beta = 8° \sim 20°$）
基圆螺旋角	β_b	$\tan \beta_b = \tan \beta \cos \alpha_t$
法面模数	m_n	（按表 5-1，取标准值）
端面模数	m_t	$m_t = \dfrac{m_n}{\cos \beta}$
法面压力角	α_n	$\alpha_n = 20°$
端面压力角	α_t	$\tan \alpha_t = \dfrac{\tan \alpha_n}{\cos \beta}$
法面齿距	p_n	$p_n = \pi m_n$
端面齿距	p_t	$p_t = \pi m_t = \dfrac{p_n}{\cos \beta}$
法面基圆齿距	p_{bn}	$p_{bn} = p_n \cos \alpha_n$
法面齿顶高系数	h_{an}^*	$h_{an}^* = 1$
法面顶隙系数	c_n^*	$c_n^* = 0.25$
分度圆直径	d	$d = m_t z = \dfrac{m_n z}{\cos \beta}$
基圆直径	d_b	$d_b = d \cos \alpha_t$
最少齿数	z_{min}	$z_{min} = z_{vmin} \cos^3 \beta$
齿顶高	h_a	$h_a = m_n h_{an}^*$
齿根高	h_f	$h_f = m_n (h_{an}^* + c_n^*)$
齿顶圆直径	d_a	$d_a = d + 2h_a$
齿根圆直径	d_f	$d_f = d - 2h_f$
标准中心距	a	$a = \dfrac{d_1 + d_2}{2} = \dfrac{m_t(z_1 + z_2)}{2} = \dfrac{m_n(z_1 + z_2)}{2\cos \beta}$

5.8.3 斜齿轮的啮合传动

直齿圆柱齿轮啮合时两齿面的接触线是与齿轮轴线平行的直线，如图 5-33b 所示。整个齿宽同时进入啮合也同时退出啮合，因此其传动平稳性较差。由于斜齿轮的齿廓沿齿宽方向倾斜，啮合时，两齿面的接触线与齿轮轴线不平行，如图 5-34b 所示。齿廓啮合时，一对轮齿的一端先进入啮合，然后沿齿宽方向逐渐啮合至另一端。两齿廓啮合过程中，齿面接触线的长度逐渐变化，说明斜齿轮的齿廓是逐渐进入接触，逐渐脱离接触。因此，斜齿轮传动比直齿轮平稳，冲击、振动和噪声较小，适宜于高速、重载传动。

1. 正确啮合的条件

在端面上，斜齿轮与直齿轮的正确啮合的条件相同，即两斜齿轮的端面模数 m_t 和端面

压力角 α_t 相等，可满足斜齿轮正确啮合的条件。但是，斜齿轮的法面模数是标准值，所以正确啮合的条件是：两斜齿轮的法面模数 m_n 和法面压力角 α_n 分别相等；外啮合时其螺旋角 β 大小相等，方向相反，内啮合时方向相同。即

$$m_{n1}=m_{n2}=m_n\,;\quad \alpha_{n1}=\alpha_{n2}=\alpha_n\,;\quad \beta_1=-\beta_2\,（外啮合）$$
$$\beta_1=\beta_2\qquad\qquad\text{（内啮合）}$$

2. 重合度

从端面上看斜齿轮的重合度与直齿轮的相同，但由于啮合时其轮齿沿齿宽方向逐渐进入啮合并逐渐脱离啮合，因此斜齿轮啮合时走过的实际啮合线的长度增加了。如图 5-38 所示，从端面 I 上看一对轮齿从 B_2 点进入啮合到 B_1 点退出啮合，但从齿宽方向上看这对轮齿并未退出啮合，只有当端面 Ⅱ 上的同一对轮齿到达 B_1 点时才退出啮合。因此，斜齿轮一对轮齿的实际啮合线比直齿轮的长 ΔL。对照直齿轮重合度的计算方法有

$$\varepsilon=\frac{L+\Delta L}{p_{bt}}=\frac{L}{p_{bt}}+\frac{\Delta L}{p_{bt}}=\varepsilon_\alpha+\varepsilon_\beta$$

$$\begin{cases}\varepsilon_\alpha=\dfrac{1}{2\pi}\left[\,z_2(\tan\alpha_{at2}-\tan\alpha_t')\pm z_1(\tan\alpha_{at1}-\tan\alpha_t')\,\right]\\[2mm]\varepsilon_\beta=\dfrac{B\sin\beta}{\pi m_n}\end{cases}\qquad(5\text{-}45)$$

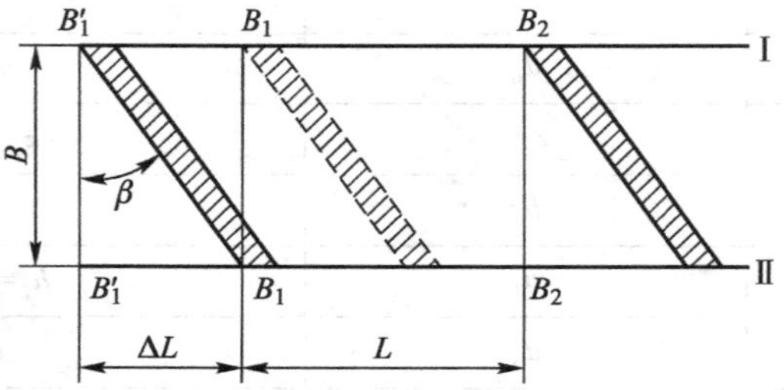

图 5-38   斜齿轮重合度

式中：ε_α 称为端面重合度，式中除代入的是斜齿轮的端面参数外，与直齿轮重合度计算相同。ε_β 称为轴面重合度。

5.8.4   斜齿轮的当量齿数

用仿形法加工斜齿轮时，刀具是沿齿槽（螺旋线）方向作切削运动；切出的齿形在法面上与刀具的刀刃形状相对应。因此，用仿形法加工斜齿轮选择铣刀时需要知道斜齿轮的法向齿形。通常采用下述近似方法进行研究。

如图 5-39 所示，过斜齿轮分度圆柱上齿廓的任一点 C 作轮齿螺旋线的法面 n-n，该法面与分度圆柱的交线为一椭圆，其长半轴为 a，短半轴为 b。由高等数学可知，椭圆在点 C 的曲率半径 ρ 为

$$\rho=\frac{a^2}{b}=\frac{d}{2\cos^2\beta}$$

　　若以 ρ 为分度圆半径，以斜齿轮法向模数 m_n 为模数，取标准压力角 α 作一直齿圆柱齿轮，该直齿轮的齿形即可认为近似于斜齿轮的法面齿形。该直齿轮被称为斜齿轮的当量齿轮，该轮的齿数为斜齿轮的当量齿数。显然，若按斜齿轮的当量齿数选择铣刀型号即可加工出近似于斜齿轮的法面齿形的斜齿轮。用 z_v 表示斜齿轮的当量齿数，因为

$$m_n z_v = 2\rho$$

所以

$$z_v = \frac{2\rho}{m_n} = \frac{d}{m_n \cos^2 \beta} = \frac{m_t z}{m_n \cos^2 \beta} = \frac{m_n z}{m_n \cos^3 \beta} = \frac{z}{\cos^3 \beta} \quad (5-46)$$

　　斜齿轮的当量齿数除用于选择铣刀型号外，在进行斜齿轮的强度计算时还用于选择相关的系数。

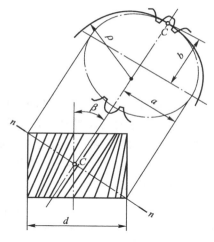

图 5-39　斜齿轮的当量齿数

5.8.5　斜齿轮传动的优、缺点

　　与直齿轮相比，斜齿轮具有下列主要优点：

　　（1）传动平稳。一对轮齿是逐渐进入啮合并逐渐脱离啮合的，故啮合时冲击小、噪声低，适用于高速传动。

　　（2）承载能力大。随着斜齿轮的齿宽和螺旋角的增大，其重合度增大，即同时参与啮合的轮齿对数增加，适用于重载荷。

　　（3）结构更紧凑。可以加工齿数较少的斜齿轮而不产生根切。

　　斜齿轮的主要缺点是在啮合时会产生轴向分力，如图 5-40a 所示。当传递功率一定时，轴向力随着螺旋角 β 的增大而增大，使传动效率下降，且轴的支承需采用向心推力轴承，因而结构设计就更复杂。

　　综上考虑，在斜齿轮设计时，通常取其螺旋角 $\beta = 8° \sim 20°$。为消除斜齿轮传动的这一缺点，可采用人字齿轮，如图 5-40b 所示。人字齿轮的轮齿左右对称，啮合时所产生的轴向力相互抵消。因此，人字齿轮可以采用较大的螺旋角。但人字齿轮制造较困难、成本较高，主要用于高速、重载的传动中。

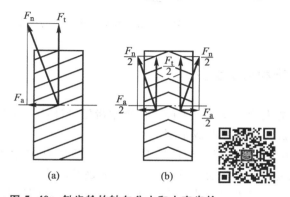

图 5-40　斜齿轮的轴向分力和人字齿轮

5.9 直齿锥齿轮机构

锥齿轮可用于两相交轴之间的传动。两相交轴之间的夹角可以根据需要选取，常用的是 90°。锥齿轮的轮齿是分布在一个圆锥面上，如图 5-1f 所示。因此，前面所述齿轮的各种"圆柱"在锥齿轮里全部变为"圆锥"，如基圆锥、齿根圆锥、分度圆锥、齿顶圆锥。由于锥齿轮两端的尺寸不同，为了测量方便取大端参数为标准值，其模数按表 5-7 选取，其压力角一般为 20°。

表 5-7 锥齿轮模数（摘自 GB/T 12368—1990）

	...	1	1.125	1.25	1.375	1.5	1.75	2	2.25	2.5	2.75	3	3.25	3.5	4
4.5		5	5.5	6	6.5	7	8	9	10	...					

5.9.1 齿廓曲面的形成

如图 5-41 所示，一发生面 S（圆平面，半径为 R'）在基圆锥（锥距 $R = R'$）上作纯滚动，发生面上过点 O（发生面上与基圆锥顶点相重合的点）的直线 OK 在空间所形成的轨迹即为直齿锥齿轮的齿廓曲面。在纯滚动过程中点 O 是一固定点，直线 OK 上任意点的轨迹是一球面曲线，称之为球面渐开线，如图中 AK 即为一球面渐开线。因此，直齿锥齿轮的齿廓曲面亦可以看成是由一簇球面渐开线集聚而成。

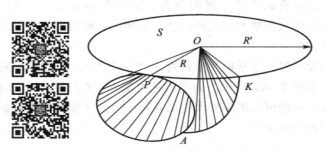

图 5-41 直齿锥齿轮齿廓曲面的形成

5.9.2 背锥和当量齿数

由于球面不能准确地展开成平面，使得锥齿轮设计计算以及加工产生了很多困难。因此，采用近似方法将球面展开成平面。

图 5-42 所示为一球形锥齿轮的轴剖面图，三角形 OAB 表示分度圆锥，而三角形 Oaa 及 Obb 分别代表齿顶圆锥和齿根圆锥。圆弧 ab 是其轮齿大端齿廓球面渐开线与轴剖面的交线，在轴剖面上，过大端上的 A 点作弧 ab 的切线，该切线与轴线相交于 O_1 点；以 O_1A

为母线、OO_1为轴作一旋转锥面，该锥面与锥齿轮的大端球面相切，称这一旋转锥面为该锥齿轮的背锥。

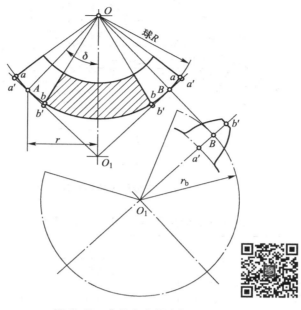

图 5-42 背锥和当量齿数

由于背锥可以展开为平面，将球面上的渐开线齿廓向背锥上投影，可得一投影曲线。这一投影曲线为平面曲线，且与锥齿轮大端齿廓球面渐开线的误差很小（当球面半径 R 与齿轮模数 m 的比值越大时，误差越小），因此在锥齿轮的齿廓分析中用背锥上的投影曲线近似代替球面渐开线。

如将背锥展开，可得一扇形齿轮。将这一扇形齿轮补足使其成为一完整的圆形齿轮，称这一完整的圆形齿轮为锥齿轮的当量齿轮。当量齿轮的半径为 r_v，齿数为 z_v，z_v 为锥齿轮的当量齿数。

如图 5-42 所示，可以求得当量齿数 z_v，

$$mz_v = 2r_v = \frac{2r}{\cos \delta} = \frac{mz}{\cos \delta}$$

$$z_v = \frac{z}{\cos \delta} \tag{5-47}$$

式中，δ 为分度圆锥角。

一对锥齿轮的啮合就相当于一对当量齿轮的啮合。因此，一对锥齿轮的正确啮合条件是其大端的模数和压力角分别相等，此外其两轮的锥距还必须相等。

5.9.3 直齿锥齿轮的几何尺寸计算

由于锥齿轮的大端参数为标准值，因此在计算锥齿轮的几何尺寸时，是以其大端的尺寸为计算基准。如图 5-43 所示，直齿锥齿轮的几何尺寸计算见表 5-8。

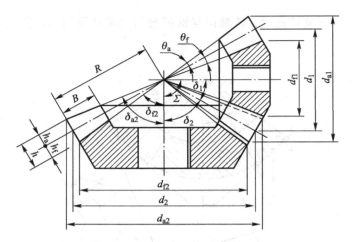

图 5-43 直齿锥齿轮的几何尺寸

表 5-8 标准直齿锥齿轮机构几何尺寸计算公式（$\Sigma = 90°$）

名称	符号	计算公式	
		小齿轮	大齿轮
分度圆锥角	δ	$\delta_1 = \arctan \dfrac{z_1}{z_2}$	$\delta_2 = 90° - \delta_1$
齿顶高	h_a	$h_{a1} = h_{a2} = h_a^* m$	
齿根高	h_f	$h_{f1} = h_{f2} = (h_a^* + c^*) m$	
分度圆直径	d	$d_1 = m z_1$	$d_2 = m z_2$
齿顶圆直径	d_a	$d_{a1} = d_1 + 2 h_a \cos \delta_1$	$d_{a2} = d_2 + 2 h_a \cos \delta_2$
齿根圆直径	d_f	$d_{f1} = d_1 - 2 h_f \cos \delta_1$	$d_{f2} = d_2 - 2 h_f \cos \delta_2$
锥距	R	$R = \dfrac{mz}{2\sin \delta} = \dfrac{m}{2}\sqrt{z_1^2 + z_2^2}$	
齿顶角	θ_a	（不等顶隙收缩齿传动） $\tan \theta_{a1} = \tan \theta_{a2} = \dfrac{h_a}{R}$	
齿根角	θ_f	$\tan \theta_{f1} = \tan \theta_{f2} = \dfrac{h_f}{R}$	
分度圆齿厚	s	$s = \dfrac{\pi m}{2}$	
顶隙	c	$c = c^* m$ （$m > 1$ mm 时，$c^* = 0.2$）	
当量齿数	z_v	$z_{v1} = \dfrac{z_1}{\cos \delta_1}$	$z_{v2} = \dfrac{z_2}{\cos \delta_2}$
顶锥角	δ_a	（不等顶隙收缩齿传动）	
		$\delta_{a1} = \delta_1 + \theta_{a1}$	$\delta_{a2} = \delta_2 + \theta_{a2}$
		（等顶隙收缩齿传动）	
		$\delta_{a1} = \delta_1 + \theta_{f1}$	$\delta_{a2} = \delta_2 + \theta_{f2}$

续表

名称	符号	计算公式	
		小齿轮	大齿轮
根锥角	δ_f	$\delta_{f1} = \delta_1 - \theta_{f1}$	$\delta_{f2} = \delta_2 - \theta_{f2}$
当量齿轮分度圆半径	r_v	$r_{v1} = \dfrac{d_1}{2\cos\delta_1}$	$r_{v2} = \dfrac{d_2}{2\cos\delta_2}$
当量齿轮齿顶圆半径	r_{va}	$r_{va1} = r_{v1} + h_{a1}$	$r_{va2} = r_{v2} + h_{a2}$
当量齿轮齿顶压力角	α_{va}	$\alpha_{va1} = \arccos\dfrac{r_{v1}\cos\alpha}{r_{va1}}$	$\alpha_{va2} = \arccos\dfrac{r_{v2}\cos\alpha}{r_{va2}}$
重合度	ε_α	$\varepsilon_\alpha = \dfrac{1}{2\pi}\left[z_{v1}(\tan\alpha_{va1} - \tan\alpha) + z_{v2}(\tan\alpha_{va2} - \tan\alpha)\right]$	
齿宽	b	$b \leqslant \dfrac{R}{3}$ （取整数）	

计算直齿锥齿轮的几何尺寸时应注意其齿顶圆和齿根圆以及传动比的计算与圆柱齿轮不同。

5.10　蜗　杆　机　构

5.10.1　螺旋齿轮传动

螺旋齿轮传动又称交错轴斜齿轮传动，如图 5-1g 所示。就单个齿轮而言，螺旋齿轮与斜齿轮完全相同，但其传动时与斜齿轮传动有较大区别。螺旋齿轮传动的两齿轮齿廓相同，但两轮螺旋角大小可以不等，旋向可以相同或相反。其次，螺旋齿轮机构齿面之间是点接触，接触应力大，且齿面沿螺旋线方向还存在相当大的滑动，功率损失大。因此，它主要用于小功率传动。螺旋齿轮机构的啮合原理在渐开线圆柱齿轮齿面加工中有广泛应用，例如在滚齿加工、剃齿加工等。

1. 正确啮合条件

螺旋齿轮传动时其轮齿是在法面内啮合的，所以它的正确啮合条件为：两齿轮的法面模数和分度圆上的压力角分别相等且为标准值，即

$$\begin{cases} m_{n1} = m_{n2} = m \\ \alpha_{n1} = \alpha_{n2} = \alpha \end{cases} \tag{5-48}$$

由式（5-43）可知，当 $\beta_1 \neq \beta_2$ 时，两齿轮的端面模数不相等，端面的参数也就不相等，这是螺旋齿轮的又一特点。

2. 几何参数和尺寸计算

螺旋齿轮机构标准安装时，节圆柱与分度圆柱重合，两轮的节圆柱面相切于点 P，位

于两交错轴的公垂线上。该公垂线的长度即为螺旋齿轮机构的中心距 a，如图 5-44b 所示，即

$$a = r_1 + r_2 = \frac{m_n}{2}\left(\frac{z_1}{\cos\beta_1} + \frac{z_2}{\cos\beta_2}\right) \tag{5-49}$$

可见，螺旋齿轮传动的中心距 a 可以通过改变两齿轮的螺旋角 β_1 和 β_2 的方法调整。过节点 P 作两分度圆柱的公切面。两齿轮轴线在此公切面上投影的夹角称为两轴的交错角，用 Σ 表示，交错角 Σ 与两齿轮的螺旋角的关系为

$$\Sigma = |\beta_1 + \beta_2| \tag{5-50}$$

如果螺旋方向相同，β_1 和 β_2 代入同号；螺旋方向相反，则 β_1 和 β_2 代入异号。若 $\Sigma = 0$，则 $\beta_1 = -\beta_2$，螺旋齿轮传动变为斜齿圆柱齿轮传动。因此，斜齿圆柱齿轮传动是螺旋齿轮传动的特例。

3. 传动比和从动轮的转向

设螺旋齿轮传动的两轮齿数分别为 z_1 和 z_2，$z = \dfrac{d}{m_t} = \dfrac{d\cos\beta}{m_n}$，所以螺旋齿轮的传动比为

$$i_{12} = \frac{\omega_1}{\omega_2} = \frac{z_2}{z_1} = \frac{d_2\cos\beta_2}{d_1\cos\beta_1} \tag{5-51}$$

螺旋齿轮传动中，从动轮的转向可根据速度向量图解法来确定，如图 5-44a 所示，两轮分度圆柱的切点为 P，两轮齿在点 P 处的切线为 $t\text{-}t$。设齿轮 1 为主动轮，齿轮 2 为从动轮，两轮在 P 点处的绝对速度分别为 v_{P1} 和 v_{P2}。由相对运动原理可知

$$v_{P2} = v_{P1} + v_{P2P1} \tag{5-52}$$

式（5-52）中，v_{P1} 的大小和方向已知，v_{P2} 和 v_{P2P1} 的方向已知（大小未知），因此可以求得 v_{P2} 的大小和方向（指向），从而得知从动轮 2 的转向。

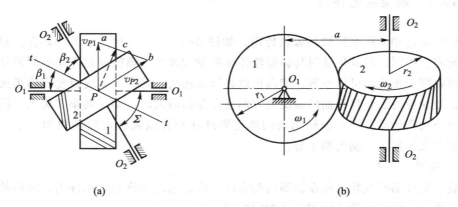

(a)   (b)

图 5-44 螺旋齿轮传动

4. 螺旋齿轮传动的主要优、缺点

（1）选用螺旋齿轮传动可以实现两轴在空间交错成任意角度的传动。改变螺旋角方向可以改变从动轴转向。

（2）在传动比较大的条件下，可适当选择两轮螺旋角，使两轮分度圆接近，强度接近。

（3）两轮啮合时，两齿廓是点接触，沿齿高方向和齿长方向都存在相当大的相对滑动。因此，螺旋齿轮轮齿磨损较快，传动的机械效率较低。

（4）螺旋齿轮传动时同样也会产生轴向力，从而使结构设计复杂。

螺旋齿轮传动不适于高速大功率的传动，通常仅用于仪表或载荷不大的辅助传动中。

5.10.2　蜗杆机构的形成及参数计算

蜗杆机构是用来传递空间交错轴之间运动和动力的齿轮机构，如图 5-1h 所示，最常用于轴的交错角 $\Sigma = \beta_1 + \beta_2 = 90°$ 的情况。它具有传动比大、结构紧凑、传动平稳等优点，因此在各种机械和仪器中得到广泛的应用。

1. 蜗杆机构的形成

若将螺旋齿轮机构中的小齿轮齿数减少到一个或很少几个，分度圆直径也减小，并将螺旋角 β_1 和齿宽 B 增大，这时轮齿将绕在分度圆柱上，形成连续不断的螺旋齿，形状如螺杆，这就是蜗杆；将大齿轮的螺旋角 β_2 减小，齿数增加，使分度圆直径较大，即为齿数较多的斜齿轮，称为蜗轮，如图 5-45 所示。蜗杆机构可以看成是由螺旋齿轮机构演化而来的。

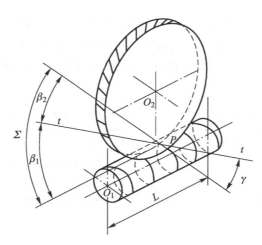

图 5-45　蜗杆机构的形成

与螺旋齿轮相同，蜗杆传动时其齿廓的啮合为点接触。为了改善接触情况，将蜗轮圆柱表面的母线制成圆弧形，部分包住蜗杆，用与蜗杆形状相似、齿顶高比蜗杆齿顶高多出一个顶隙的蜗轮滚刀来加工蜗轮。蜗杆蜗轮间的啮合便可得到线接触，接触应力降低，承载能力提高。蜗轮的齿廓形状由蜗杆齿廓形状决定，所以蜗杆的齿形不同，蜗轮的齿形也不同。常见的蜗杆是圆柱形，最常用的是阿基米德蜗杆。此外，还有渐开线蜗杆和圆弧齿蜗杆等。

2. 导程角

导程角用 γ 表示。导程角 γ 为蜗杆螺旋角的余角，当 $\Sigma = 90°$ 时，γ 数值上等于蜗轮的螺旋角 β_2。设蜗杆的齿数（又称为头数）为 z_1，导程为 l，轴向齿距为 p_{x1}，分度圆直径为 d_1，将蜗杆沿分度圆柱面展开如图 5-46 所示。由图可知：

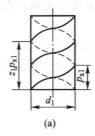 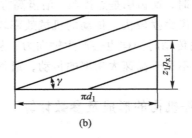

(a)　　　　　　　　　　　　(b)

图 5-46　蜗杆分度圆柱面的展开图

$$\tan \gamma = \frac{l}{\pi d_1} = \frac{z_1 p_{x1}}{\pi d_1} = \frac{z_1 m}{d_1} \tag{5-53}$$

导程角 γ 的大小与蜗杆传动的效率关系极大。γ 越大，效率越高，显然增加蜗杆齿数可以提高传动效率，国家标准（GB/T 10085—2018）规定蜗杆的齿数只能在 1、2、4、6 四个数字中选一，实际中常取 $z_1 = 1$、2、4。因此，蜗杆传动的效率是较低的。由机械自锁的概念可知，当 γ 小于蜗杆蜗轮啮合时轮齿之间的当量摩擦角 φ_v 时，机构将具有反向自锁性。

3. 压力角和模数

国家标准 GB/T 10087—2018 规定，阿基米德蜗杆（ZA 蜗杆）的轴向齿形角 $\alpha_x = 20°$。在动力传动中，当导程角 $\gamma > 30°$ 时，允许增大齿形角，推荐采用 25°；在分度传动中，允许减小齿形角，推荐采用 15°或 12°。蜗杆模数系列与齿轮模数系列有所不同，蜗杆模数 m 见表 5-9。

表 5-9　蜗杆模数 m 值（摘自 GB/T 10088—2018）

第一系列	0.1；0.12；0.16；0.2；0.25；0.3；0.4；0.5；0.6；0.8；1；1.25；1.6；2；2.5；3.15；4；5；6.3；8；10；12.5；16；20；25；31.5；40
第二系列	0.7；0.9；1.5；3；3.5；4.5；5.5；6；7；12；14

注：优先采用第一系列。

4. 正确啮合条件

阿基米德蜗杆在其轴剖面上齿廓为直线，在轮齿法向截面上为外凸曲线齿形，在端面上的齿形为阿基米德螺旋线。这种蜗杆可以采用车削方法加工，制造方便，故其应用最广泛。

图 5-47 所示为阿基米德蜗杆与蜗轮的啮合情况，垂直于蜗轮轴线并包含蜗杆轴线的剖面称为主平面，在主平面内蜗杆与蜗轮的啮合相当于齿条与齿轮的啮合。蜗杆蜗轮以主平面的参数为标准值，其几何尺寸的计算也以主平面内的计算为基准，因此蜗杆蜗轮正确啮合的条件是：蜗杆与蜗轮在主平面内的模数和压力角分别相等，且为标准值。蜗轮的端面模数 m_{t2} 和端面压力角 α_{t2} 分别等于蜗杆的轴面模数 m_{x1} 和轴面压力角 α_{x1}，即

$$\begin{cases} m_{x1} = m_{t2} = m \\ \alpha_{x1} = \alpha_{t2} = \alpha \end{cases} \tag{5-54}$$

当 $\Sigma = 90°$ 时，$\gamma_1 = \beta_2$，而且蜗轮与蜗杆旋向相同。

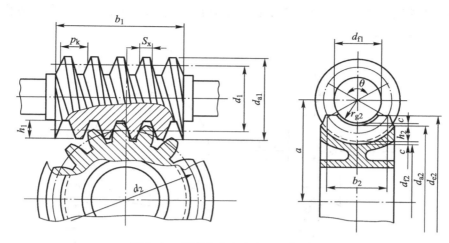

图 5-47　圆柱蜗杆与蜗轮的啮合传动

5.蜗杆分度圆直径和直径系数

加工蜗轮时，是用与蜗杆相当的滚刀来切制的，蜗轮滚刀的齿形参数和分度圆直径必须与相应的蜗杆相同。从式（5-53）可知，即使是对于同一模数和齿数的蜗杆，其分度圆直径也可能不同。对动力蜗杆传动，为了限制蜗轮滚刀的数量，国家标准规定蜗杆的分度圆直径系列，且与其模数相对应，并令 $q = \dfrac{d_1}{m}$，q 称为蜗杆的直径系数。部分 d_1 与 m 对应的标准系列见表 5-10。

表 5-10　蜗杆分度圆直径与其模数的匹配标准系列

m	1	1.25	1.6	2	2.5	3.15	4	5	6.3	8	10
d_1	18	20 22.4	20 28	(18) 22.4 (28) 35.5	(22.4) 28 (35.5) 45	(28) 35.5 (45) 56	(31.5) 40 (50) 71	(40) 50 (63) 90	(50) 63 (80) 112	(63) 80 (100) 140	(71) 90 (112) 160

注：摘自 GB/T 10085—2018，括号中的数字尽可能不采用。

6.蜗杆传动的传动比及蜗轮的转向

蜗杆传动的传动比仍可按式（5-51）计算，即

$$i_{12} = \frac{\omega_1}{\omega_2} = \frac{z_2}{z_1} = \frac{d_2 \cos \beta_2}{d_1 \cos \beta_1} = \frac{d_2 \sin \beta_1}{d_1 \cos \beta_1} = \frac{d_2}{d_1} \tan \beta_1 = \frac{d_2}{d_1} \cot \beta_2 \qquad (5\text{-}55)$$

式中：z_1 为蜗杆的头数，z_2 为蜗轮的齿数。

蜗杆机构中，通常蜗杆为主动件，蜗轮的转向取决于蜗杆的转向及蜗杆蜗轮的旋向。蜗轮的转向也可运用相对速度关系来确定。例如图 5-48 所示的蜗杆蜗轮，两者都是右旋，蜗杆为主动件，其角速度为 ω_1，转向如图所示。啮合点 P 的公切线为 $t\text{-}t$，其速度关系为

$$v_{P2} = v_{P1} + v_{P2P1}$$

由图上的速度三角形，便可知道蜗轮上点 P 的速度 v_{P2} 的方向，据此便可确定蜗轮的转向，如图 5-48 所示。

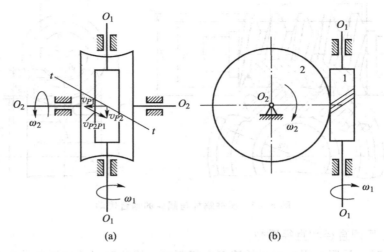

图 5-48 蜗轮转向的判断

判断蜗轮的转向还可用左、右手定则来确定，用图 5-48b 来分析。先判断蜗杆（蜗轮）的旋向，左旋用右手，右旋用左手，四指方向表示蜗杆的转向，大拇指方向即为蜗轮圆周速度方向，由此圆周速度方向即可确定蜗轮的转向。

7. 蜗杆机构的几何尺寸计算

蜗杆分度圆直径 d_1 根据其模数 m 由表 5-10 选定，其余尺寸见表 5-11。

表 5-11 蜗杆机构的几何尺寸计算

	符号	公式	
		蜗杆	蜗轮
分度圆直径	d	$d_1 = mq$	$d_2 = mz_2$
齿顶圆直径	d_a	$d_{a1} = m(q + 2h_a^*)$ $h_a^* = 1$	$d_{a2} = m(z_2 + 2h_a^*)$
齿根圆直径	d_f	$d_{f1} = m(q - 2h_a^* - 2c^*)$ $c^* = 0.2$	$d_{f2} = m(z_2 - 2h_a^* - 2c^*)$
齿顶高	h_a	$h_a = h_a^* m$	
齿根高	h_f	$h_f = (h_a^* + c^*)m$	
中心距	a	$a = \dfrac{d_1 + d_2}{2} = \dfrac{m}{2}(z_2 + q)$	
传动比	i_{12}	$i_{12} = \dfrac{n_1}{n_2} = \dfrac{z_2}{z_1} = \dfrac{d_2}{d_1 \tan \gamma_1}$	

习　题

5-1　为了实现定传动比传动，对齿轮的齿廓曲线有什么要求？渐开线齿廓为什么能够实现定传动比传动？

5-2　渐开线齿廓上任一点的压力角是如何确定的？渐开线齿廓上各点的压力角是否相同？何处的压力角为零？何处的压力角为标准值？

5-3　标准渐开线直齿圆柱齿轮在标准中心距安装条件下具有哪些特性？

5-4　分度圆和节圆有何区别？在什么情况下分度圆和节圆是重合的？

5-5　啮合角与压力角有什么区别？在什么情况下啮合角与压力角是相等的？

5-6　什么是根切？它有何危害？如何避免？

5-7　齿轮为什么要进行变位修正？正变位齿轮与标准齿轮比较，其尺寸（m、α、h_a、h_f、d、d_a、d_f、d_b、s、e）哪些变化了？哪些没有变化？

5-8　什么是正变位？什么是正传动？

5-9　什么是斜齿轮的当量齿轮？为什么要提出当量齿轮的概念？

5-10　平行轴和交错轴斜齿轮传动（螺旋齿轮传动）有哪些异同点？

5-11　什么是蜗杆传动的中间平面？蜗杆传动正确啮合的条件是什么？

5-12　什么是直齿锥齿轮的当量齿轮和当量齿数？

5-13　一分度圆压力角 $\alpha=20°$ 的渐开线标准直齿圆柱齿轮。若齿根圆大于基圆，则齿数的范围是什么？

5-14　已知一对外啮合标准直齿轮传动，其齿数 $z_1=24$、$z_2=110$，模数 $m=3$ mm，压力角 $\alpha=20°$，正常齿制。试求：（1）两齿轮的分度圆直径 d_1、d_2；（2）两齿轮的齿顶圆直径 d_{a1}、d_{a2}；（3）齿高 h；（4）标准中心距 a；（5）若实际中心距 $a'=204$ mm，试求两轮的节圆直径 d_1'、d_2'。

5-15　有一对外啮合渐开线标准直齿圆柱齿轮传动，$\alpha=20°$，标准中心距 $a=100$ mm，传动比 $i_{12}=1.5$。已知模数 m 为第一系列（…、3、4、5、6、8、…）且不小于 3 mm，两轮的齿数应保证不根切，试求：

（1）模数 m 和两轮的齿数 z_1、z_2。

（2）两轮基圆半径 r_{b1}、r_{b2}，分度圆半径 r_1、r_2，齿根圆半径 r_{f1}、r_{f2}，齿顶圆半径 r_{a1}、r_{a2}。

（3）按比例作图，画出这对齿轮的实际啮合线和理论啮合线。

5-16　已知某对渐开线直齿圆柱齿轮传动，中心距 $a=350$ mm，传动比 $i=2.5$，$\alpha=20°$，$h_a^*=1$，$c^*=0.25$，根据强度等要求模数必须在 5、6、7 三者中选择，试设计此对齿轮的以下参数和尺寸。

（1）齿轮的齿数 z_1、z_2，模数 m；

（2）分度圆直径 d_1、d_2，齿顶圆直径 d_{a1}、d_{a2}，齿根圆直径 d_{f1}、d_{f2}，节圆直径 d_1'、d_2'，啮合角 α'；

（3）若要求安装中心距 $a=351$ mm，则该齿轮传动应如何设计？

5-17　已知一对渐开线直齿圆柱齿轮机构的参数如下：$z_1 = 15$，$z_2 = 21$，模数 $m = 5$ mm，$h_a^* = 1$，$c^* = 0.25$，$x_1 = 0.3128$，$x_2 = -0.1921$。

（1）判断在用齿条形刀具范成加工这两个齿轮时是否会产生根切现象。（必须有计算过程）

（2）求出这一对齿轮无侧隙啮合传动时的中心距 a'。

（3）说明这一对齿轮的啮合传动属于哪一种类型。

5-18　已知一对渐开线外啮合标准直齿圆柱齿轮机构，$\alpha = 20°$，$h_a^* = 1$，$m = 4$ mm，$z_1 = 18$，$z_2 = 41$。试求：

（1）两轮的几何尺寸 r、r_b、r_f、r_a，标准中心距 a 以及重合度 ε_α；

（2）按比例作图，画出理论啮合线 $N_1 N_2$，在其上标出实际啮合线 $B_1 B_2$，并标出一对齿啮合区和两对齿啮合区以及节点 P 的位置。

5-19　一对外啮合标准直齿轮，已知两齿轮的齿数 $z_1 = 23$、$z_2 = 67$，模数 $m = 3$ mm，压力角 $\alpha = 20°$，正常齿制。试求：（1）正确安装时的中心距 a、啮合角 α' 及重合度，并绘出单齿及双齿啮合区；（2）实际中心距 $a' = 136$ mm 时的啮合角 α' 和重合度 ε_α。

5-20　用齿条插刀按范成法加工一渐开线齿轮，其基本参数为 $h_a^* = 1$，$c^* = 0.25$，$\alpha = 20°$，$m = 4$ mm，若刀具移动速度 $v_刀 = 0.001$ m/s。试求：

（1）切制 $z = 12$ 的标准齿轮时，刀具分度线与轮坯中心的距离 L 应为多少？被切齿轮的转速 n 应为多少？

（2）为避免根切，切制 $z = 12$ 的变位齿轮时，其最小变位系数 x_{min} 应为多少？此时的 L 应为多少？n 是否需要改变？

5-21　如图 5-49 所示的同轴线回归轮系，$z_1 = 62$，$z_2 = 14$，$z_3 = 60$，写出三种该轮系可行的传动类型方案。

5-22　一对标准安装的渐开线外啮合标准直齿圆柱齿轮传动，$z_1 = 24$、$z_2 = 96$，$m = 4$ mm，$\alpha = 20°$，$h_a^* = 1$，$c^* = 0.25$。因磨损严重，维修时拟利用大齿轮齿坯，将大齿轮加工成变位系数 $x_2 = -0.5$ 的负变位齿轮。试求：

（1）新配的小齿轮的变位系数 x_1。

（2）大齿轮齿顶圆直径 d_{a2}。

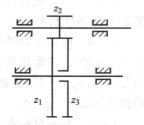

图 5-49　题 5-21 图

5-23　如图 5-50 所示的同轴式渐开线圆柱齿轮减速器中，已知：$z_1 = 15$，$z_2 = 53$，$z_3 = 56$，$z_4 = 14$，两对齿轮传动的中心距 $a_{12} = a_{34} = 70$ mm。各轮的 $m = 2$ mm，$\alpha = 20°$，$h_a^* = 1$，$c^* = 0.25$。若轮 1、2 采用斜齿圆柱齿轮，轮 3、4 采用直齿圆柱齿轮，试：

（1）计算轮 1、2 的螺旋角的大小；

（2）判断轮 1 是否根切；

（3）轮 3、4 不发生根切的最小变位系数 x_{min}。

5-24　已知一对斜齿圆柱齿轮传动，$z_1 = 18$，$z_2 = 36$，$m_n = 2.5$ mm，$a = 68$ mm，$\alpha = 20°$，$h_a^* = 1$，$c^* = 0.25$。试求：

（1）这对斜齿轮的螺旋角 β；

（2）两轮的分度圆直径 d_1、d_2 和齿顶圆直径 d_{a1}、d_{a2}。

5-25　一对斜齿圆柱齿轮传动，已知小齿轮齿数 $z_1 = 21$，大齿轮齿数 $z_2 = 56$，法面模

数 $m_n = 2.5$，螺旋角 $\beta = 12°17'$，试求两齿轮的传动比 i 及中心距 a，并求小齿轮的分度圆、齿顶圆和齿根圆直径。

　　5-26　一齿条刀具，$m = 2$ mm，$\alpha = 20°$，$h_a^* = 1$。刀具在切制齿轮时的移动速度 $v_{刀} = 1$ mm/s。试求：

　　（1）若用这把刀具切制 $z = 14$ 的标准齿轮，则刀具分度线离轮坯中心的距离 L 为多少？轮坯每分钟的转数为多少？

　　（2）若用这把刀具切制 $z = 14$ 的变位齿轮，其变位系数 $x = 1.5$，则刀具分度线离轮坯中心的距离 L 为多少？轮坯每分钟的转数为多少？

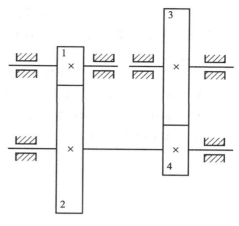

图 5-50　题 5-23 图

　　5-27　图 5-51 中已知一对齿轮的基圆和齿顶圆，齿轮 1 为主动轮。试在图中画出齿轮的啮合线，并标出：极限啮合点 N_1、N_2，实际啮合线的开始点 B_1 和终止点 B_2，啮合角 α'，节点 P 和节圆半径 r_1'、r_2'。

　　5-28　已知一对标准外啮合直齿圆柱齿轮传动，$m = 5$ mm，$\alpha = 20°$，$z_1 = 19$，$z_2 = 42$，试求其重合度 ε_α。如图 5-52 所示，问当有一对轮齿在节点 P 处啮合时，是否还有其他轮齿也处于啮合状态？又当一对轮齿在点 B_1 处啮合时，情况又如何？

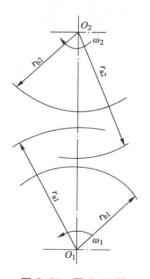

图 5-51　题 5-27 图

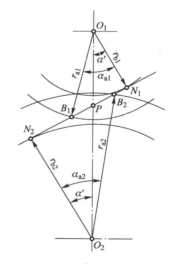

图 5-52　题 5-28 图

　　5-29　已知一蜗杆传动的参数为 $z_1 = 1$、$z_2 = 40$、$m = 5$ mm、$\alpha = 20°$、$h_a^* = 1$、$c^* = 0.2$、$q = 10$，试计算其几何尺寸与传动比。

　　5-30　已知一对标准直齿锥齿轮，$z_1 = 24$，$z_2 = 32$，$m = 3$ mm，$\alpha = 20°$，$h_a^* = 1$，$c^* = 0.2$，$\Sigma = 90°$。试求该锥齿轮机构的几何尺寸。

　　5-31　在图 5-53 所示的机构中，所有齿轮均为直齿圆柱齿轮，模数均为 2 mm，$z_1 = 15$，$z_2 = 32$，$z_3 = 20$，$z_4 = 30$，要求轮 1 与轮 4 同轴线。试问：

（1）齿轮 1、2 与齿轮 3、4 应选什么传动类型最好？为什么？

（2）若齿轮 1、2 改为斜齿轮传动来凑中心距，当齿数不变，模数不变时，斜齿轮的螺旋角应为多少？

（3）斜齿轮 1、2 的当量齿数是多少？

（4）当用范成法（如用滚刀）来加工齿数 $z_1 = 15$ 的斜齿轮时，是否会产生根切？

5-32   如图 5-54 所示的蜗杆蜗轮传动中，蜗杆的螺旋线方向与转动方向如图所示，试画出各个蜗轮的转动方向。

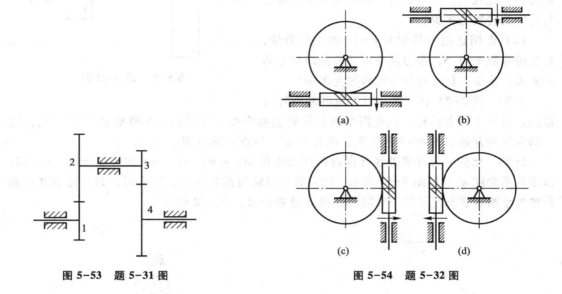

图 5-53   题 5-31 图   图 5-54   题 5-32 图

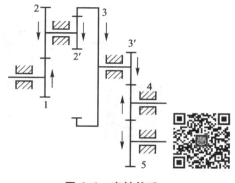

第6章 轮系

在前一章讨论了一对齿轮啮合传动、蜗杆传动等相关设计问题。但是，在实际的机械工程中，为了满足减速或增速、变速、换向以及转动的合成和分解等各种不同的工作需要，仅仅使用一对齿轮是不够的。例如，在各种机床中，为了将电动机的一种转速变为主轴的多级转速；在机械式钟表中，为了使时针、分针、秒针之间的转速具有确定的比例关系；在汽车的传动系中，都是依靠一系列的彼此相互啮合的齿轮所组成的齿轮机构来实现的。这种由一系列的齿轮所组成的传动系统称为轮系。

6.1 轮系的类型

轮系可以由各种类型的齿轮——圆柱齿轮、锥齿轮、蜗轮蜗杆等组成。在工程上，通常根据轮系运动时各个齿轮的轴线在空间的位置是否固定将轮系分为定轴轮系、周转轮系、复合轮系几大类。

6.1.1 定轴轮系

当轮系运动时，所有齿轮轴线相对于机架都是固定不动的轮系称为定轴轮系，也称作普通轮系，如图6-1所示的轮系就是一个定轴轮系。

6.1.2 周转轮系

当轮系运动时，凡至少有一个齿轮的几何轴线是绕其他齿轮的轴线转动的轮系称为周转轮系。

如图6-2所示的轮系运动时，它的齿轮1和3以及构件H各绕固定的互相重合的几何轴线O_1、O_3及O_H转动，而齿轮2则松套在构件H的小轴上，因此它一方面绕自己的几何轴线O_2回转（自转），同时又随构件H绕几何轴线O_H回转（公转），所以该轮系是一个周转轮系。齿轮2的运动和天上行星的运动相同，因此称其为行星轮；支

图6-1 定轴轮系

持行星轮的构件 H 称为系杆（或行星架或转臂），而几何轴线固定的齿轮 1 和 3 称为中心轮或太阳轮。系杆绕之转动的轴线 O_H 称为主轴线。由于中心轮 1、3 和系杆 H 的回转轴线的位置均固定且重合，通常以它们作为运动的输入或输出构件，称其为周转轮系的基本构件。

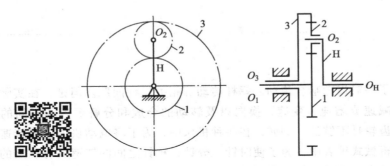

图 6-2   周转轮系

周转轮系的类型很多，为了便于分析，通常按以下方法进行分类。

1. 根据基本构件分类

设定中心轮用 K 表示，系杆用 H 表示，输出构件用 V 表示。常见的类型有如下三种：

（1）2K-H 型   其基本构件为两个中心轮和一个行星架，如图 6-3 所示。

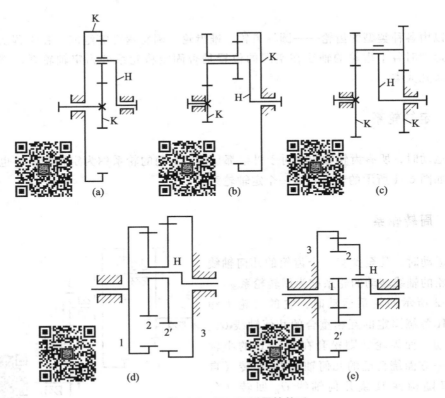

图 6-3   2K-H 型周转轮系

（2）3K 型　其基本构件为三个中心轮，如图 6-4 所示。

（3）K-H-V 型　其基本构件为一个中心轮、一个行星架和一个输出构件，如图 6-5 所示。

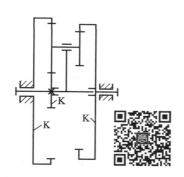

图 6-4　3K 型周转轮系

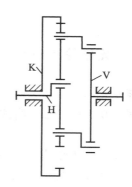

图 6-5　K-H-V 型周转轮系

2. 按其自由度的数目分类

（1）差动轮系　即具有两个自由度的周转轮系，如图 6-2 所示。在三个基本构件中，必须给定两个构件的运动，才能求出第三个构件的运动。

（2）行星轮系　即具有一个自由度的周转轮系，如图 6-3a 所示。由于中心轮 3 固定，因此只要知道构件 1 和 H 中任一构件的运动，就可求出另一构件的运动。

6.1.3　复合轮系

在各种实际机械中所用的轮系，往往不只是单纯的定轴轮系或单纯的周转轮系，而是既包含定轴轮系部分，也包含周转轮系部分，或者是由几个周转轮系组成的，这种复杂的轮系称为复合轮系。

由定轴轮系与一个或几个行星轮系，或全由几个行星轮系串联而成。图 6-6a 为定轴轮系 1-2 和行星轮系 2'-3-4-H 串联而成的复合轮系；图 6-6b 为行星轮系 1-2-2'-3-H_1 和行星轮系 4-5-5'-6-H_2 串联而成的复合轮系。

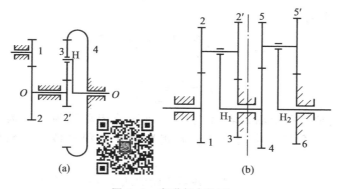

图 6-6　串联复合轮系

6.2　轮系传动比的计算

6.2.1　定轴轮系的传动比

当轮系运动时，其输入轴与输出轴的角速度之比称为该轮系的传动比。例如设 A 为轮系的输入轴，B 为输出轴，则该轮系的传动比为

$$i_{AB} = \omega_A / \omega_B = n_A / n_B$$

式中：ω 和 n 分别为角速度和转速。

要确定一个轮系的传动比，包括计算其传动比的大小和确定其输入轴与输出轴转向之间的关系。

1. 传动比大小的计算

如图 6-1 所示，设齿轮 1 为主动轮，齿轮 5 为最后的从动轮，则该轮系的总传动比为 $i_{15} = \dfrac{\omega_1}{\omega_5}$，$z_1$、$z_2$、$z_{2'}$、$z_3$、$z_{3'}$、$z_4$ 及 z_5 为各轮的齿数；ω_1、ω_2、$\omega_{2'}$、ω_3、$\omega_{3'}$、ω_4 及 ω_5 为各轮的角速度。下面来计算该轮系的总传动比的大小。

由图可见，从主动轮 1 到从动轮 5 之间的传动，是通过各对齿轮依次啮合来实现的。因此可先求出各对齿轮的传动比的大小，即

$$i_{12} = \frac{\omega_1}{\omega_2} = \frac{z_2}{z_1}$$

$$i_{2'3} = \frac{\omega_{2'}}{\omega_3} = \frac{\omega_2}{\omega_3} = \frac{z_3}{z_{2'}}$$

$$i_{3'4} = \frac{\omega_{3'}}{\omega_4} = \frac{\omega_3}{\omega_4} = \frac{z_4}{z_{3'}}$$

$$i_{45} = \frac{\omega_4}{\omega_5} = \frac{z_5}{z_4}$$

将以上各式两边分别连乘后得

$$i_{12}i_{2'3}i_{3'4}i_{45} = \frac{\omega_1}{\omega_2}\frac{\omega_2}{\omega_3}\frac{\omega_3}{\omega_4}\frac{\omega_4}{\omega_5} = \frac{z_2 z_3 z_4 z_5}{z_1 z_{2'} z_{3'} z_4}$$

即

$$i_{15} = \frac{\omega_1}{\omega_5} = \frac{z_2 z_3 z_5}{z_1 z_{2'} z_{3'}}$$

上式表明：定轴轮系中输入轴 A 与输出轴 B 的传动比为各对齿轮传动比的连乘积，其值等于各对啮合齿轮中所有从动轮齿数的连乘积与各主动轮齿数的连乘积之比，即

$$i_{AB} = \frac{\omega_A}{\omega_B} = \frac{\omega_主}{\omega_从} = \frac{\text{所有各对齿轮的从动轮齿数的乘积}}{\text{所有各对齿轮的主动轮齿数的乘积}} \tag{6-1}$$

在上面的推导中，因为齿轮 4 同时与齿轮 3' 和齿轮 5 相啮合，对于齿轮 3' 来说，其为

从动轮,对于齿轮 5 来说,其为主动轮,故公式右边分子、分母中的 z_4 可互相消去,表明齿轮 4 的齿数不影响传动比的大小,这种齿轮通常称为惰轮。惰轮虽然不影响传动比的大小,但能改变输出轮的转向。由图显然可见,如果没有齿轮 4 而齿轮 3′直接与齿轮 5 啮合,则齿轮 5 的转动方向与齿轮 1 相同。

2. 主、从动轮转向关系的确定

根据轮系中各个齿轮轴线的相互位置关系,下面分几种情况加以讨论。

1) 轮系中各轮几何轴线均相互平行

这种轮系由圆柱齿轮所组成,其各轮的几何轴线互相平行,因此它们的传动比有正负之分,如果输入轴与输出轴的转动方向相同,则其传动比为正,反之为负。由于连接平行轴的内啮合两轮的转动方向相同,故不影响轮系的传动比的符号,而外啮合两轮的传动方向相反,所以每经过一次外啮合就改变一次方向,如果轮系中有 m 次外啮合,则从输入轴到输出轴,其角速度方向应经过 m 次变化,因此这种轮系传动比的符号可用 $(-1)^m$ 来判定。对于图 6-1 所示的轮系,$m=3$,$(-1)^3=-1$,故

$$i_{15}=\frac{\omega_1}{\omega_5}=(-1)^3\frac{z_2z_3z_5}{z_1z_{2'}z_{3'}}=-\frac{z_2z_3z_5}{z_1z_{2'}z_{3'}}$$

轮系传动比的正、负号也可以用画箭头的方法来确定,如图 6-1 所示。

2) 轮系中所有齿轮的几何轴线不都平行,但首、尾两轮的轴线相互平行

如图 6-7 所示,这种轮系中不但包含了圆柱齿轮,而且还包含了锥齿轮这种空间齿轮传动(空间齿轮传动还包括蜗杆传动),由于这种轮系的轴线不都平行,不能说其两轮的转向是相同还是相反,所以这种轮系中各轮的转向必须在图上用箭头表示,而不能用 $(-1)^m$ 来确定。

设主动轮的转向已知,并用箭头方向代表齿轮可见一侧的圆周速度方向,则首、末轮及其他轮的转向关系可用箭头表示。因为任何一对啮合齿轮,在节点处圆周速度相同,则表示两轮转向的箭头应同时指向或背离节点。

由于该轮系的输入轴与输出轴互相平行,仍可在传动比的计算结果中加 "+" "-" 号来表示主、从动轮的转向关系。

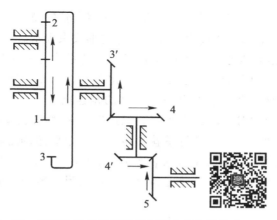

图 6-7 首、尾两轮的轴线相互平行的空间定轴轮系

　　3）轮系中首、尾两轮的几何轴线不平行

　　如图 6-8 所示，主动轮 1 和从动轮 5 的几何轴线不平行，它们分别在两个不同的平面内转动，转向无所谓相同或相反，故在计算公式中不再加正、负号，其转向关系只能用箭头表示在图上。

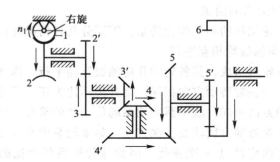

图 6-8　首、尾两轮的几何轴线不平行的空间定轴轮系

　　例 6-1　在图 6-8 所示的空间定轴轮系中，蜗杆的头数 $z_1 = 2$，右旋；蜗轮的齿数 $z_2 = 60$。$z_{2'} = 20$，$z_3 = 24$，$z_{3'} = 20$，$z_4 = 24$，$z_{4'} = 30$，$z_5 = 35$，$z_{5'} = 28$，$z_6 = 135$。若蜗杆为主动轮，其转速 $n_1 = 900$ r/min，试求齿轮 6 的转速 n_6 的大小和转向。（画箭头法）

　　解　根据定轴轮系传动比公式：

$$i_{16} = \frac{n_1}{n_6} = \frac{z_2 z_3 z_4 z_5 z_6}{z_1 z_{2'} z_{3'} z_{4'} z_{5'}} = \frac{60 \times 24 \times 24 \times 35 \times 135}{2 \times 20 \times 20 \times 30 \times 28} = 243$$

$$n_6 = \frac{n_1}{i_{16}} = \frac{900}{243} \text{ r/min} \approx 3.7 \text{ r/min}$$

　　由于此轮系为空间定轴轮系，故只能用画箭头的方法确定输出轴的转向，如图 6-8 所示。

6.2.2　周转轮系的传动比

　　在周转轮系中，由于其行星轮的运动不是绕定轴的简单转动，因此其传动比的计算不能像定轴轮系那样，直接以简单的齿数反比的形式来表示。

　　周转轮系与定轴轮系的根本区别在于周转轮系中有一个转动着的系杆，因此使行星轮既自转又公转。如果能够设法使系杆固定不动，那么周转轮系就可转化成一个定轴轮系。为此，假想给整个轮系加上一个公共的角速度（$-\omega_H$），由相对运动原理可知，周转轮系各构件间的相对运动并不改变。但此时系杆的角速度就变成了 $\omega_H - \omega_H = 0$，即系杆可视为静止不动。于是周转轮系就转换成了一个假想的定轴轮系。以图 6-9 所示的周转轮系为例来说明，设 ω_1、ω_2、ω_3 及 ω_H 为齿轮 1、2、3 及行星架 H 的绝对角速度。如果给该周转轮系加上一个角速度为（$-\omega_H$）的附加转动，则其各构件的转速变化情况见表 6-1。

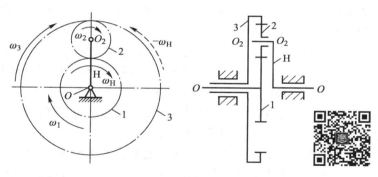

图 6-9 周转轮系

表 6-1 周转轮系转化机构中各构件的角速度

构件代号	原有角速度	在转化机构中的角速度（即相对于系杆的角速度）
1	ω_1	$\omega_1^{\mathrm{H}} = \omega_1 - \omega_{\mathrm{H}}$
2	ω_2	$\omega_2^{\mathrm{H}} = \omega_2 - \omega_{\mathrm{H}}$
3	ω_3	$\omega_3^{\mathrm{H}} = \omega_3 - \omega_{\mathrm{H}}$
H	ω_{H}	$\omega_{\mathrm{H}}^{\mathrm{H}} = \omega_{\mathrm{H}} - \omega_{\mathrm{H}} = 0$

表中 $\omega_{\mathrm{H}}^{\mathrm{H}} = \omega_{\mathrm{H}} - \omega_{\mathrm{H}} = 0$，表示这时系杆静止不动，而原来的周转轮系变为定轴轮系了，如图 6-10 所示。

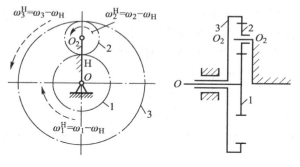

图 6-10 转化轮系

角速度 ω_1^{H}、ω_2^{H}、ω_3^{H} 及 $\omega_{\mathrm{H}}^{\mathrm{H}}$ 分别表示构件 1、2、3 及 H 相对于构件 H 的相对角速度。经加上附加转动后所得的机构称为原来周转轮系的"转化机构"。转化机构中任意两轮的传动比均可用定轴轮系的方法求得，例如，

$$i_{13}^{\mathrm{H}} = \frac{\omega_1^{\mathrm{H}}}{\omega_3^{\mathrm{H}}} = \frac{\omega_1 - \omega_{\mathrm{H}}}{\omega_3 - \omega_{\mathrm{H}}} = -\frac{z_3}{z_1}$$

式中齿数比前的"$-$"号表示在转化机构中齿轮 1 和齿轮 3 的转向相反。

上式表明，在三个活动构件 1、3 及 H 中，必须知道任意两个构件的运动（例如 ω_3 和 ω_{H}），才能求出第三个构件的运动（例如 ω_1），从而构件 1、3 之间的传动比 $i_{13} = \omega_1/\omega_3$ 和构件 1、H 之间的传动比 $i_{1\mathrm{H}} = \omega_1/\omega_{\mathrm{H}}$ 便也完全确定了。

根据上述原理可知，在一般情况下，任何周转轮系中的任意两个齿轮 A 和 B（包括 A、B 中可能有一个是行星轮的情况）以及机架 H 的角速度之间的关系应为

$$i_{AB}^{H} = \frac{\omega_{A}^{H}}{\omega_{B}^{H}} = \frac{\omega_{A}-\omega_{H}}{\omega_{B}-\omega_{H}} = (\pm) \frac{转化轮系从 A 到 B 所有从动轮齿数的乘积}{转化轮系从 A 到 B 所有主动轮齿数的乘积} \quad (6\text{-}2)$$

上式中 i_{AB}^{H} 是转化机构中 A 轮主动、B 轮从动时的传动比，其大小和正负完全按定轴轮系的方法求出，计算时要特别注意转化机构传动比的正、负号，它不仅表明在转化机构中齿轮 A 和 B 转向之间的关系，而且直接影响周转轮系传动比的大小和方向。其中 ω_{A}、ω_{B} 及 ω_{H} 是周转轮系中各基本构件的真实角速度。对于差动轮系，若已知的两个转速方向相反，则代入公式时一个用正值而另一个用负值，这样求出的第三个转速就可按其符号来确定转动方向。

式（6-2）也适用于由锥齿轮所组成的周转轮系，不过 A、B 两个中心轮和系杆 H 的轴线必须互相平行，且其转化机构传动比的正、负号必须用画箭头的方法来决定。

对于行星轮系，由于它的一个中心轮（例如齿轮 B）固定不动，所以由式（6-2）得

$$i_{AB}^{H} = \frac{\omega_{A}^{H}}{\omega_{B}^{H}} = \frac{\omega_{A}-\omega_{H}}{\omega_{B}-\omega_{H}} = \frac{\omega_{A}-\omega_{H}}{0-\omega_{H}} = 1 - \frac{\omega_{A}}{\omega_{H}} = 1 - i_{AH}$$

故

$$i_{AH} = 1 - i_{AB}^{H} \quad (6\text{-}3)$$

上式表明：活动齿轮 A 对行星架 H 的传动比等于 1 减去行星架 H 固定时活动齿轮 A 对原固定中心轮 B 的传动比。熟记这个公式，解题时就可以很方便地直接套用。

例 6-2 在如图 6-11 所示的轮系中，若已知各轮齿数 $z_1 =$ 50，$z_2 = 30$，$z_{2'} = 20$，$z_3 = 100$；且已知轮 1、轮 3 的转速分别为 $n_1 = 100$ r/min、$n_3 = 200$ r/min。试分别求：当 n_1、n_3 分别为同向和异向时行星架 H 的转速及转向。

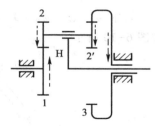

图 6-11 2K-H 型周转轮系

解 这是一个周转轮系，因两中心轮都不固定，其自由度为 2，故属差动轮系。现给出了两个原动件的转速 n_1、n_3，故可以求得 n_H。根据转化轮系基本公式可得

$$i_{13}^{H} = \frac{n_1^{H}}{n_3^{H}} = \frac{n_1-n_H}{n_3-n_H} = (-1)^{m} \frac{z_2 z_3}{z_1 z_{2'}} = -\frac{30 \times 100}{50 \times 20} = -3$$

齿数比前的符号确定方法同前，即按定轴轮系传动比计算公式来确定符号。在此，$m=1$，故取负号。

（1）当 n_1、n_3 同向时，它们的符号相同，都取为正，代入上式得

$$\frac{100-n_H}{200-n_H} = -3$$

求得

$$n_H = 175 \text{ r/min}$$

由于 n_H 符号为正，说明 n_H 的转向与 n_1、n_3 的相同。

（2）当 n_1、n_3 异向时，它们的符号相反，取 n_1 为正、n_3 为负，代入上式可以求得

$$n_H = -125 \text{ r/min}$$

由于 n_H 符号为负，说明 n_H 的转向与 n_1 相反，而与 n_3 相同。

例 6-3 图 6-12 所示的行星轮系中，已知各轮齿数为 $z_1 = 100$、$z_2 = 101$、$z_{2'} = 100$，试求以下条件的传动比 i_{H1}：（1）$z_3 = 99$；（2）$z_3 = 100$。

解 由式（6-3）得

即
$$i_{1H} = 1 - i_{13}^H = 1 - \frac{z_2 z_3}{z_1 z_{2'}}$$

（1）当 $z_3 = 99$ 时，

$$i_{1H} = 1 - i_{13}^H = 1 - \frac{101 \times 99}{100 \times 100} = \frac{1}{10\,000}$$

$$i_{H1} = \frac{1}{i_{1H}} = 10\,000$$

（2）当 $z_3 = 100$ 时，

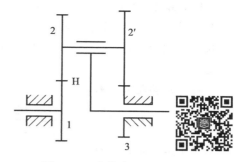

图 6-12 大传动比行星轮系

$$i_{1H} = 1 - i_{13}^H = 1 - \frac{101 \times 100}{100 \times 100} = -\frac{1}{100}$$

$$i_{H1} = \frac{1}{i_{1H}} = -100$$

从本例可以看出，行星轮系可以用少数齿轮得到很大的传动比，故比定轴轮系结构紧凑，但传动比越大，其机械效率越低。一般用于减速传动，用于增速传动时将发生自锁。在本例（2）中，同样结构的行星轮系，当其一轮的齿数变动了一个齿，轮系的传动比则变动了 100 倍，且传动方向发生改变。这与定轴轮系不同。

6.2.3 复合轮系的传动比

前述可知，在实际机械中，除了广泛应用单一的定轴轮系和单一的周转轮系外，还大量用到由基本周转轮系与定轴轮系或者几个基本周转轮系组合而成的复合轮系。对于这样复杂的轮系不能直接套用前述有关定轴轮系和周转轮系的公式，计算复合轮系传动比的正确方法如下：

（1）首先将各个基本轮系正确地区分开。

（2）找出各基本轮系之间的联系。

（3）分别列出计算各个基本轮系传动比的计算公式。

（4）将各基本轮系传动比计算式联立求解，即可求出复合轮系的传动比。

从复合轮系中找定轴轮系及基本周转轮系的方法如下：

首先要找出各个单一的周转轮系，具体的方法：先找行星轮，即找出那些几何轴线不固定而是绕其他定轴齿轮几何轴线转动的齿轮。当找出行星轮后，那么支持行星轮的构件就是系杆。而几何轴线与系杆回转轴线重合且直接与行星轮相啮合的定轴齿轮就是中心轮。由这些行星轮、中心轮、系杆及机架便组成一个基本周转轮系。重复上述过程，直至将所有周转轮系均一一找出。区分出各个基本的周转轮系后，剩余的那些定轴齿轮和机架便组成一个或多个定轴轮系。

例 6-4 在图 6-13 所示的轮系中，设已知各轮的齿数为 $z_1 = 30$、$z_2 = 30$、$z_3 = 90$、$z_{1'} = 20$、$z_4 = 30$、$z_{3'} = 40$、$z_{4'} = 30$、$z_5 = 15$。试求轴 I 、轴 II 之间的传动比 i_{4H}。

解 这是一个复合轮系。首先将各个基本轮系区分开，从图中可以看出：齿轮 2 的几何轴线不固定，它是一个行星轮；支承该行星轮的构件 H 即为系杆；而与行星轮 2 相啮合的定轴齿轮 1、3 为中心轮。因此，齿轮 1、2、3 和系杆 H 组成一个基本周转轮系，它是一个差动轮系，剩余的由定轴齿轮 4、4′、5、1′、3′所组成的轮系为一定轴轮系。

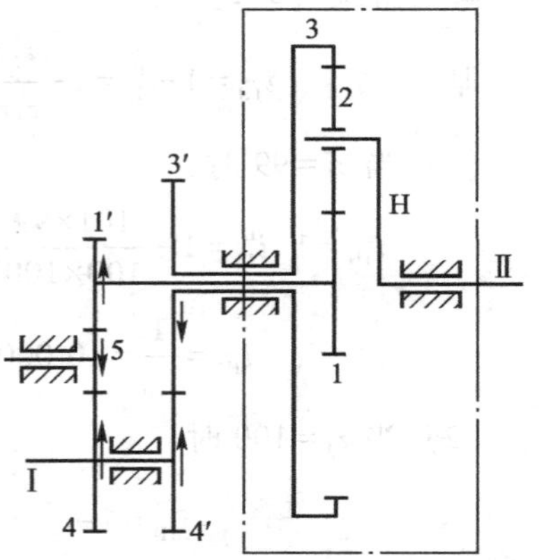

对于差动轮系，有

$$i_{13}^H = \frac{n_1 - n_H}{n_3 - n_H} = -\frac{z_3}{z_1} = -\frac{90}{30} = -3 \quad (1)$$

对于定轴轮系，有

$$i_{41'} = \frac{n_4}{n_{1'}} = \frac{z_{1'}}{z_4} = \frac{20}{30} = \frac{2}{3}$$

即

$$n_{1'} = \frac{3}{2}n_4 \quad (2)$$

$$i_{43'} = \frac{n_4}{n_{3'}} = -\frac{z_{3'}}{z_{4'}} = -\frac{40}{30} = -\frac{4}{3}$$

即

$$n_{3'} = -\frac{3}{4}n_4 \quad (3)$$

且 $n_{1'} = n_1$，$n_{3'} = n_3$。代入（1）式，可得

$$\frac{\frac{3}{2}n_4 - n_H}{-\frac{3}{4}n_4 - n_H} = -3$$

因此，

$$i_{4H} = \frac{n_4}{n_H} = -\frac{16}{3} \approx -5.33$$

负号表明轴Ⅰ、Ⅱ转向相反。

例 6-5 图 6-14 所示为汽车后桥差速器。设已知各轮齿数，且 $z_3 = z_5$，求当汽车直线行驶或转弯时，其左、右两后轮的转速 n_3、n_5 与齿轮 2 的转速 n_2 的关系。

图 6-13 串联复合轮系

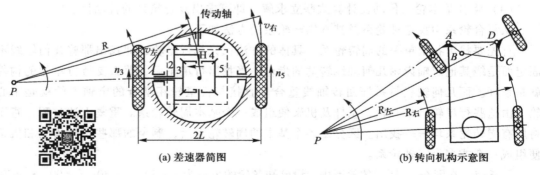

(a) 差速器简图 　　　　　　(b) 转向机构示意图

图 6-14 汽车后桥差速器

解 此差速器是由一个定轴轮系（齿轮 1、2）和一个差动轮系（齿轮 3、4、5 和系杆 2）组成的复合轮系。

对于定轴轮系 1、2，有

$$i_{12} = \frac{n_1}{n_2} = \frac{z_2}{z_1}$$

即

$$n_2 = \frac{z_1}{z_2} n_1$$

对于差动轮系 3、4、5、2，有

$$i_{35}^{H} = \frac{n_3 - n_2}{n_5 - n_2} = -\frac{z_5}{z_3} = -1$$

即

$$n_2 = \frac{n_3 + n_5}{2}$$

当汽车在平坦的道路上直线行驶时，左、右两车轮滚过的路程相等，所以转速也相等，因此 $n_3 = n_5 = n_2$，即轮 3 和轮 5 之间没有相对运动，轮 2 不绕自己的轴线转动，此时轮 3、4、5 成一整体，由齿轮 2 带动一起转动。

当汽车如图左转弯时（转动中心为 P），由于左、右轮行走轨迹的曲率半径分别为 $R-L$ 和 $R+L$，所以左、右两轮的转速不等。因此，

$$\frac{n_3}{n_5} = \frac{R-L}{R+L}$$

即可得

$$n_3 = \frac{R-L}{R} n_2, \quad n_5 = \frac{R+L}{R} n_2$$

此时齿轮 4 的转速 n_4 通过差动轮系分解为轮 3 和轮 5 的两个独立的转动。

6.3 轮系的功用

轮系在实际机械中应用非常广泛，其主要功用有以下几点。

1. 大传动比的齿轮传动

由式（6-1）可知，只须适当选择齿轮的对数和各轮的齿数，即可得到一个所需的大传动比传动。除了用定轴轮系以外，也可采用周转轮系和复合轮系，在例 6-3 中采用少齿差的四个齿轮组成行星轮系，实现了传动比为 10 000 的大传动比齿轮传动。又如图 6-15 所示的复合轮系，它是由一锥齿轮差动轮系被两个定轴轮系封闭而成，其减速比更大，竟达 1 980 000：1。

2. 较远距离的齿轮传动

如图 6-16 所示，当输入轴 Ⅰ 和输出轴 Ⅳ 的距离较远而传动比却不大，或仅用一对齿轮 1' 和 4' 来传动时，两轮的尺寸一定很大，如图中的虚线所示，这是很不合理的。为此我们可用一系列的齿轮将该两轴连接起来，如图中的实线所示，这样既可节省材料和

成本，又可减少机构所占的空间。当然，替代轮系的 i_{14} 和原轮系的 $i_{1'4'}$ 的大小和方向均应当相同。

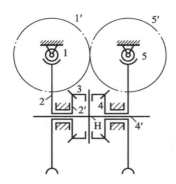

图 6-15 大速比减速器

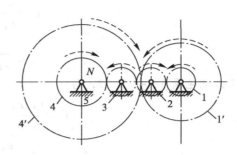

图 6-16 较远距离的齿轮传动

3. 变速与换向的齿轮传动

机器原动机的转速是常数，而执行机构的转速往往因工作需要必须随时变换。这时可采用几个定轴齿轮来达到这个目的。例如在图 6-17 所示的汽车齿轮变速箱中，牙嵌离合器的 x 部分与轮 1 固连在输入轴 I 上。牙嵌离合器的 y 部分则和双联齿轮 4-6 用滑键与输出轴 III 相连。齿轮 2、3、5、7 固连在中间轴 II 上，而齿轮 8 则固连在另一中间轴 IV 上。1 和 2 及 8 和 7 分别互相啮合，图中括弧内的数字为各轮的齿数，且设 $n_1 = 1\,000$ r/min。这样，当拨动双联齿轮到不同的位置时，便可得到四种不同的输出转速：

速度 1：

速度 2：

当 x、y 分开时：

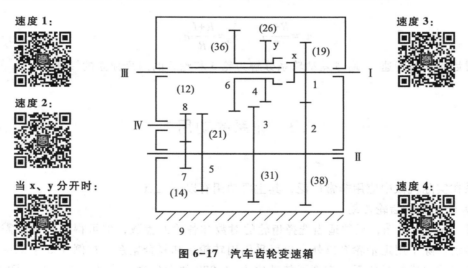

速度 3：

速度 4：

图 6-17 汽车齿轮变速箱

（1）当向右移动双联齿轮使 x 与 y 接合时，$n_{III} = n_I = 1\,000$ r/min，这时汽车以高速前进；

（2）当向左移动双联齿轮使 4 和 3 啮合时，运动经齿轮 1、2、3、4 传给轴 III，故 $n_{III} = n_I [z_1 z_3 / (z_2 z_4)] = 1\,000 \times [19 \times 31 / (38 \times 26)]$ r/min = 596 r/min，这时汽车以中速前进；

（3）当向左移动双联齿轮使齿轮 6 和 5 啮合时，$n_{III} = n_I [z_1 z_5 / (z_2 z_6)] = 1\,000 \times [19 \times 21 / (38 \times 36)]$ r/min = 292 r/min，这时汽车以低速前进；

（4）当再向左移动双齿轮使齿轮 6 与 8 啮合时，$n_{\text{III}} = n_1 [-z_1z_7/(z_2z_6)] = 1\,000 \times [-19 \times 14/(38 \times 36)]$ r/min $= -194$ r/min，这时汽车以最低速倒车。

图 6-18 所示为车床走刀丝杠上的三星轮换向机构，其中带有转动手柄的构件 A 可绕轮 1 的轴线回转。在图 6-18a 所示的位置时，齿轮 1 通过齿轮 2、3 将运动传递给齿轮 4，从动轮 4 与主动轮 1 的转向相反；当转动手柄使机构转到图 6-18b 所示的位置时，齿轮 3 不参与传动，齿轮 1 通过齿轮 2 传递运动，此时齿轮 4 与齿轮 1 的转向相同，使机构在主动轴转向不变的条件下实现了换向传动。

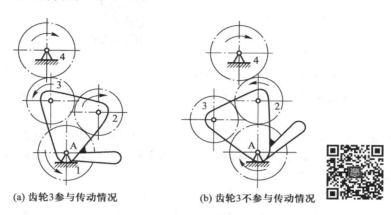

(a) 齿轮3参与传动情况　　　　(b) 齿轮3不参与传动情况

图 6-18　三星轮换向机构

此外，差动轮系和复合轮系也可以实现变速、变向传动。如习题中图 6-39 所示的汽车自动变速器中的预选式行星变速器就是由两个差动轮系串联构成的变速、变向机构。

4.实现分路传动

有一个动力源的机械中，常常需要使其几个执行构件配合起来完成预期的动作，这时可采用定轴轮系作为几分路传动来实现。图 6-19 所示的滚齿机工作台就是一例。电动机带动主动轴转动经由齿轮 1 和 3，分两路把运动传给滚刀 A 和轮坯 B，从而使刀具和轮坯之间具有确定的对滚关系。如图 6-20 所示的某航空发动机附件传动系统，主轴的转动通过此轮系可使附件系统的 6 个从动轴同时以不同转速转动，通过适当设计各传动齿轮的齿数，可以获得从动轴需要的转速。

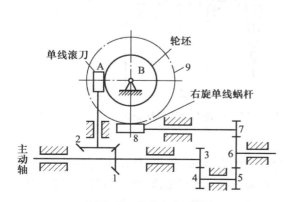

图 6-19　滚齿机工作台

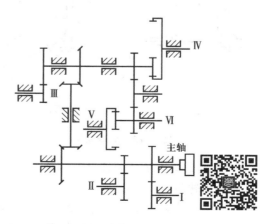

图 6-20　某航空发动机附件传动系统

5. 实现运动的合成与分解

如前所述，差动轮系有两个自由度。利用差动轮系的这一特点，可以把两个运动合成为一个运动。

图 6-21 所示的差动轮系是由锥齿轮所组成的，就常被用来进行运动的合成。在该轮系中，因两个中心轮的齿数相等，即 $z_1 = z_3$，

故

$$i_{13}^H = \frac{n_1 - n_H}{n_3 - n_H} = -\frac{z_3}{z_1} = -1$$

即

$$n_H = \frac{1}{2}(n_1 + n_3)$$

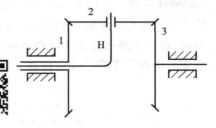

图 6-21　运动的合成与分解

上式说明，系杆 H 的转速是两个中心轮转速的合成，这种轮系可用作加法机构，实现运动合成，广泛地应用于机床、计算机构和补偿装置中。

差动轮系不仅能将两个独立的运动合成为一个运动，而且还可以将一个基本构件的输入运动分解为另两个基本构件的输出转动，两个输出转动之间的分配由附加的约束条件确定，如例 6-5 的汽车后桥差速器。

6. 实现结构紧凑，且尺寸及重量较小的大功率传动

周转轮系中常采用多个均布的行星轮来同时传动，如图 6-22 所示，这种结构可平衡各啮合点处的径向分力和行星轮公转所产生的离心惯性力，减小主轴承内的作用力以增加运转平稳性，实现大功率传动，提高传动效率。

图 6-23 所示为某涡轮螺旋桨发动机主减速器的传动简图，由于采用多个行星轮，加上分路传递功率，故能够在较小的外廓尺寸下传递大的功率。大功率传动目前广泛采用周转轮系或复合轮系，在动力传动用的行星减速器中几乎均为内啮合，同时它的输入轴和输出轴在同一轴线上，可以减小径向尺寸。

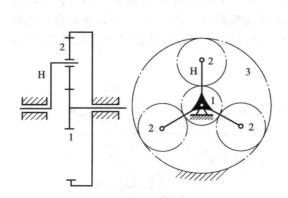

图 6-22　周转轮系

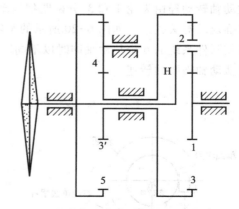

图 6-23　涡轮螺旋桨发动机主减速器传动简图

7. 实现复杂的轨迹运动和刚体导引

在周转轮系中，由于行星轮的运动是自转与公转的合成运动，行星轮上各点的运动轨迹是许多形状和性质不同的摆线或变态摆线，可以满足一些特殊的需要，而且可以得到较高的行星轮转速，故工程实际中的一些装备直接利用了行星轮的这一特有的运动特点，来

实现机械执行构件的复杂运动。

例如图 6-24 所示的采用行星搅拌机构所做的搅拌器，就是将搅拌装置与行星轮连接为一体，通过行星轮实现复杂的复合运动，以增强搅拌效果。在纺织工业中用来加工生产各种图案的纺织机械以及一些间歇运动机构中，经常用到行星轮上任一点的运动轨迹，实现形状各异的复杂轨迹输出。同样也可利用轮系实现刚体导引，完成诸如自动车床下料机械手的传送工作。

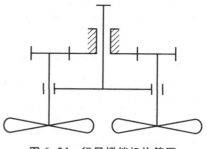

图 6-24　行星搅拌机构简图

6.4　轮系的设计

6.4.1　定轴轮系的设计

1. 定轴轮系类型的选择

在一个定轴轮系中可同时包含直齿圆柱齿轮、平行轴斜齿轮、交错轴斜齿轮、蜗杆蜗轮和锥齿轮机构等。在设计定轴轮系时，应根据工作要求和使用场合恰当地选择轮系的类型。一般来说，除了满足基本的使用要求外，还应考虑机构的外廓尺寸、效率、重量、成本等因素。

例如，用于高速、重载场合时，为了减小传动冲击、振动和噪声，提高传动性能，选用平行轴斜齿轮组成的轮系比选用直齿圆柱齿轮组成的轮系更好；当需要转换运动轴线方向或改变从动轴转向时，选择含有锥齿轮传动的定轴轮系可满足这一要求；当用于功率较小、速度不高但需要满足空间交错轴之间的交错角为任意值的传动时，可选用含有交错轴斜齿轮传动的定轴轮系；当要求传动比大、结构紧凑或用于分度、微调及自锁要求的场合时，应选择含有蜗杆传动的定轴轮系。

2. 各轮齿数的确定

要确定定轴轮系中各轮的齿数，关键在于合理地分配轮系中各对齿轮的传动比。当考虑问题的角度不同时就有不同的传动比分配方案。

分配时应注意以下几方面的问题：

（1）每一级齿轮的传动比要在其常用范围内选取。如单级圆柱齿轮传动，其合理传动比范围为 3~5，最大值为 8；单级锥齿轮传动，其合理传动比范围为 2~3，最大值为 5；单级蜗杆传动，其合理传动比范围为 10~40，最大值为 80。

（2）当轮系的传动比过大时，为了减小外廓尺寸和改善传动性能，通常采用多级传动。当齿轮传动的传动比大于 8 时，一般应设计成两级传动；当传动比大于 30 时，常设计成两级以上齿轮传动。

（3）当轮系为减速传动时（工程实际中的大多数情况），按照"前小后大"的原则分配传动比较有利。同时，为了使机构外廓尺寸协调和结构匀称，相邻两级传动比的差值不宜过大。运动链这样逐级减速,与其他传动比分配方案相比,可使各级中间轴有较高的转速和较小的扭矩,因而轴及轴上的传动零件可有较小的尺寸,从而获得较为紧凑的结构。

(4) 当设计闭式齿轮减速器时,为了方便润滑,应使各级传动中的大齿轮都能浸入油池,且浸入的深度应大致相等,以防止某个大齿轮浸油过深而增加搅油损耗。根据这一条件分配传动比时,高速级的传动比应大于低速级的传动比,通常取 $i_{高} = (1.3 \sim 1.4) i_{低}$。

由以上分析可见:当考虑问题的角度不同时,就有不同的传动比分配方案。因此,在具体分配定轴轮系各级传动比时,应根据不同条件进行具体分析,不能简单地生搬硬套某种原则。一旦根据具体条件合理地分配了各对齿轮传动的传动比,就可根据各对齿轮的传动比来确定每一个齿轮的齿数。

6.4.2   周转轮系的设计

1. 周转轮系类型的选择

轮系类型的选择主要从传动比范围、效率高低、结构复杂程度以及外廓尺寸等几方面综合考虑。

(1) 当设计的轮系主要用于传递运动时,首先要考虑能否达到工作要求的传动比,其次兼顾效率、结构复杂程度、外廓尺寸和重量。

设计轮系时,若工作要求的传动比不太大,则可根据具体情况选用转化机构的传动比为负的基本周转轮系;若希望获得比较大的传动比又不致机构外廓尺寸过大,则可考虑选用复合轮系;若设计的轮系是用于传动比大而对效率要求不高的场合,则可考虑选用转化机构的传动比为正的基本周转轮系。

(2) 当设计的轮系主要用于传递动力时,首先要考虑机构效率的高低,其次兼顾效率、结构复杂程度、外廓尺寸和重量。

2. 周转轮系中各轮齿数的选择

如前所述,周转轮系是一种共轴式(即输出轴线与输入轴线重合)的传动装置,并且又采用了几个完全相同的行星轮均布在中心轮的四周。因此设计周转轮系时,其各轮齿数和行星轮数的选择必须满足下列四个条件,方能装配起来并正常运转和实现给定的传动比。现用图 6-25b 所示的周转轮系为例说明如下。

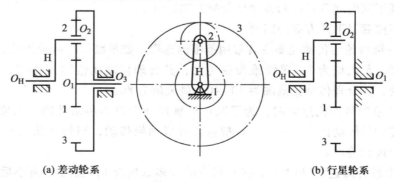

(a) 差动轮系   (b) 行星轮系

图 6-25   基本周转轮系

1）传动比条件

传动比条件即所设计的周转轮系必须能实现给定的传动比 i_{1H}。对于上述的周转轮系，其各轮齿数的选择可按以下方法确定：

由式（6-3）得

$$i_{1H} = 1 - i_{13}^H = 1 + \frac{z_3}{z_1}$$

则
$$z_3 = (i_{1H} - 1)z_1 \tag{6-4}$$

2）同心条件

同心条件即系杆的回转轴线应与中心轮的几何轴线相重合。对于所研究的行星轮系，如果采用标准齿轮，则同心条件是轮 1 和轮 2 的中心距（$r_1 + r_2$）应等于轮 3 和轮 2 的中心距（$r_3 - r_2$）。又由于轮 2 同时与轮 1 和轮 3 啮合，它们的模数应相同，因此

$$\frac{m(z_1 + z_2)}{2} = \frac{m(z_3 - z_2)}{2}$$

则
$$z_2 = \frac{z_3 - z_1}{2} = \frac{z_1(i_{1H} - 2)}{2} \tag{6-5}$$

上式表明两中心轮的齿数应同时为偶数或同时为奇数。

3）装配条件

设计周转轮系时，其行星轮的数目和各轮的齿数必须合理选择，否则便装配不起来。因为当第一个行星轮装好后，中心轮 1 和 3 的相对位置便确定了；又因为均匀分布的各行星轮的中心位置也是确定的，所以在一般情形下其余行星轮的齿便有可能不能同时插入内、外两中心轮的齿槽中，也可能无法装配起来。为了能够装配起来，设计时应使行星轮数和各轮齿数之间满足一定的装配条件。对于所研究的行星轮系，其装配条件可按如下方法求：

如图 6-26 所示，设 K 为均匀分布的行星轮数，则相邻两行星轮所夹的中心角为 $\frac{2\pi}{K}$。现将第一个行星轮在位置 I 装入，然后固定中心轮 3，并沿逆时针方向使行星架转过 $\varphi_H = \frac{2\pi}{K}$ 达到位置 II，这时中心轮 1 转过角 φ_1。

由于

$$\frac{\varphi_1}{\varphi_H} = \frac{\varphi_1}{2\pi/K} = \frac{\omega_1}{\omega_H} = i_{1H}$$

则
$$\varphi_1 = \frac{2\pi}{K} i_{1H}$$

如果这时在位置 I 又能装入第二个行星轮，则这时中心轮 1 在位置 I 的轮齿相位应与它回转角 φ_1 之前在该位置时的轮齿相位完全相同，也就是说角 φ_1 必须刚好是 N 个轮齿（亦即 N 个周节）所对的中心角，故

$$\varphi_1 = N \frac{2\pi}{z_1}$$

式中：$\frac{2\pi}{z_1}$ 为齿轮 1 的一个齿距所对的中心角，而 N 为某一个正整数。

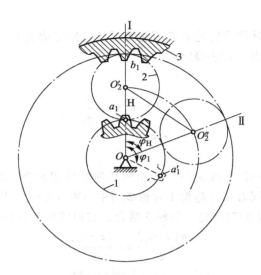

图 6-26　周转轮系的装配条件

解以上两式得

$$N = \frac{z_1}{K} i_{1H} = \frac{z_1 + z_3}{K} \qquad (6\text{-}6)$$

当行星轮数和各轮的齿数满足上式的条件时，就可以在位置 I 装入第二个行星轮。同理，当第二个行星轮转到位置 II 时，又可以在位置 I 装入第三个行星轮，其余以此类推。上式表明，这个行星轮系两中心轮的齿数之和应为行星轮数的整数倍。

4）邻接条件

为了保证行星轮系能够运动，其相邻两行星轮的齿顶圆不得相交，这个条件称为邻接条件。由图 6-26 可见，这时相邻两行星轮的中心距应大于行星轮的齿顶圆直径 d_{a2}。若采用标准齿轮，其齿顶高系数为 h_a^*，则

$$2(r_1 + r_2)\sin\frac{\pi}{K} > 2(r_2 + h_a^* m)$$

将 $r_1 = \frac{z_1 m}{2}$ 和 $r_2 = \frac{z_2 m}{2}$ 代入上式并整理后得

$$z_2 < \frac{z_1 \sin\dfrac{\pi}{K} - 2h_a^*}{1 - \sin\dfrac{\pi}{K}} \qquad (6\text{-}7)$$

为了设计时便于选择各轮的齿数，通常又把前三个条件合并为一个总的配齿公式。由式（6-4）、式（6-5）、式（6-6）三式得

$$z_1 : z_2 : z_3 : N = z_1 : \frac{z_1(i_{1H} - 2)}{2} : z_1(i_{1H} - 1) : \frac{z_1 i_{1H}}{K} \qquad (6\text{-}8)$$

确定齿数时，应根据上式选定 z_1 和 K。选择时必须使 N、z_2 和 z_3 均为正整数。确定各轮齿数和行星轮数后，再代入式（6-7）验算是否满足邻接条件。如果不满足，则应减少行星轮数或增加齿轮的齿数。

6.5 其他类型的行星传动简介

6.5.1 渐开线少齿差行星传动

图 6-27 所示为渐开线少齿差行星传动的简图。其中，齿轮 1 为固定中心内齿轮，齿轮 2 为行星轮，运动由系杆 H 输入，通过等角速比机构由轴 V 输出。

这种传动的传动比可用式（6-2）求出：

$$i_{21}^{H} = \frac{n_2 - n_H}{n_1 - n_H} = +\frac{z_1}{z_2}, \quad 即 \frac{n_2 - n_H}{0 - n_H} = \frac{z_1}{z_2}$$

解得 $i_{2H} = 1 - \dfrac{z_1}{z_2} = \dfrac{z_2 - z_1}{z_2} = -\dfrac{z_1 - z_2}{z_2}$，故

$$i_{HV} = i_{H2} = \frac{1}{i_{2H}} = -\frac{z_2}{z_1 - z_2} \qquad (6\text{-}9)$$

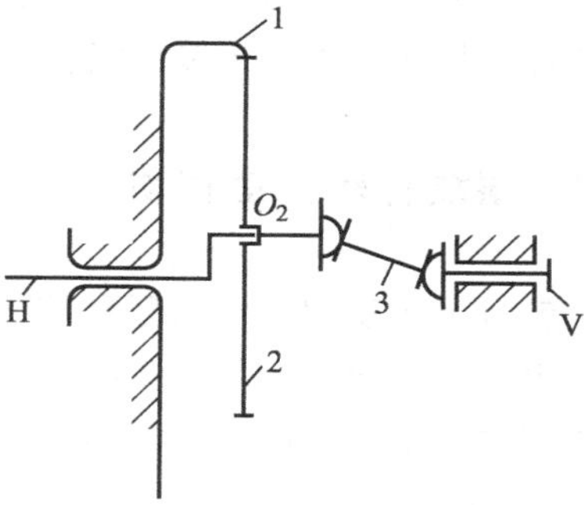

由上式可知，两轮齿数差越小，传动比越大。通常齿数差为 1~4。当齿数差 $z_1 - z_2 = 1$ 时，称为一齿差行星传动，这时传动比有最大值：$i_{HV} = -z_2$。

图 6-27 渐开线少齿差行星传动的简图

在渐开线少齿差行星传动中，由于行星轮 2 除了自转外还有随系杆 H 的公转运动，故其中心 O_2 不可能固定在一点。为了将行星轮的运动不变地传递给具有固定回转轴线的输出轴 V，需在二者间安装一能实现等角速比传动的输出机构。目前最常用的是图 6-28 所示的双盘销轴式输出机构。

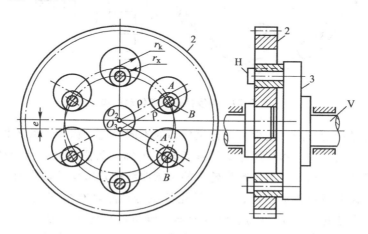

图 6-28 双盘销轴式输出机构

图中 O_2、O_3 分别为行星轮 2 和输出轴圆盘的中心。在输出轴圆盘上，沿半径为 ρ 的圆周上均匀分布有若干个轴销（一般为 6~12），轴销中心在点 B。在销的外边套有半径为

r_x 的滚动销套。将带有销套的轴销对应插入行星轮轮辐上中心为点 A、半径为 r_k 的销孔内，若设计时取系杆的偏距 $e=r_k-r_x$，则 O_2、O_3、A、B 将构成平行四边形 O_2ABO_3。由于在运动过程中，位于行星轮上的 O_2A 和位于输出轴圆盘上的 O_3B 始终保持平行，故输出轴 V 将始终与行星轮 2 等速同向转动。

　　渐开线少齿差行星传动的特点：传动装置的优点是传动比大（一级减速传动比可达 100，二级减速传动比可达 10 000）、结构简单紧凑、体积小、重量轻、加工装配及维修方便、传动效率高（可达 80%～87%），因此在起重运输、仪表、轻化、食品工业等领域广泛采用；它的缺点是齿数差小，又是内啮合传动，一般需采用啮合角很大的正传动，从而导致轴承压力增大。同时啮合的齿数少、承载能力较低，而且为了避免干涉，必须进行复杂的变位计算。加之还需一个输出机构，故一般用于中、小功率传动。

6.5.2　摆线针轮行星传动

　　摆线针轮行星传动的工作原理和结构与渐开线少齿差行星传动基本相同。如图 6-29 所示，它也由行星架 H、行星轮 2 和内齿轮 1 组成。行星轮的运动也依靠等角速比的销孔输出机构传到输出轴上。因为这种传动的齿数差总是等于 1，所以其传动比为

$$i_{HV}=i_{H2}=\frac{1}{i_{2H}}=-\frac{z_2}{z_1-z_2}=-z_2 \tag{6-10}$$

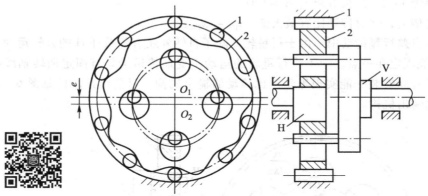

图 6-29　摆线针轮行星传动机构

　　摆线针轮行星传动与渐开线少齿差行星传动的不同处在于齿廓曲线不同。在渐开线少齿差行星传动中，内齿轮 1 和行星轮 2 都是渐开线齿廓；而摆线针轮行星传动中，齿轮 1 的内齿是带套筒的圆柱销形针齿，行星轮 2 的齿廓曲线则是短幅外摆线的等距曲线。

　　与渐开线少齿差行星传动不同，摆线针轮行星传动除具有减速比大（一般可达 $i_{HV}=$ 9～115，多级可获得更大的减速比）、结构紧凑、传动效率高（一般可达 90%～94%）、体积小、重量轻的优点之外，还因为同时承担载荷的齿数多，齿廓之间为滚动摩擦，所以传动平稳、承载能力大、轮齿磨损小、使用寿命长。此外，与渐开线少齿差行星传动相比，无齿顶相碰和齿廓重叠干涉等问题。因此，摆线针轮行星传动被广泛地应用于军工、矿山、冶金、化工及造船等工业的机械设备上。

　　这种传动的缺点是加工工艺较为复杂，精度要求较高，必须用专用机床和刀具来加工摆线齿轮。

6.5.3　谐波齿轮传动

　　谐波齿轮传动是建立在弹性变形理论基础上的一种新型传动，它是利用机械波使薄壁齿圈产生弹性变形来达到传动目的的。谐波齿轮传动的主要组成部分如图 6-30 所示。H 为波发生器，相当于行星架；1 为刚轮，相当于中心轮；2 为柔轮，相当于行星轮。行星架 H 的外缘尺寸大于柔轮内孔直径，所以将它装入柔轮内孔后柔轮即变成椭圆形。椭圆长轴处的轮齿与刚轮相啮合，而椭圆短轴处的齿轮与之脱开，其他各点则处于啮合和脱离的过渡阶段。

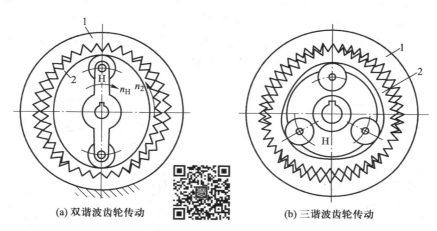

(a) 双谐波齿轮传动　　　　　　　　　　(b) 三谐波齿轮传动

图 6-30　谐波齿轮传动

1—刚轮；2—柔轮

　　一般刚轮固定不动，当主动件波发生器 H 回转时，柔轮与刚轮的啮合区也就跟着转动。由于柔轮比刚轮少 (z_1-z_2) 个齿，所以当波发生器转一周时，柔轮相对刚轮沿相反方向转过 (z_1-z_2) 个齿的角度，即反转 $\dfrac{z_1-z_2}{z_2}$ 周，因此得传动比 i_{H2} 为

$$i_{H2}=\frac{n_H}{n_2}=-\frac{z_2}{z_1-z_2} \tag{6-11}$$

该式和渐开线少齿差行星传动的传动比公式完全一样。主、从动件转向相反。

　　当柔轮 2 固定，波发生器 H 为原动件，刚轮 1 为从动件时，其传动比为

$$i_{H1}=\frac{n_H}{n_1}=\frac{z_1}{z_1-z_2} \tag{6-12}$$

此时，主、从动件转向相同。

　　按照波发生器上的滚轮数不同，可有双波传动（图 6-30a）和三波传动（图 6-30b）等，而最常用的是双波传动。谐波传动的齿数差应等于波数或波数的整数倍。

　　谐波齿轮传动装置除传动比大（一级传动传动比范围为 50～500，二级可达 2 500～25 000）、体积小、重量轻和效率高（单级传动可达 69%～96%）外，因为不需要等角速

比机构，结构更为简单；它同时啮合的齿数很多，承载能力大，传动平稳；齿侧间隙小，适用于正反向传动。其缺点是柔轮周期性地发生变形，容易发热，需用抗疲劳强度很高的材料，且对加工和热处理的要求都很高，否则极易损坏。为了避免柔轮变形太大，在传动比小于 35 时不宜采用。目前，谐波传动已应用于造船、机器人、机床、仪表装置和军事装备等各个方面。

6.5.4 活齿传动

活齿传动与谐波齿轮传动一样，不需要专门的输出机构。图 6-31 所示为柱销式活齿传动。其中偏心盘 1 为主动件，当其沿顺时针方向转动时，推动柱销 2 沿径向移动，当保持架 3 固定时，在柱销 2 的齿廓和内齿圈 4 的齿廓的相互作用下，将迫使内齿圈 4 沿逆时针方向回转。相反，若内齿圈 4 固定，则将迫使保持架 3 也沿顺时针方向回转。图 6-32 所示为滚珠（或滚柱）式活齿传动，又称波齿传动，是在柱销式活齿传动的结构基础上的一种改进，即用标准滚珠或短圆柱滚子来代替柱销式活齿传动中的柱销。

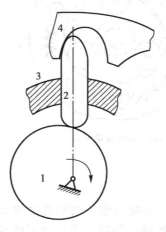
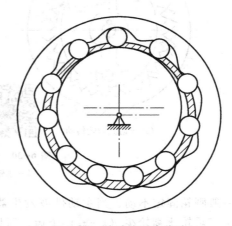

图 6-31　柱销式活齿传动　　　　　　　　图 6-32　滚珠式活齿传动

1—偏心盘；2—柱销；3—保持架；4—内齿圈

活齿传动在各个工业领域中的应用日趋广泛，它的传动比范围较广，可达到单级传动比为 8~60，双级传动比为 64~3 600；同时参与工作的轮齿对数较多，甚至一半的活齿参加传递载荷的运动，承载能力高，抗冲击载荷的能力强；在结构上尺寸小、重量轻；传动平稳、噪声低。缺点是制造精度要求较高。

习　　题

6-1　何谓定轴轮系？何谓周转轮系？它们的本质区别何在？

6-2　定轴轮系传动比如何计算？传动比的符号表示什么意义？在定轴轮系中如何来

确定首、末两轮转向间的关系？

6-3 何谓惰轮？它在轮系中有何作用？

6-4 行星轮系和差动轮系有何区别？

6-5 何谓转化轮系？为什么要引入转化轮系？

6-6 周转轮系中两轮传动比的正、负号与该周转轮系转化机构中两轮传动比的正、负号相同吗？为什么？

6-7 计算复合轮系传动比的基本思路是什么？能否通过给整个轮系加上一个公共的角速度（$-\omega_H$）的方法来计算整个轮系的传动比？为什么？

6-8 如何从复杂的混合轮系中划分出基本轮系？

6-9 在设计周转轮系时，应考虑哪几个方面的问题？

6-10 为什么少齿差行星齿轮传动能实现结构较紧凑的大传动比传动？

6-11 在图 6-33 所示的车床变速箱中，已知各轮齿数为 $z_1 = 42$，$z_2 = 58$，$z_{3'} = 38$，$z_{4'} = 42$，$z_{5'} = 50$，$z_{6'} = 48$，电动机转速为 1 450 r/min，若移动三联滑移齿轮 a 使齿轮 3′ 和 4′ 啮合，又移动双联滑移齿轮 b 使齿轮 5′ 和 6′ 啮合，试求此时带轮转速的大小和方向。

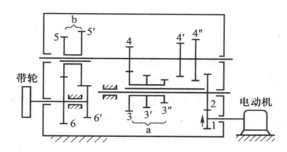

图 6-33 题 6-11 图

6-12 图 6-34 所示为一电动卷扬机的传动简图。已知蜗杆 1 为单头右旋蜗杆，蜗轮 2 的齿数 $z_2 = 42$，其余各轮齿数：$z_{2'} = 18$，$z_3 = 78$，$z_{3'} = 18$，$z_4 = 55$；卷筒 5 与齿轮 4 固连，其直径 $D_5 = 400$ mm，电动机转速 $n_1 = 1$ 450 r/min。试求：

（1）卷筒 5 的转速 n_5 的大小和重物的移动速度 v；

（2）提升重物时，电动机应该以什么方向旋转？

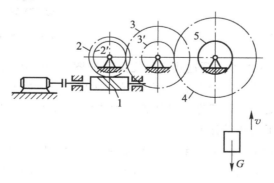

图 6-34 题 6-12 图

6-13 在图 6-35 所示的轮系中，已知各轮齿数：$z_1 = 60$，$z_2 = 20$，$z_{2'} = 20$，$z_3 = 20$，$z_4 = 20$，$z_5 = 100$。试求该轮系的传动比 i_{41}。

6-14 在图 6-36 所示的轮系中，已知各轮齿数：$z_1 = 26$，$z_2 = 32$，$z_{2'} = 22$，$z_3 = 80$，$z_4 = 36$，且 $n_1 = 300$ r/min，$n_3 = 50$ r/min，两者转向相反。试求齿轮 4 的转速 n_4 的大小和方向。

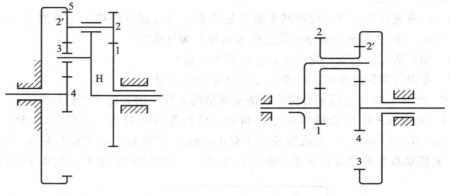

图 6-35 题 6-13 图   图 6-36 题 6-14 图

6-15 图 6-37 所示的周转轮系中，已知 $z_1 = 20$，$z_2 = 24$，$z_{2'} = 30$，$z_3 = 40$，且 $n_1 = 200$ r/min，$n_3 = -100$ r/min。试求行星架 H 的转速 n_H？

6-16 图 6-38 所示为一电动卷扬机减速器的运动简图。已知各轮的齿数：$z_1 = 26$，$z_2 = 50$，$z_{2'} = 18$，$z_3 = 94$，$z_{3'} = 18$，$z_4 = 35$，$z_5 = 88$。试求传动比 i_{15}。

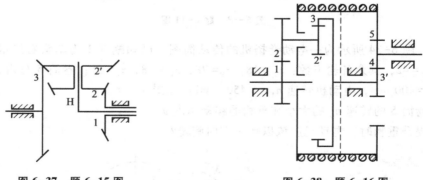

图 6-37 题 6-15 图   图 6-38 题 6-16 图

6-17 汽车自动变速器中的预选式行星变速器如图 6-39 所示。Ⅰ轴为主动轴，Ⅱ轴为从动轴，S、P 为制动带，其传动有两种情况：（1）S 压紧齿轮 3，P 处于松开状态；（2）P 压紧齿轮 6。S 处于松开状态。已知各齿轮数为 $z_1 = 30$，$z_2 = 30$，$z_3 = z_6 = 90$，$z_4 = 40$，$z_5 = 25$。试求两种情况下的传动比 i。

6-18 在图 6-40 所示的复合轮系，设已知 $n_1 = 3\,549$ r/min，各轮齿数：$z_1 = 36$，$z_2 = 60$，$z_3 = 23$，$z_4 = 49$，$z_{4'} = 69$，$z_5 = 31$，$z_6 = 131$，$z_7 = 94$，$z_8 = 36$，$z_9 = 167$，试求行星架 H 的转速 n_H（大小及转向）。

6-19 图 6-41 所示为双螺旋桨飞机的减速器，已知 $z_1 = 26$，$z_2 = 20$，$z_4 = 30$，$z_5 = 18$

及 $n_1 = 15\,000$ r/min，试求 n_P 和 n_Q 大小和方向。

6-20 如图 6-42 所示的自行车里程表机构中，C 为车轮轴，P 为里程表指针。已知各轮齿数：$z_1 = 17$，$z_3 = 23$，$z_4 = 19$，$z_{4'} = 20$，$z_5 = 24$。设轮胎受压变形后使 28 英寸车轮的有效直径约为 0.7 m，当车行 1 km 时，表上的指针刚好回转一周。试求齿轮 2 的齿数。

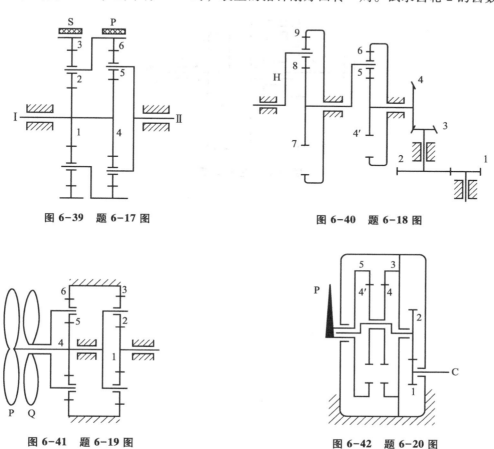

图 6-39 题 6-17 图

图 6-40 题 6-18 图

图 6-41 题 6-19 图

图 6-42 题 6-20 图

6-21 图 6-43 所示的轮系中，各轮均为标准齿轮，已知 $i_{14} = 7$，$z_1 = z_4 = 24$，$z_5 = 48$，试求传动比 i_{16} 及齿数 z_2、z_3、z_6。

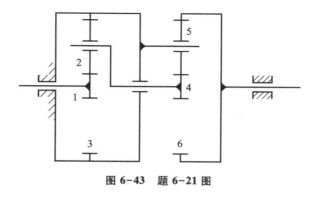

图 6-43 题 6-21 图

6-22 图 6-44 所示的轮系中，已知 $z_1 = 18$，$z_{1'} = 20$，$z_2 = 20$，$z_{2'} = 18$，$z_3 = 58$，$z_{3'} = 56$，若 $n_1 = 1\,000$ r/min，转向如图所示，求 $n_{3'}$ 的大小和方向。

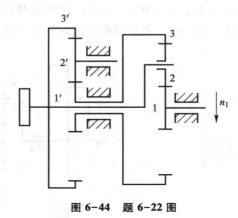

图 6-44 题 6-22 图

第7章 其他常用机构

在各种机器和仪器中,除了前面讨论的平面连杆机构、凸轮机构、齿轮机构等以外,还常用到其他类型的机构,特别是常需要某些构件实现周期性的运动和停歇。能够将主动件的连续运动转换成从动件有规律的运动和停歇的机构称为间歇运动机构。本章简要介绍这些机构的工作原理、类型、运动特点及用途。

连杆机构、凸轮机构、齿轮机构和间歇运动机构是工程中最常用的几种基本机构。对于比较复杂的运动变换,某种基本机构单独使用往往难以满足实际生产过程的需要,因此把若干种基本机构用一定的方式连接起来成为组合机构,以便得到单个基本机构所不能具有的运动性能。在本章最后将介绍几种组合机构。

7.1 间歇运动机构

7.1.1 棘轮机构

1. 棘轮机构的工作原理

棘轮机构的基本结构如图 7-1 所示,图 7-1a 为外啮合棘轮机构,图 7-1b 为内啮合棘轮机构。棘轮机构主要由摆杆 1、棘爪 2、棘轮 3、机架 4 和止回爪 5 等构件组成。当摆杆 1 顺时针摆动时,棘爪 2 将插入棘轮齿槽中,并带动棘轮顺时针转过一定的角度;当摆杆逆时针摆动时,棘爪在棘轮的齿背上滑过,这时棘轮不动。为防止棘轮倒转,机构中装有止回爪 5,并用弹簧使止回爪与棘轮轮齿始终保持接触。这样,当摆杆 1 连续往复摆动时,就实现了棘轮的单向间歇运动。

内啮合棘轮机构(图 7-1b)和棘条(即移动棘轮)机构(图 7-2)的工作原理和外啮合棘轮机构类似。

如果改变摆杆 1 的结构形状,就可以得到如图 7-3 所示的双动式棘轮机构,摆杆 1 往复摆动时,棘轮 2 沿着同一方向间歇转动。棘爪 3 可以制成直杆形状(图 7-3a),也可以是带钩头的形状(图 7-3b)。

要使一个棘轮获得双向的间歇运动,可把棘轮轮齿的侧面制成对称的形状,一般采用矩形,棘爪需制成可翻转的或可回转的,如图 7-4 所示。

图 7-4a 所示的具有翻转棘爪的双向式棘轮机构,通过翻转棘爪实现棘轮的反方向转动。当棘爪在图示的实线位置时,棘轮将沿逆时针方向作间歇运动; 当棘爪翻转到虚线

(a) 外啮合　　(b) 内啮合

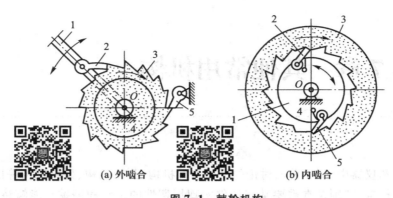

图 7-1 棘轮机构

1—摆杆；2—棘爪 2；3—棘轮；4—机架；5—止回爪

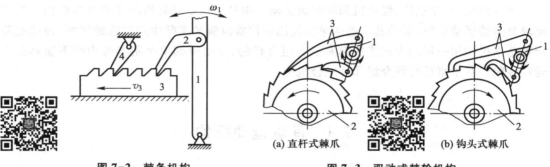

图 7-2 棘条机构

(a) 直杆式棘爪　　(b) 钩头式棘爪

图 7-3 双动式棘轮机构

1—摆杆；2—棘轮；3—棘爪

(a) 翻转棘爪　　(b) 回转棘爪

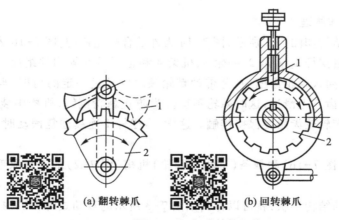

图 7-4 双向式棘轮机构

位置时，棘轮将沿着顺时针方向作间歇运动。

图 7-4b 所示的具有回转棘爪的双向式棘轮机构，通过回转棘爪实现棘轮的反方向转动。当棘爪在图示位置时，棘轮将沿逆时针方向作间歇运动；若棘爪被提起绕自身轴线旋转 180°后再插入棘轮中，则可实现沿顺时针方向的间歇运动；若棘爪被提起绕自身轴线旋

转 90° 放下，棘爪就会架在壳体的顶部平台上，使棘轮与架子脱离接触，则当摆杆往复运动时棘轮静止不动。此种棘轮机构常应用在牛头刨床工作台的自动进给装置中，如图 7-5 所示。

图 7-5　牛头刨床的自动进给装置

　　齿式棘轮机构转动时，棘轮的转角都是相邻两齿所夹中心角的整数倍。为了实现棘轮转角的任意性，可采用无棘齿的摩擦式棘轮机构，如图 7-6 所示。当摆杆 1 作逆时针转动时，利用楔块 2 与摩擦轮 3 之间的摩擦产生自锁，从而带动摩擦轮 3 和摆杆一起转动；当摆杆作顺时针转动时，楔块 2 与摩擦轮 3 之间产生滑动。这时由于止动楔块 4 的自锁作用能阻止摩擦轮反转。这样，在摆杆不断作往复运动时，摩擦轮 3 便作单向的间歇运动。这种机构通过楔块（棘爪）2 与摩擦轮（棘轮）3 之间的摩擦力来实现传动，故也称为摩擦式棘轮机构。这种机构工作时噪声较小，但其接触面间容易发生滑动。为了增加摩擦力，可以将棘轮做成槽形。

　　棘轮机构除了常用于实现间歇运动外，还能实现超越运动。图 7-7 所示为自行车后轴小链轮中的内啮合棘轮机构。当脚蹬踏板时，经链带动内圈具有棘齿的链轮 3 顺时针转动，再通过棘爪 2 的作用，使后轮轴 1 顺时针转动，从而驱使自行车前进。当自行车前进时，如果踏板不动，后轮轴 1 便会超越链轮 3 而转动，让棘爪 2 在棘轮齿背上划过，从而实现不蹬踏板的自由滑行。这种从动件可以超越主动件作快速转动的特点，称为棘轮机构的超越运动特性。

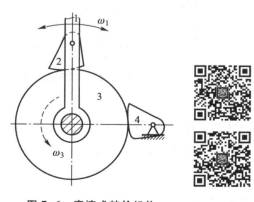

图 7-6　摩擦式棘轮机构

1—摆杆；2—楔块；3—摩擦轮；4—止动楔块

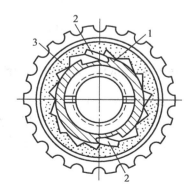

图 7-7　自行车后轴中的内啮合棘轮机构

2. 棘爪工作条件

1）棘爪回转轴位置的确定

如图 7-8 所示的棘轮机构，在确定棘爪回转轴轴心 O_1 的位置时，最好使点 O_1 至棘轮轮齿顶尖 A 点的连线 O_1A 与棘轮过点 A 的半径 O_2A 垂直，这样，当传递相同的转矩时，棘爪受力最小。

2）棘轮轮齿工作齿面偏斜角 α 的确定

棘轮轮齿与棘爪接触的工作齿面应与半径 O_2A 倾斜一定角度 α，以保证棘爪在受力时能顺利地滑入棘轮轮齿的齿根。偏斜角 α 的大小可由如下分析得出：如图 7-8 所示，设棘轮齿对棘爪的法向压力为 F_n，将其分解成 F_t 和 F_r 两个分力。其中，径向分力 F_r 把棘爪推向棘轮齿的根部。而当棘爪沿工作齿面向齿根滑动时，棘轮齿对棘爪的摩擦力 $F=fF_n$，将阻止棘爪滑入棘轮齿根。为保证棘爪的顺利滑入，必须保证有

$$F_r > fF_n \cos \alpha \tag{7-1}$$

又

$$F_r = F_n \sin \alpha$$

可以得到

$$\tan \alpha > f = \tan \varphi$$

即

$$\alpha > \varphi \tag{7-2}$$

式中，φ 为摩擦角。

在无滑动的情况下，钢对钢的摩擦因数 $f \approx 0.2$，所以 $\varphi \approx 11.31°$。为安全起见，通常取 $\alpha \approx 20°$。

上式说明，若齿面有倾角 α，且 O_1A 垂直于 O_2A，这时棘爪顺利进入齿槽的条件为 $\alpha > \varphi$。一般 α 取 $15° \sim 20°$。

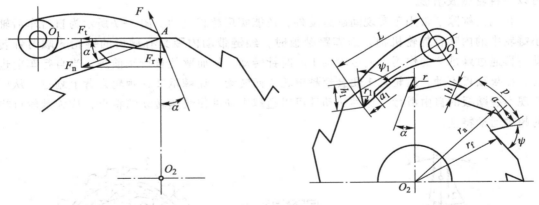

图 7-8　棘爪顺利进入棘轮齿槽的条件　　　　图 7-9　棘轮和棘爪的尺寸

3. 棘轮机构的主要参数

（1）齿数 z　齿数 z 主要根据工作要求的转角选定。例如牛头刨床上横向进给机构的丝杠，导程 $s=6\ \mathrm{mm}$，要求最小进给量为 $0.2\ \mathrm{mm}$，如果棘爪每次拨过一个齿，则棘轮最小转角

$$\beta = \frac{0.2}{6} \times 360° = 12°$$

所以，此时棘轮最小齿数

$$z_{\min} = 360° \div 12° = 30$$

此外，还应当考虑载荷大小，对于传递载荷较小的进给机构，齿数可取多一点，可达 $z = 250$；传递载荷较大时，应考虑轮齿的强度，齿数通常取小一点，一般取 $z = 8 \sim 30$。

（2）模数　与齿轮一样，棘轮轮齿的有关尺寸也以模数 m 作为计算的基本参数，但棘轮的标准模数要按棘轮的齿顶圆直径 d_a 来计算，即

$$m = \frac{d_a}{z}$$

（3）几何尺寸　选定齿数 z 和按强度要求确定模数 m 后，棘轮棘爪的主要几何尺寸可按以下经验公式计算（图 7-9）：

齿顶圆直径　　$d_a = mz$
齿高　　　　　$h = 0.75m$
齿顶厚　　　　$a = m$
齿槽夹角　　　$\psi = 60°$ 或 $55°$
棘爪长度　　　$L = 2\pi m$

其他结构尺寸可参阅机械设计手册。

4. 棘轮机构的特点及应用

（1）棘轮机构结构简单，容易制造，常用作防止转动件反转的附加保险机构。图 7-10 所示为一提升机中的棘轮制动器，重物 Q 被提升后，由于棘轮受到止回爪的制动作用，卷筒不会在重力作用下反转下降。这类棘轮制动器常用在卷扬机、提升机、运输机和牵引设备中。

（2）棘轮的转角和动停时间比可调，常用于机构工况经常改变的场合。如图 7-11 所示，齿罩 2 在棘爪 1 摆角 σ 的范围内遮住棘轮 3 的一部分棘齿，使棘爪在摆动过程中，只能与未遮住的棘轮轮齿啮合。改变齿罩的位置，可以获得不同啮合齿数，从而改变棘轮的转动角度，实现有级变速传动。

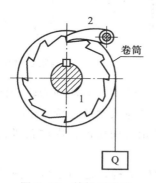

图 7-10　棘轮制动器

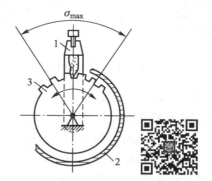

图 7-11　有级变速棘轮机构
1—棘爪；2—齿罩；3—棘轮

由于棘轮是在动棘爪的突然撞击下启动的，在接触瞬间，理论上是刚性冲击，故棘轮机构只能用于低速的间歇运动场合。

棘轮机构常用在机床、自动机、自行车、螺旋千斤顶等多种机械中。

7.1.2 槽轮机构

1. 槽轮机构的工作原理

槽轮机构又称马尔他机构，它是由槽轮、装有圆销的拨盘和机架组成的间歇运动机构。如图7-12所示，它由带圆销A的主动拨盘1、具有径向槽的从动槽轮2和机架组成。拨盘作匀速转动时，驱动槽轮作时转时停的单向间歇运动。当拨盘上的圆销A未进入槽轮径向槽时，由于槽轮的内凹锁止弧 β 被拨盘的外凸圆弧 α 卡住，故槽轮静止。图示位置是圆销A刚开始进入槽轮径向槽时的情况，这时锁止弧刚被松开，因此槽轮受圆销A的驱动开始沿顺时针方向转动；当圆销A离开径向槽时，槽轮的下一个内凹锁止弧又被拨盘的外锁止弧卡住，致使槽轮静止，直到圆销A在进入槽轮另一径向槽时，两者又重复上述的运动循环。

槽轮机构有两种基本形式：一种是外啮合槽轮机构，如图7-12所示；另一种是内啮合槽轮机构，如图7-13所示。

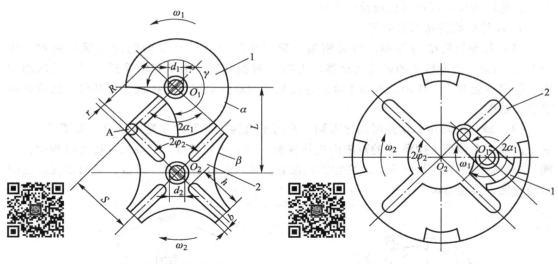

图7-12   外啮合槽轮机构   图7-13   内啮合槽轮机构

外槽轮机构中槽轮上径向槽的开口是自圆心向外，主动构件与从动槽轮转向相反。内槽轮机构中槽轮上径向槽的开口是向着圆心的，主动构件与从动槽轮转向相同。

上述两种槽轮机构都用于传递平行轴运动。与外槽轮机构相比，内槽轮机构传动较平稳、停歇时间较短、所占空间小。

图7-14所示的球面槽轮机构是一种典型的空间槽轮机构，是用于传递两垂直相交轴之间的运动的间歇运动机构。从动槽轮2呈半球形，槽a、槽b和锁止弧 β 均分布在球面上，主动构件1的轴线、销A的轴线都与槽轮2的回转轴线汇交于槽轮球心O，故称为球面槽轮机构。主动件1连续转动，槽轮2作间歇转动，转向如图7-14所示。空间槽轮机构结构比较复杂，设计和制造难度较大。

槽轮机构结构简单，机械效率高，并且运动平稳，因此在自动机床转位机构、电影放映机卷片机构等自动机械中得到广泛的应用。

2. 槽轮机构的主要参数

槽轮机构的主要参数是槽数 z 和拨盘圆销数 K。

如图 7-12 所示，为了使槽轮 2 在开始和终止转动时的瞬时角速度为零，以避免圆销 A 与槽轮发生撞击，圆销进入或脱出径向槽的瞬时，径向槽的中线应与圆销中心相切，即 O_2A 应与 O_1A 垂直。设 z 为均匀分布的径向槽数，当槽轮 2 转过 $2\varphi_2 = 2\pi/z$ 弧度时，拨盘 1 相应转过的转角为

$$2\alpha_1 = \pi - 2\varphi_2 = \pi - \frac{2\pi}{z} \tag{7-3}$$

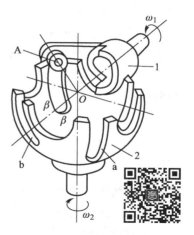

图 7-14 空间槽轮机构

在一个运动循环内，槽轮 2 的运动时间 t' 与主动拨盘转一周的总时间 t 之比，称为槽轮机构的运动系数。用 τ 表示。槽轮停止时间 t'' 与主动拨盘转一周的总时间 t 之比，称为槽轮的静止系数，用 τ'' 表示。当拨盘匀速转动时，时间之比可用槽轮与拨盘相应的转角之比来表示。如图 7-12 所示，只有一个圆销的槽轮机构，t'、t''、t 分别对应于拨盘的转角为 $2\alpha_1$、$2\pi-2\alpha_1$、2π。因此，该槽轮机构的运动系数和静止系数分别为

$$\tau = \frac{t'}{t} = \frac{2\alpha_1}{2\pi} = \frac{\pi - \dfrac{2\pi}{z}}{2\pi} = \frac{z-2}{2z} \tag{7-4}$$

$$\tau'' = \frac{t''}{t} = \frac{t-t'}{t} = 1 - \tau = \frac{z+2}{2z} \tag{7-5}$$

为保证槽轮运动，其运动系数应大于零。由式（7-4）可知，槽轮的径向槽数 z 应等于或大于 3。由式（7-4）还可以看出，这种槽轮机构的运动系数 τ 恒小于 0.5，即槽轮的运动时间 t' 总小于静止时间 t''。

欲使槽轮机构的运动系数 τ 大于 0.5，可在拨盘上装数个圆销。设拨盘上均匀分布的圆销数为 K，当拨盘转一整周时，槽轮将被拨动 K 次。因此，槽轮的运动时间为单圆销时的 K 倍，即

$$\tau = \frac{K(z-2)}{2z} \tag{7-6}$$

运动系数 τ 还应当小于 1（$\tau = 1$ 表示槽轮 2 与拨盘 1 一样作连续转动，不能实现间歇运动），故由上式得

$$K < \frac{2z}{z-2} \tag{7-7}$$

由上式可知，当 $z=3$ 时，圆销的数目可为 1~5；当 $z=4$ 或 5 时，圆销的数目可为 1~3；而当 $z>6$ 时，圆销的数目为 1 或 2。为了提高生产效率，槽数 z 小些为好，因为此时 τ 也相应减小，槽轮静止时间（一般为工作行程时间）增大，故可提高生产效率。但从动力特性考虑，槽数 z 适当增大较好，因为此时槽轮角速度减小，可减小振动和冲击，有利于机构正常工作。但槽数 $z>9$ 的槽轮机构比较少见。若槽数过多，则槽轮机构尺寸较大，且转动时惯性力矩也增大。另外，由式（7-7）可知，当 $z>9$ 时，槽数虽增加，运动系数 τ

的变化却不大，故 z 常取为 4~8。

例 7-1   有一外啮合槽轮机构，已知槽轮槽数 $z=6$，槽轮的停歇时间为 1 s，槽轮的运动时间为 2 s。求槽轮机构的运动特性系数及所需的圆销数目。

解   当主动拨盘 1 回转一周时，槽轮 2 的运动时间为 $t'=2×6$ s =12 s，主动拨盘转一周的总时间为 $t=(1+2)×6$ s =18 s，由式（7-6）可知：

$$\tau = \frac{t'}{t} = \frac{12}{18} = \frac{2}{3} = \frac{K(z-2)}{2z}$$

因此

$$K = \frac{2}{3} × \frac{2×6}{6-2} = 2$$

即槽轮机构所需的圆销数目为 2。

3. 槽轮机构的特点及应用

槽轮机构能准确控制转角、工作可靠、机械效率高，与棘轮机构相比，工作平稳性较好，但槽轮机构动程不可调节、转角不可太小，销轮和槽轮的主、从动关系不能互换、起停有冲击。槽轮机构的结构要比棘轮机构复杂，加工精度要求较高，因此制造成本上升。

槽轮机构一般应用于转速不高和要求间歇转动的机械当中，如自动机械、轻工机械或仪器仪表等，图 7-15 所示为电影放映机输片机构。

图 7-15   电影放映机输片机构

7.1.3   不完全齿轮机构

1. 不完全齿轮机构的组成和工作原理

不完全齿轮机构是由普通齿轮机构演变而成的一种间歇运动机构。不完全齿轮机构的主动轮的轮齿不是布满在整个圆周上，而只有一个或几个齿，并根据运动时间与静止时间的要求，在从动轮上加工出与主动轮相啮合的齿。

不完全齿轮机构同齿轮啮合相同，可分为外啮合、内啮合及不完全齿轮齿条机构。

图 7-16a 所示为外啮合不完全齿轮机构，其主动轮 1 转动一周时，从动轮 2 转动六分之一周，从动轮每转一周停歇 6 次。当从动轮停歇时，主动轮上的锁止弧与从动轮上的锁止弧互相配合锁住，以保证从动轮停歇在预定位置。图 7-16b 为内啮合不完全齿轮机构。

图 7-17 所示为不完全齿轮齿条机构，当主动轮连续转动时，从动轮时动时停地作往复移动。

2. 不完全齿轮机构的特点及应用

与其他间歇运动机构相比，不完全齿轮机构结构简单，制造方便，从动轮的运动时间和静止时间的比例不受机构结构的限制，很容易实现一个周期中的多次动、停时间不等的间歇运动。

缺点是从动轮在转动开始和终止时，角速度有突变，冲击较大，加工复杂；主、从动轮不能互换。

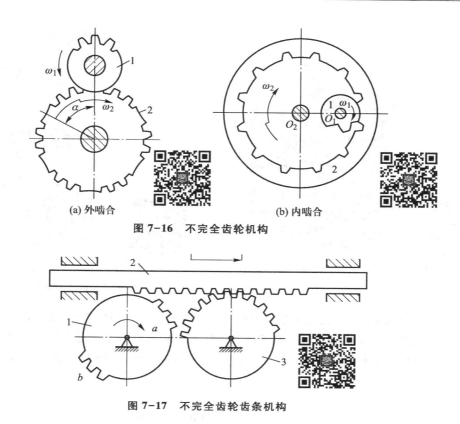

图 7-16 不完全齿轮机构

(a) 外啮合   (b) 内啮合

图 7-17 不完全齿轮齿条机构

因此,不完全齿轮机构一般只用于低速、轻载的场合,如用于计数器、电影放映机、多工位自动机和半自动机工作台的间歇转位及某些间歇进给机构中。

7.1.4 凸轮式间歇运动机构

1.凸轮式间歇运动机构的组成和工作原理

凸轮式间歇运动机构一般由主动凸轮、从动转盘和机架组成。图 7-18 所示为圆柱凸轮式间歇运动机构,其主动凸轮 1 的圆柱面上有一条两端开口不闭合的曲线沟槽(或凸脊),从动转盘 2 的端面上有均匀分布的圆柱销 3。当凸轮转动时,通过其曲线沟槽(或凸脊)拨动从动转盘 2 上的圆柱销,使从动转盘 2 作间歇运动。

图 7-19 所示为蜗杆凸轮间歇运动机构,其主动凸轮 1 上有一条凸脊,犹如圆弧面蜗杆,从动转盘 2 的圆柱面上均匀分布有圆柱销 3,犹如蜗轮的齿。当蜗杆凸轮转动时,将通过转盘上的圆柱销推动从动转盘 2 作间歇运动。

2.凸轮式间歇运动机构的特点及应用

凸轮式间歇运动机构的优点是结构简单、运转可靠、转位精确,不需要专门的定位装置,易满足对动程和动停比的要求。通过适当选择从动件的运动规律和合理设计凸轮的轮廓曲线,可减小动载荷,避免冲击,以适应高速运转的要求,这是凸轮式间歇运动机构不同于棘轮机构、槽轮机构的最突出优点。

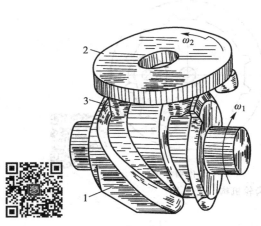

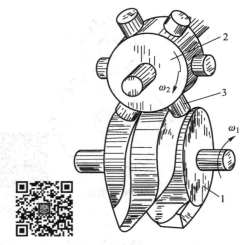

图 7-18   圆柱凸轮式间歇运动机构   图 7-19   蜗杆凸轮式间歇运动机构
1—主动凸轮；2—从动转盘；3—圆柱销   1—主动凸轮；2—从动转盘；3—圆柱销

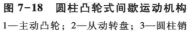

凸轮式间歇运动机构的主要缺点是精度要求较高，加工比较复杂，安装调整比较困难。

凸轮式间歇运动机构在轻工机械、冲压机械等高速机械中常用作高速、高精度的步进进给、分度转位等机构。例如用于高速冲床、多色印刷机、包装机、折叠机等。

7.2   其 他 机 构

7.2.1   螺旋机构

螺旋机构由螺杆、螺母及机架组成，是利用螺旋副传递运动和动力的机构。一般情况下，它是将螺杆的旋转运动转换为螺母沿螺杆轴向的移动。但在 $\gamma > \varphi_v$（其中，γ 为导程角，φ_v 当量摩擦角）的情况下，也可将螺母移动变为螺杆的转动。螺旋机构的主要优点是能获得很大的减速比和力的增益。可通过选择螺旋导程角使机构具有自锁性，但机构效率较低。

1. 螺旋机构的运动分析

在图 7-20a 所示的螺旋机构中，当螺杆 1 转过角度 φ 时，螺母 2 将沿螺杆 1 轴向移动的距离为 s，其值为

$$s = l\varphi / (2\pi) \tag{7-8}$$

式中：l 为螺旋的导程，mm。

1）差动螺旋机构

在图 7-20b 所示的螺旋机构中螺杆 1 具有两段不同导程（即 l_A 和 l_B），且旋向相同的螺纹。当螺杆转过角度 φ 时，螺母相应移动的距离为 s，即

$$s = (l_A - l_B)\varphi / (2\pi) \tag{7-9}$$

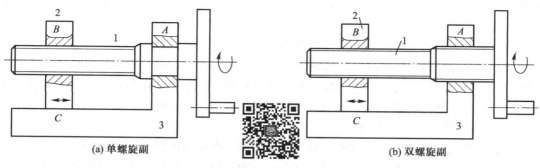

(a) 单螺旋副

(b) 双螺旋副

图 7-20 螺旋机构

当导程 l_A 与 l_B 相差很小时，位移 s 很小。这种差动螺旋机构又称为微动螺旋机构，常用于微调、测微和分度机构中。

2) 复式螺旋机构

在复合螺旋机构中螺杆具有两段不同导程（即 l_A 和 l_B），且旋向相反的螺纹。当螺杆转过角度 φ 时，螺母相应移动的距离为 s，即

$$s = (l_A + l_B)\varphi / (2\pi) \tag{7-10}$$

此种螺旋机构可实现螺母的快速移动。

按螺杆与螺母之间的摩擦状态，螺旋机构又可分为滑动螺旋机构和滚动螺旋机构。滑动螺旋机构中螺杆与螺母的螺旋面直接接触，摩擦状态为滑动摩擦。滚动螺旋机构是在螺杆与螺母的螺纹滚道间有滚动体，如图 7-21 所示。当螺杆或螺母转动时，滚动体在螺纹滚道内滚动，使螺杆和螺母间为滚动摩擦，提高了传动效率和传动精度。

滚动螺旋机构按其滚动体的循环方式不同，分为外循环和内循环两种形式，如图 7-21 所示。

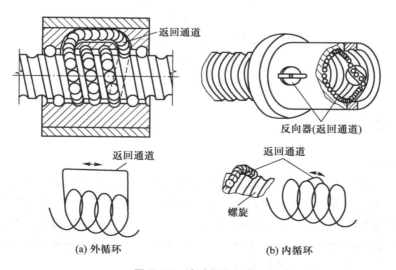

(a) 外循环

(b) 内循环

图 7-21 滚动螺旋机构

所谓外循环，是指滚珠在回程时，脱离螺杆的滚道，而在螺旋滚道外进行循环。所谓内循环，是指滚珠在循环过程中始终与螺杆接触，内循环螺母上开有侧孔，孔内装有反向

器将相邻的滚道连通，滚珠越过螺纹顶部进入相邻滚道，形成封闭循环回路。因此，一个循环回路里只有一圈滚珠，设置有一个反向器。一个螺母常装配 2~4 个反向器，这些反向器均匀分布在圆周上。外循环螺母只需前、后各设置一个反向器。

为了满足不同的工作要求，螺旋机构应选用不同的几何参数。要求具有自锁性或起微动作用的螺旋机构，宜选用单头螺纹，使螺纹具有较小的导程及导程角；对于要求传递大的功率或快速运动的螺旋机构，则采用具有较大导程角的多头螺旋。

2. 螺旋机构的特点及应用

螺旋机构结构简单、制造方便、运动准确、能获得很大的减速比和力的增益，工作平稳、无噪声，合理选择螺纹导程角可具有自锁功能，但效率较低，实现往复运动要靠主动件改变转动方向。螺旋机构主要应用于传递运动和动力、转变运动形式、调整机构尺寸、微调与测量等场合。

例 7-2　图 7-22 所示的螺旋机构中，螺杆 1 分别与构件 2 和 3 组成螺旋副，导程分别为 $l_2 = 2$ mm，$l_3 = 3$ mm，如果要求构件 2 和 3 按图示箭头方向由距离 $H_1 = 100$ mm 快速趋近至 $H_2 = 90$ mm，试确定：

图 7-22　螺旋机构

（1）两个螺旋副的旋向（螺杆 1 的转向如图 7-22 所示）；

（2）螺杆 1 应转过多大的角度。

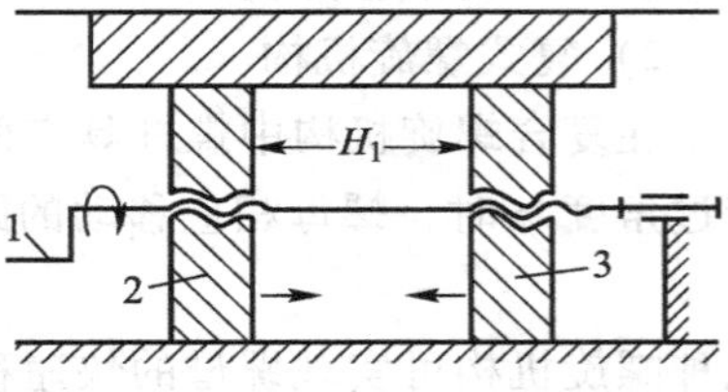

解　（1）左边的螺旋副为左旋，右边的为右旋。

（2）移动距离　$H = H_1 - H_2 = (100 - 90)$ mm $= 10$ mm

设两螺母移动的距离分别为 s_1 和 s_2，则

$$s_1 = l_2\left[\varphi/(2\pi)\right] = 2\left[\varphi/(2\pi)\right] = \varphi/\pi$$

$$s_2 = l_3\left[\varphi/(2\pi)\right] = 3\left[\varphi/(2\pi)\right]$$

得　　　　　　　　　　　　　　　$s_1 + s_2 = H$

因此　　　　　　　　　　　　$\varphi/\pi + 3\varphi/2\pi = 10$ mm

解得　　　　　　　　　　　　　　$\varphi = 4\pi$

所以螺杆 1 应转过 4π 角度。

7.2.2　摩擦轮机构

1. 摩擦轮机构的工作原理和特点

摩擦轮机构是由主动轮、从动轮、压紧装置等组成，它是利用主、从动轮接触处的摩擦力来传递运动和动力的。该机构的优点是结构简单，制造容易；过载可以打滑（可防止设备中重要零部件的损坏），工作平稳，噪声小，并能无级改变传动比，有较大的应用范围，但由于运转中有滑动、传动效率低、结构尺寸较大、作用在轴和轴承上的载荷大等缺点，故只宜用于传递动力较小的场合。

2. 摩擦轮机构的类型和应用

常用的摩擦轮机构主要有圆柱摩擦轮机构、圆锥摩擦轮机构、滚轮圆盘式摩擦轮机构等类型，下面介绍几种基本摩擦轮机构的结构和应用。

1) 圆柱摩擦轮机构

圆柱摩擦轮机构用来传递平行轴的运动。按其摩擦轮的形状可分为圆柱平摩擦轮机构和圆柱槽摩擦轮机构。

（1）圆柱平摩擦轮机构 圆柱平摩擦轮机构分为外切（图 7-23a）与内切（图 7-23b）两种类型，轮 1（小轮）和轮 2（大轮）的传动比为

$$i_{12} = \mu \frac{R_2}{R_1(1-\varepsilon)}$$

式中：ε 为滑动率，通常 $\varepsilon = 0.01 \sim 0.02$；$\mu$ 为 "-" 用于外切，为 "+" 用于内切，表示两轮的转向相反或相同。此种形式结构简单，制造容易，但压紧力大，宜用于小功率传动。

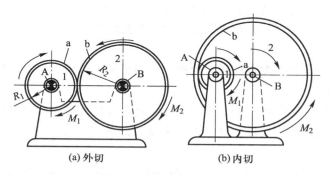

图 7-23 圆柱平摩擦轮机构

（2）圆柱槽摩擦轮机构 如图 7-24 所示，圆柱槽摩擦轮机构的压紧力较圆柱平摩擦轮机构的小，当 $\beta = 15°$ 时，约为圆柱平摩擦轮机构的 30%。但这种机构易发热与磨损，故效率较低，对加工和安装要求较高。该机构适用于绞车驱动装置等机械中。

2) 圆锥摩擦轮机构

圆锥摩擦轮机构可传递两相交轴间的运动，如图 7-25 所示。两轮锥面相切并纯滚动，可传动两相交轴之间的运动，两轮锥面相切。

当两圆锥角 $\delta_1 + \delta_2 \neq 90°$ 时，其传动比为

$$i_{12} = \frac{n_1}{n_2} = \frac{\sin \delta_2}{(1-\varepsilon)\sin \delta_1}$$

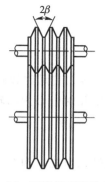

图 7-24 圆柱槽摩擦轮机构

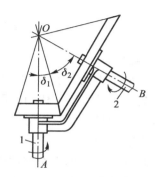

图 7-25 圆锥摩擦轮机构

当 $\delta_1+\delta_2=90°$时，其传动比为

$$i_{12}=\frac{\tan\delta_2}{1-\varepsilon}$$

此种形式结构简单，易于制造，但安装要求较高，常用于摩擦压力机中。

7.2.3 非圆齿轮机构

1. 非圆齿轮机构的工作原理和类型

非圆齿轮机构是一种瞬时传动比按一定规律变化的齿轮机构。根据齿廓啮合基本定律，一对齿轮作变速传动比传动，其节点不是定点，因此节线不是圆，而是两条非圆曲线。理论上讲，对节线的形状并没有限制，常用的曲线有椭圆、变态椭圆（卵线）以及对数螺线等。

非圆齿轮机构的类型主要有椭圆齿轮机构、卵形齿轮机构、偏心圆齿轮机构等。

1）椭圆齿轮机构

如图7-26所示，椭圆齿轮机构的节线为两个相同的椭圆，传动时以椭圆节线作纯滚动。其传动比按一定规律周期性变化，偏心率越大，不均匀系数也越大，传动比的变化也越剧烈。

椭圆齿轮机构常与其他机构组合，改变传动的运动特性、改善动力条件或用于要求从动件按一定规律变化的场合。

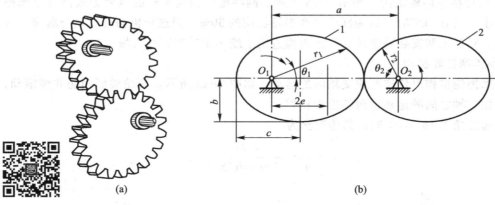

图7-26 椭圆齿轮机构

2）卵形齿轮机构

图7-27所示的卵形齿轮机构的节线为两个相同的卵形曲线，传动时以卵形曲线作纯滚动，主动齿轮1转动一周，传动比周期性地变化两次。因以几何中心为回转中心，机构有较好的平衡性。卵形齿轮机构常用于仪器仪表中。

3）偏心圆齿轮机构

如图7-28a所示，用两个全等的偏心圆齿轮组成非匀速转动机构。两个全等的偏心圆齿轮传动，可得周期性变化的传动比。

这种机构制造简单，但传动中几何中心距是变动的，两齿轮分度圆不相切。存在变动的

齿侧间隙,且也可能会因重合度不够影响连续传动。所以,角速度变化范围受很大限制。为扩大变速范围可采用一个偏心圆齿轮和一个与其共轭的非圆齿轮传动(图7-28b、c)

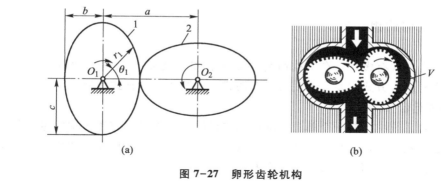

图 7-27 卵形齿轮机构

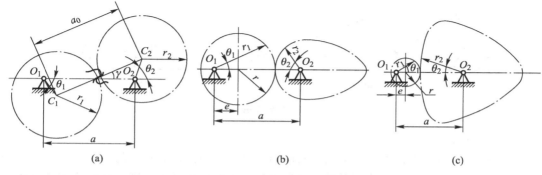

图 7-28 偏心圆齿轮机构

偏心圆齿轮机构可代替椭圆齿轮机构实现从动件的非匀速转动。

2.非圆齿轮机构的特点和应用

非圆齿轮机构与连杆机构相比较,其机构紧凑、容易平衡。由于数控机床的发展,非圆齿轮的加工成本大大下降,现已广泛地应用于机床、自动化设备、印刷机、纺织机械、仪器及解算装置中,作为自动进给机构或用以实现函数关系,或用来改善运动和动力性能。

7.3 组 合 机 构

前面介绍的连杆机构、凸轮机构、齿轮机构和间歇运动机构是工程上最常用的几种基本机构。对于比较复杂的运动变换,单独使用基本机构往往难以满足实际生产过程的需要。例如:连杆机构难以实现某些特定运动规律,高速情况下的动平衡问题也十分突出;凸轮机构可实现任意运动规律,但行程不能太大,也不可调;齿轮机构运动和动力性能良好,但运动形式简单;间歇运动机构的运动和动力特性均不理想,速度波动带来的冲击、振动在所难免。

因此,人们常把若干基本机构按一定的方式连接起来构成组合机构,从而得到单个基本机构所不具有的运动和动力性能。机构的组合是发展新机构的重要途径之一。

通常将一种机构去约束和影响另一个多自由度机构所形成的封闭式机构系统，或者是由几种基本机构有机联系、互相协调和配合所组成的机构系统称为组合机构。

7.3.1 机构的组合方式

机构的组合方式有多种。在机构组合系统中，单个的基本机构称为组合系统的子机构。常见的机构组合方式主要有串联式、并联式、反馈式及复合式四种。

1. 串联式组合

在机构组合系统中，若干个单自由度的基本机构顺序连接，前置机构的输出运动作为后置机构的运动输入，这种组合方式称为串联式组合。如图 7-29a 所示的机构就是这种组合方式的一个例子，可用图 7-29b 所示的框图来表示。

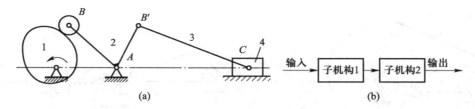

图 7-29　串联式组合机构

2. 并联式组合

在机构组合系统中，若几个子机构共用同一个输入构件，而它们的输出运动又同时输入一个多自由度的子机构，从而形成一个自由度为 1 的机构系统，则这种组合方式称为并联式组合。

图 7-30 所示的双色胶版印刷机中的接纸机构就是这种组合方式的一个实例，并可用图示框图表示。图 7-30a 所示的双色胶版印刷机中的接纸机构就是这种组合方式的一个实例。图中，凸轮 1、1′为一个构件，当其转动时，同时带动四杆机构 ABCD（子机构 1）和四杆机构 GHKM（子机构 2）运动，而这两个四杆机构的输出运动又同时传给五杆机构 DEFNM（子机构 3），从而使其连杆 9 上的 P 点描绘出一条工作所要求的运动轨迹。图 7-30b 所示为这种组合方式的框图。

3. 反馈式组合

在机构组合系统中，若其多自由度子机构的一个输入运动是通过单自由度子机构从该多自由度子机构的输出构件反馈的，则这种组合方式称为反馈式组合。

图 7-31 所示的精密滚齿机中分度校正机构就是这种组合方式的一个实例。

图 7-31a 中，蜗杆 1 除了可绕本身的轴线转动外，还可以沿轴线移动，它和蜗轮 2 组成一个自由度为 2 的蜗杆机构（子机构 1）；凸轮 2′和推杆 3 组成自由度为 1 的移动滚子从动件盘形凸轮机构（子机构 2）。其中，蜗杆 1 为主动件，凸轮 2′和蜗轮 2 为一个构件。蜗杆 1 的一个输入运动（沿轴线方向的移动）就是通过凸轮机构从蜗轮 2 反馈的。

4. 复合式组合

组合系统中，若由一个或几个串联的基本机构去组合一个封闭的、具有两个或多个自由度的基本机构，则这种组合方式称为复合式组合。

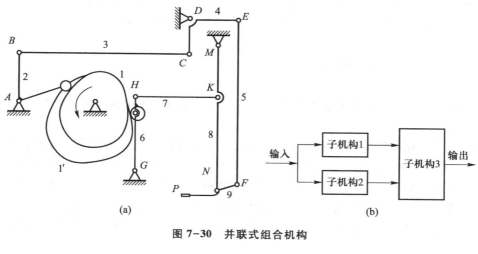

图 7-30 并联式组合机构

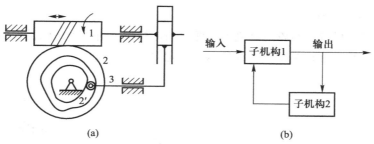

图 7-31 反馈式组合机构

图 7-32a 所示的凸轮-连杆组合机构就是这种组合方式的一个实例。在这种组合方式中，各基本机构有机连接，互相依存，它与串联式组合和并联式组合既具有共同之处，又有不同之处。图中，构件 1、4、5 组成自由度为 1 的凸轮机构（子机构 1），构件 1、2、3、4、5 组成自由度为 2 的五杆机构（子机构 2）。当构件 1 为主动件时，C 点的运动是构件 1 和构件 4 运动的合成。与串联式组合相比，其相同之处在于子机构 1 和子机构 2 的组成关系也是串联关系，不同的是，子机构 2 的输入运动并不完全是子机构 I 的输出运动；与并联式组合相比，其相同之处在于 C 点的输出运动也是两个输入运动的合成，不同的是，这两个输入运动一个来自子机构 1，而另一个来自主动件。

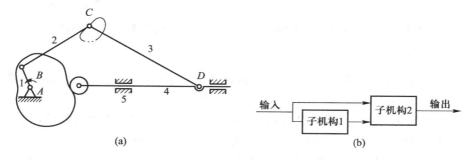

图 7-32 复合式组合机构

机构组合是机械创新的最重要的途径之一，涉及的理论和技能较多，机构组合方式往往也并非上述组合方式的单一使用，有兴趣的同学可查阅有关资料。

7.3.2 组合机构的类型

组合机构的类型多种多样，在此着重介绍几种常用组合机构的特点和功能。

1. 连杆-连杆组合机构

如图 7-33 所示的手动冲床是一个六杆机构，它可以看成是由两个四杆机构组成的。第一个是由原动件（手柄）1、连杆 2、从动摇杆 3 和机架 4 组成的双摇杆机构；第二个是由摇杆 3、小连杆 5、冲杆 6 和机架组成的摇杆滑块机构。前一个四杆机构的输出件被作为第二个四杆机构的输入件。扳动手柄 1，冲杆上下运动。采用六杆机构，使扳动手柄的力获得两次放大，从而增大了冲杆的作用力。这种增力作用在连杆机构中经常用到。

2. 凸轮-凸轮组合机构

图 7-34 所示为凸轮-凸轮组合机构，即双凸轮机构，由两个凸轮机构协调配合控制十字滑块 3 上一点 M 准确地描绘出虚线所示的预定轨迹。

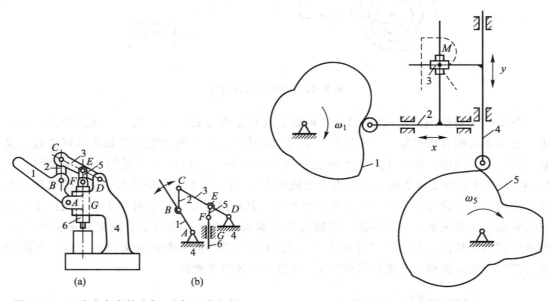

图 7-33 手动冲床中的连杆-连杆组合机构　　　　图 7-34 双凸轮机构

3. 凸轮-连杆组合机构

凸轮-连杆组合机构的形式很多，这种组合机构通常用于实现从动件预定的运动轨迹和规律。

图 7-35 所示为巧克力包装机托包用的凸轮-连杆组合机构。主动曲柄 OA 回转时，点 B 强制在凸轮凹槽中运动，从而使托杆达到图示运动规律，托包时慢进，不托包时快退，以提高生产效率。因此，只要把凸轮轮廓线设计得当，就可以使托杆达到上述要求。

4. 连杆-棘轮组合机构

图 7-36 所示为连杆与棘轮两个基本机构组合而成的连杆-棘轮组合机构。棘轮的单向间歇运动是由摇杆 3 的摆动通过棘爪 4 推动的,而摇杆的往复摆动又需要由曲柄摇杆机构 *ABCD* 来完成,从而实现将输入构件（曲柄 1）的等角速度回转运动转换成输出构件（棘轮 5）的间歇转动。

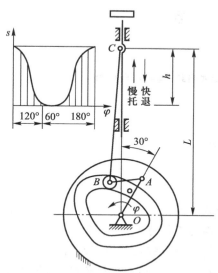

图 7-35　巧克力包装机托包用的凸轮-连杆机构

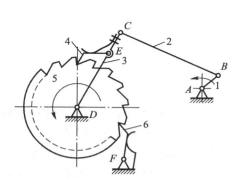

图 7-36　连杆-棘轮组合机构

5. 齿轮-连杆组合机构

齿轮-连杆组合机构是由定传动比的齿轮机构和变传动比的连杆机构组合而成。近年来,这类组合机构在工程实际中应用日渐广泛,这不仅是由于其运动特性多种多样,还因为组成它的齿轮和连杆便于加工、精度易保证和运转可靠。

1）实现复杂运动轨迹的齿轮-连杆组合机构

这类组合机构多是由自由度为 2 的连杆机构作为基础机构,自由度为 1 的齿轮机构作为附加机构组合而成。利用这类组合机构的连杆曲线,可方便地实现工作要求的预定轨迹。

图 7-37 所示为工程实际中常用来实现复杂运动轨迹的一种齿轮-连杆组合机构。

该机构是由定轴轮系 1、4、5 和自由度为 2 的,由连杆 1、2、3、4、5 组成的五杆机构组合而成。当改变两轮的传动比、相对相位角和各杆长度时,连杆上点 *M* 即可描绘出不同的轨迹。

2）实现复杂运动规律的齿轮-连杆组合机构

这类组合机构多是以自由度为 2 的差动轮系为基础机构,以自由度为 1 的连杆机构为附加机构组合而成的。其中最具特色的是用曲柄摇杆机构来封闭自由度为 2 的差动轮系而形成的齿轮-连杆组合机构。图 7-38 所示为两轮式齿轮-连杆组合机构。

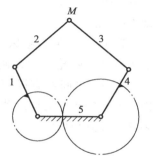

图 7-37　实现复杂运动轨迹的齿轮-连杆组合机构

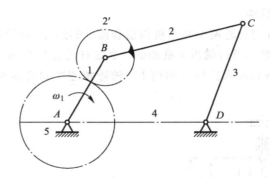

图 7-38 实现复杂运动规律的两轮式齿轮-连杆组合机构

习 题

7-1 什么是间歇运动？有哪些机构能实现间歇运动？

7-2 常见的棘轮机构有哪几种？试述棘轮机构的工作特点。

7-3 槽轮机构有哪几种基本形式？槽轮机构的运动系数是如何定义的？

7-4 槽轮机构的运动系数 $\tau = 0.4$ 表示什么意义？为什么运动系数必须大于零而小于 1？五个槽的单销槽轮机构其运动系数 τ 等于多少？

7-5 试述凸轮间歇运动机构的工作原理及运动特点。

7-6 不完全齿轮机构与普通齿轮机构的啮合过程有何异同点？

7-7 试述各种常用机构的工作原理、工作特点及适用场合。

7-8 组合机构的组合方式有哪几种？请各举出一应用实例。

7-9 已知棘轮齿数 $z = 15$，棘轮直径 $d_a = 100$ mm，原动件摆动角为 30°，每次摆动滑过棘轮上两齿，试确定棘轮机构的几何尺寸。

7-10 某单销槽轮机构，槽轮的运动时间为 1s，静止时间为 2s，它的运动特性系数是多少？槽数为多少？

7-11 图 7-39 所示的螺旋机构中，已知螺旋副 A 为右旋，导程 $l_A = 2.8$ mm；螺旋副 B 为左旋，导程 $l_B = 3$ mm，C 为移动副。试问螺杆 1 转多少转时才使螺母 2 相对构件 3 移动 10.6 mm。

7-12 某牛头刨床送进丝杠的导程为 6 mm，要求设计一棘轮机构，使每次送进量可在 0.2 mm 与 1.2 mm 之间做有级调整（共 6 级），设棘轮机构由一曲柄摇杆机构推动。试绘出机构简图，并做必要的计算和说明。

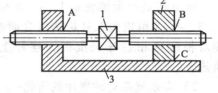

图 7-39 题 7-11 图

第8章 机器人机构学

机器人是 20 世纪 50 年代开始发展起来的一种高科技自动化设备。用于提高生产率、严格保证作业质量、减轻劳动强度及在恶劣环境下能顺利有效地完成作业。

机器人技术涉及生物学、运动学、动力学、机构学、自控技术、传感技术、人工智能技术、检测与信息处理技术、计算机技术、视觉与语音识别技术及专家系统等学科领域，是一门跨学科的综合技术。其中，机器人机构学是机器人技术的主要基础理论和关键技术。

从机构学的角度分析，工业机器人的机械结构一般采用由一系列连杆通过运动副串联起来的开式运动链。机器人机构学不仅是机器人的主要基础理论和关键技术，也是现代机械原理研究的主要内容。

8.1 机器人机构的类型和特点

8.1.1 开式链机构及其特点

开式链机构是由开式运动链所组成的机构（图 8-1）。开式链的自由度较闭式链的多，因此要使其成为具有确定运动的机构，就需要更多的原动机；开式链中末端构件的运动，与闭式链中任何构件的运动相比，更为复杂多样。因此，开式链机构具有运动灵活、复杂多样，但需要多个驱动源，且运动分析复杂的特点。利用开式链机构的特点，结合伺服控制和计算机的使用，开式链机构的一个重要应用领域是机器人工程，开式链机构在各种机器人中得到了广泛的应用。

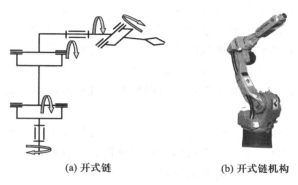

(a) 开式链   (b) 开式链机构

图 8-1 开式链及开式链机构

8.1.2 机器人的分类及发展

1. 机器人的分类

机器人是一种自动控制下通过编程可完成某些操作或移动作业的装置，它是一种灵活的、具有多目的用途的自动化系统，易于调整来完成各种不同的劳动作业和智能动作，其中包括在变化之中及没有事先说明的情况下的作业。

机器人并不是在简单意义上代替人工的劳动，而是综合了人的特长和机器特长的一种拟人的机械电子装置，既有人对环境状态的快速反应和分析判断能力，又有机器可长时间持续工作、精确度高、抗恶劣环境的能力，从某种意义上说，它也是机器进化过程的产物，是工业以及非产业界的重要生产和服务性设备，是先进制造技术领域不可缺少的自动化设备。

关于机器人如何分类，国际上没有制定统一的标准，有的按负载重量分，有的按控制方式分，有的按自由度分，有的按结构分，有的按应用领域分。

我国的机器人专家从应用环境出发，将机器人分为两大类，即工业机器人和特种机器人。所谓工业机器人，就是面向工业领域的多自由度机器人。而特种机器人则是除工业机器人之外的、用于非制造业并服务于人类的各种先进机器人，包括服务机器人、水下机器人、娱乐机器人、军用机器人、农业机器人、机器人化机器等。在特种机器人中，有些分支发展很快，有独立成体系的趋势，如服务机器人、水下机器人、军用机器人、微操作机器人等。

工业机器人是机器人的一个重要分支，它的特点是可通过编程完成各种预期的作业任务，在构造和性能上兼有人和机器各自的优点，尤其是体现了人的智能和适应性，机器作业的准确性和在各种环境中完成任务的能力。因而，在国民经济各个领域中具有广阔的应用前景。

2. 机器人的应用与发展

经过四十多年的发展，工业机器人已在越来越多的领域得到了应用。在制造业中，尤其是在汽车产业中，工业机器人得到了广泛的应用。如在毛坯制造（冲压、压铸、锻造等）、机械加工、焊接、热处理、表面涂覆、上下料、装配、检测及仓库堆垛等作业中，机器人都已逐步取代了人工作业。

随着工业机器人向更深更广的方向发展以及机器人智能化水平的提高，机器人的应用范围还在不断地扩大，已从汽车制造业推广到其他制造业，进而推广到诸如采矿机器人、建筑业机器人以及水电系统维护维修机器人等各种非制造行业。此外，在国防军事、医疗卫生、生活服务等领域，机器人的应用也越来越多，如无人侦察机（飞行器）、警备机器人、医疗机器人、家政服务机器人等均有应用实例。机器人正在为提高人类的生活质量发挥着重要的作用。

机器人技术涉及力学、机构学、电气液压技术、自控技术、传感技术和计算机等学科领域，是一门跨学科综合技术。从机构学的角度分析，工业机器人的机械结构一般采用由一系列连杆通过运动副串联起来的开式链机构。

机器人领域发展近几年有如下几个趋势：

（1）工业机器人性能不断提高（高速度、高精度、高可靠性、便于操作和维修），而单机价格不断下降。

（2）机械结构向模块化、可重构化发展。例如关节模块中的伺服电机、减速机、检测系统二位一体化；由关节模块、连杆模块用重组方式构造机器人整机；国外已有模块化装配机器人产品问世。

（3）工业机器人控制系统向基于 PC 机的开放型控制器方向发展，便于标准化、网络化；器件集成度提高，控制柜日见小巧，且采用模块化结构；大大提高了系统的可靠性、易操作性和可维修性。

（4）机器人中的传感器起着日益重要的作用，除采用传统的位置、速度、加速度等传感器外，装配、焊接机器人还应用了视觉、力觉等传感器，而遥控机器人则采用视觉、声觉、力觉、触觉等多传感器的融合技术来进行环境建模及决策控制；多传感器融合配置技术在产品化系统中已有成熟应用。

（5）虚拟现实技术在机器人中的作用已从仿真、预演发展到用于过程控制，如使遥控机器人操作者产生置身于远端作业环境中的感觉来操纵机器人。

（6）当代遥控机器人系统的发展特点不是追求全自治系统，而是致力于操作者与机器人的人机交互控制，即遥控加局部自主系统构成完整的监控遥控操作系统，使智能机器人走出实验室，逐渐实用化。美国发射到火星上的"索杰纳"机器人就是这种系统成功应用的最著名实例。

（7）机器人化的机械开始兴起。从 1994 年美国开发出"虚拟轴机床"以来，这种新型装置已成为国际研究的热点之一，纷纷探索开拓其实际应用的领域。

8.2 串联机器人的结构分析

8.2.1 串联机器人的组成

串联机器人通常由执行机构、驱动-传动系统、控制系统及智能系统四部分组成。

执行机构是机器人赖以完成各种作业的主体部分，通常由开式链机构组成。

驱动-传动机构由驱动器和传动机构组成。传动机构有机械式、电气式、液压式、气动式和复合式等形式，而驱动器有步进电机、伺服电机、液压马达和液压缸等。

控制系统一般由控制计算机和伺服控制装置组成。前者的功能是发出指令协调各有关驱动器之间的运动，同时要完成编程、示教、再现以及与其他环境状况（传感器信号）、工艺要求、外部相关设备之间的信息传递和协调工作，而后者是控制各关节驱动器使各部分能按预定的运动规律运动。

智能系统则由感知系统和分析决策系统组成，它分别由传感器及软件来实现。

8.2.2　串联机器人操作机及其组成

工业机器人的操作机（操作器）即机器人的执行机构部分，是机器人握持工具或工件，完成各种运动和操作任务的机械部分。如图 8-2 所示，操作机一般是由一系列连杆通过运动副串联起来的开式链机构，连接两连杆的运动副称为关节。由于结构上的原因，其运动副通常只用转动副和移动副两类。以转动副相连的关节称为转动关节（简记为 R），以移动副相连的关节则称为移动关节（简记为 P），每个关节上配有相应的驱动器。一般说来，运动链的自由度和手部（末端执行器）运动的自由度在数量上是相等的。这种机构组成形式，可以使机器人的手部以任意姿态达到机器人工作空间中的任意点。

图 8-2 所示为操作机的组成，它主要由机身（机座）、臂部、腕部和手部组成。机座是用来支持手臂并安装驱动装置等部件的，在机器人中相对固定，有固定式机座和移动式机座，移动式机座下部的行走机构可以是滚轮或履带，步行机器人的行走机构多为连杆机构。连接机座和臂部的部分为腰部，通常作回转运动（腰关节）。臂部（包括大臂和小臂）是操作机的主要执行部件，其作用是支撑腕部和手部，并带动它们在空间运动，从而使手部按一定的运动轨迹由某一位置达到另一指定位置。大臂与腰部形成肩关节，大臂与小臂形成肘关节，臂部与腰部一起确定手部在

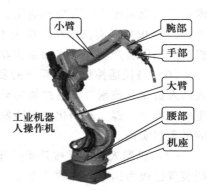

图 8-2　工业机器人操作机的组成

空间的位置，故称之为位置机构或手臂机构。腕部是连接臂部和手部的部件，其作用主要是改变和调整手部在空间的方位，从而使手爪中所握持的工具或工件取得某一指定的姿态，故又称为姿态机构。手部又称末端执行器，是操作机直接执行操作的装置，其作用是握持工件或抓取工件，其上可安装夹持器、工具、传感器等。夹持器分为机械夹紧、磁力夹紧、液压张紧和真空抽吸四种。该操作机可实现腰回转、肩旋转、肘旋转、腕摆转、腕俯仰及腕回转六个独立运动，从而使机器人末端执行器实现空间任意位置和姿态。

8.2.3　串联机器人操作机的结构分类

操作机中，凡独立驱动的关节称为主动关节，反之为从动关节。在操作机中主动关节的数目应等于操作机的自由度。手臂运动通常称为操作机的主运动，工业机器人也常按手臂运动的坐标形式和形态来进行分类，有以下四种类型（图 8-3）：

（1）直角坐标型（图 8-3a）　又称为直移型，具有三个移动关节（PPP），可使臂部产生三个互相垂直的独立位移（臂部伸缩、升降和平移运动）。

直角坐标型的优点是定位精度高，空间轨迹易求解，计算机控制简单。缺点是操作机本身所占空间尺寸大，相对工作范围小，操作灵活性较差，运动速度较低。

（2）圆柱坐标型（图8-3b）　又称为回转型，具有两个移动关节和一个转动关节（PPR），即臂部除具有伸缩和升降自由度外，还有一水平回转的自由度。

圆柱坐标型的优点是所占的空间尺寸较小，相对工作范围较大，结构简单，手部可获得较高的速度。这是应用最广泛的一种类型。缺点是手部外伸离中心轴越远，其切向线位移分辨精度越低。

（3）球坐标型（图8-3c）　又称为俯仰型，具有两个转动关节和一个移动关节（RRP），即臂部除具有伸缩和水平回转的自由度外，还有一个俯仰运动的自由度。

球坐标型的优点是结构紧凑，所占空间尺寸小。

（4）关节型（图8-3d）　又称为屈伸型，有三个转动关节（RRR）。其臂部由大臂和小臂组成，大臂与机身之间以肩关节相连，大臂与小臂之间以肘关节相连。大臂具有水平回转和俯仰两个自由度，小臂相对于大臂还有一个俯仰自由度。从形态上看，小臂相对于大臂作屈伸运动。

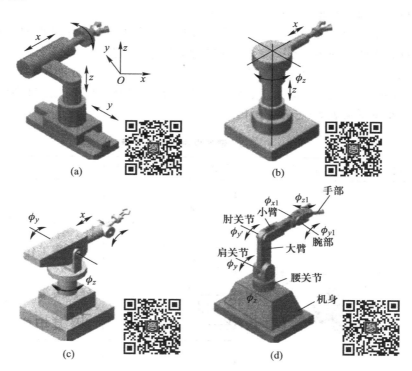

图8-3　操作机类型

关节型的优点是结构紧凑，所占空间体积小，相对工作空间大等，还能绕过机座周围的一些障碍物，应用较多。缺点是运动直观性更差，驱动控制比较复杂。

除上述四种基本形式外，还有各种复合坐标形式。

8.2.4　操作机的自由度

操作机的自由度是指在确定操作机所有构件的位置时所必须给定的独立运动参数的数目。操作机的主运动链通常是一个装在固定机架上的开式运动链。为了驱动方便，每一个

196 of 288 第 8 章 机器人机构学

关节位置都是由单个变量来规定的，因此每个关节具有一个自由度，故操作机的自由度数目等于操作机中各运动部件自由度的总和，即操作机的自由度计算公式为

$$F = 6N - \sum_{i=1}^{5} I p_i = \sum_{i=1}^{5} f_i p_i \qquad (8-1)$$

式中：F 为操作机的自由度；N 为操作机的活动构件的数目；I 为 i 级运动副的约束数；p_i 为操作机的 i 级运动副的数目；f_i 为操作机中第 i 个运动部件的自由度。

自由度是反映操作机的通用性和适应性的一项重要指标。目前一般通用工业机器人的自由度为 5 左右，已能满足多种作业的要求。

在图 8-2 所示的机器人操作机中，其臂部有三个关节，故臂部有三个自由度：绕腰关节转动的自由度 φ_z，绕肩关节运动的自由度 φ_y，绕肘关节摆动的自由度 φ_{y}；其腕部有三个关节，故腕部也具有三个自由度：绕自身旋转的自由度 φ_{x1}，上下摆动的自由度 φ_{y1}，左右摆动的自由度 φ_{z1}。因此，整个操作机具有 6 个自由度。自由度越多，就越能接近人手的动作机能，通用性越好，但结构也越复杂。

一般来说，操作机手部在空间的位置和运动范围主要取决于臂部的自由度，因此臂部的运动称为操作机的主运动，臂部各关节称为操作机的基本关节。

1. 臂部自由度组合及运动图形

臂部的运动形式有直线运动、回转运动及直线与回转组合运动三种形式。臂部自由度组合及运动图形见表 8-1。

表 8-1　臂部自由度组合及运动图形

运动形式	机构图形	运动图形	自由度	运动区域
直线运动			1	一个直线运动构成直线轨迹
			2	两个直线运动构成一个矩形区域
			3	三个直线运动构成一长方体区域
回转运动			1	一个回转运动构成一个圆弧轨迹
			2	两个回转运动构成一个球面轨迹

续表

运动形式	机构图形	运动图形	自由度	运动区域
直线运动与回转运动的组合运动	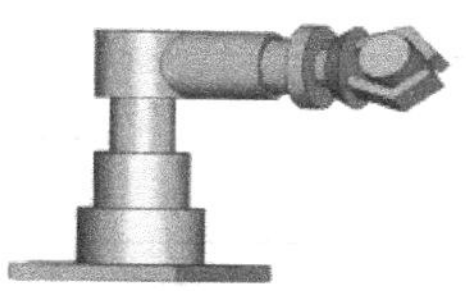	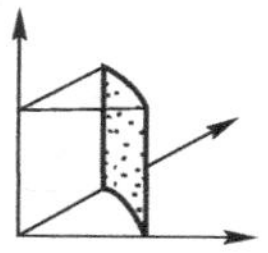	2	一个直线运动与一个回转运动组合，构成一个圆柱面
		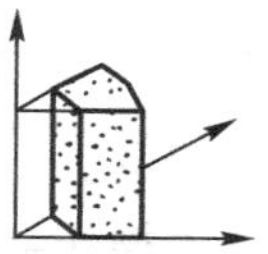	3	两个直线运动与一个回转运动组合，构成一个圆柱体
	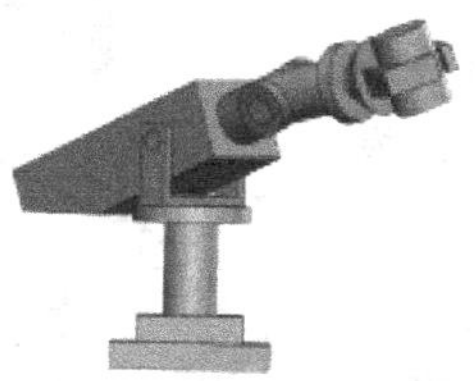	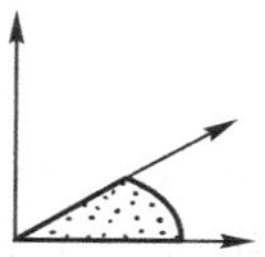	2	一个直线运动与一个回转运动组合，构成一个扇形
		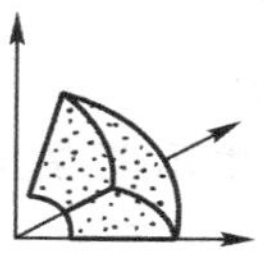	3	两个回转运动与一个直线运动组合，构成一个空心球体

由表 8-1 中列出的臂部自由度组合及运动图形可知，为了使操作机手部能够达到空间任一指定位置，通用的空间机器人操作机的臂部应至少具有 3 个自由度；为了使操作机的手部能够到达平面中任一指定位置，通用的平面机器人操作机的臂部应至少具有 2 个自由度。表 8-2 列出了臂部各运动自由度及对应的动作。

表 8-2 臂部各运动自由度及对应的动作

移动自由度		回转自由度	
x	前后伸缩	φ_x	一般不用（由手腕运动代替）
y	左右移动	φ_y	上下俯仰
z	上下移动（升降）	φ_z	左右摆动

2. 腕部的自由度

腕部的自由度主要是用来调整手部在空间的姿态。为了使手爪在空间取得任意的姿态，在通用的空间机器人操作器中其腕部应至少有 3 个自由度。一般情况下，这 3 个关节为轴线相互垂直的转动关节（图 8-2）。同样，为了使手爪在平面中能取得任意要求的姿态，在通用的平面机器人操作器中，其腕部应至少有一个转动关节。表 8-3 列出了腕部各运动自由度及对应的动作。

表 8-3　腕部各运动自由度及对应的动作

移动自由度		回转自由度	
x	不用	φ_{x1}	自身旋转
y	横向移动	φ_{y1}	上下摆动
z	纵向移动 （只用其中之一且很少使用）	φ_{z1}	左右摆动

手部的动作主要是开闭，用来夹持工件或工具。由于其运动并不改变工件或工具在空间的位置和姿态，故其运动的自由度一般不计入操作器的自由度数目中。

3. 冗余自由度

当在工作区间有障碍物时，为了使机器人操作机具有必要的机动性，以便机器人的手臂能够绕过障碍进入人难以到达的地方，要求操作机设计时具有冗余自由度，如图 8-4 所示，操作机的自由度大于 6 时，手爪可绕过障碍到达一定的位置。

由以上分析可知，通用的空间机器人操作器的自由度大于等于 6（位置 3 个，姿态 3 个），其中为了使手爪能够在三维空间中取得任意指定的姿态，至少要有三个转动关节；同样，通用的平面机器人操作器的自由度大于等于 3（位置 2 个，姿态

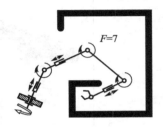

图 8-4　冗余自由度

1 个），其中为了使手爪能够在二维平面中取得任意指定的姿态，至少要有一个转动关节。也就是说，仅仅用移动关节来建立通用的空间或平面机器人是不可能的。

8.2.5　串联机器人操作机的设计

由前所述，从机器人完成作业的方式来看，操作机是由手臂机构（即位置机构）、腕部机构（即姿态机构）及末端执行器等组成的机构。对于要完成空间任意位姿进行作业的多关节操作机，需要具有 6 个自由度；而对于要回避障碍进行作业的操作机，其自由度数则需超过 6 个。

1. 操作机手臂机构的设计

手臂机构一般具有 2~3 个自由度（当操作机需要回避障碍进行作业时，其自由度可多于 3 个），可实现回转、俯仰、升降或伸缩三种运动形式。

首先，要确定操作机手臂机构的结构形式。通常根据其将完成的作业任务所需要的自由度数、运动形式、承受的载荷和运动精度要求等因素来确定。

然后，是确定手臂机构的尺寸，即确定其手臂的长度及手臂关节的转角范围。

此外，在确定操作机的结构形式及尺寸时，还必须考虑到由于手臂关节的驱动是由驱动器和传动系统来完成的，因而手臂部件自身的重量较大，而且还要承受腕部、末端执行器和工件的重量，以及在运动中产生的动载荷；也要考虑其对操作机手臂运动响应的速度、运动精度及运动刚度的影响等。

2. 操作机腕部机构的设计

操作机的腕部机构一般为 1~3 个自由度，要求可实现回转、偏转或摆转和俯仰等几种运动形式。

首先要确定腕部机构的自由度及其结构形式。腕部自由度越多，各关节的运动角范围越大，其动作的灵活性越高，对作业适应能力越强，但会使其机构复杂运动控制难度加大，故一般腕部机构的自由度为 1~2 即能满足作业要求，通用性强的自由度可为 3。而某些专业工业机器人的腕部则可视其作业实际需要可减少自由度数，甚至可以不要腕部。

其次，在做腕部机构的运动设计时，要注意大、小手臂的关节转角对末端操作器的俯仰角均可能产生诱导运动。

最后，腕部机构的设计还要注意减小手臂上的载荷，应力求腕部部件的结构紧凑，减小其重量和体积，以利于腕部驱动传动装置的布置和提高腕部动作的精确性。

3. 末端执行器的设计

机器人的末端执行器是直接执行作业任务的装置，通常末端执行器的结构和尺寸都是根据不同作业任务要求专门设计的，从而形成了多种多样的结构形式。

根据其用途和结构的不同末端执行器可分为机械式夹持器、吸附式执行器和专用工具（如焊枪、喷嘴、电磨头等）三类。按其手爪的运动方式又可分为平移型和回转型。按其夹持方式又可分为外夹式和内撑式。此外，按驱动方式可分为电动、液压和气动三种。

进行末端执行器的设计时，首先，根据不同作业任务的要求，确定其类型、机构形式及其尺寸；其次，要满足足够的加持力和所需要的夹持位置精度；最后，应尽可能使其结构简单、紧凑、重量轻，以减小手臂上的载荷。

8.3　串联机器人的运动分析

8.3.1　串联机器人运动分析研究的主要问题

串联机器人运动分析研究的主要问题包括正向运动学问题（直接问题）和反向运动学问题两个方面。

如图 8-5 所示，给出操作机的一组关节参数 θ_1、θ_2、θ_3，确定其末端执行器的位置和姿态 x、y、φ，可获得一组唯一确定的解。

确定一组关节参数使末端执行器达到工作所要求的一个给定位置和姿态，有解的存在性（解的存在与否表明其操作器是否能达到所要求的位置和姿态）和多重解（对应于工作所要求的末端执行器的一个给定位置和姿态，可能存在着多组关节参数，每一组关节参数都可以使末端执行器达到这一规定的位置和姿态）的问题。

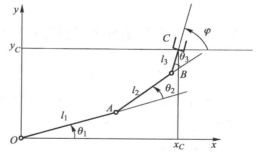

图 8-5　正、反向运动学问题

8.3.2　平面两连杆关节型操作机正向运动学分析

在正向运动学问题中，如图 8-6 所示，已知平面两连杆关节型操作机各关节的位置坐标 θ_1、θ_2，关节速度 $\dot\theta_1$、$\dot\theta_2$，关节加速度 $\ddot\theta_1$、$\ddot\theta_2$，求操作器臂端 B 点的位置 x_B、y_B、φ，速度 $\dot x_B$、$\dot y_B$ 和加速度 $\ddot x_B$、$\ddot y_B$。

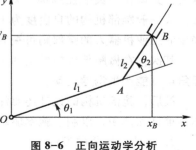

图 8-6　正向运动学分析

1）位置分析

在图 8-6 中，操作机臂端 B 点的位置，可以用矢量 OB 或 B 点的直角坐标 x_B、y_B 表示，即

$$\begin{bmatrix} x_B \\ y_B \end{bmatrix} = \begin{bmatrix} l_1\cos\theta_1 + l_2\cos(\theta_1+\theta_2) \\ l_1\sin\theta_1 + l_2\sin(\theta_1+\theta_2) \end{bmatrix} \tag{8-2}$$

而固连在臂末端的末端执行器的姿态角 φ，可以用连杆 AB 在直角坐标系中的方位来表示，即

$$\varphi = \theta_1 + \theta_2 \tag{8-3}$$

2）速度分析

将位移方程式（8-2）对时间求导，即可以得到 B 点的速度求解。

$$\begin{bmatrix} \dot x_B \\ \dot y_B \end{bmatrix} = \begin{bmatrix} -l_1\dot\theta_1\sin\theta_1 - l_2(\dot\theta_1+\dot\theta_2)\sin(\theta_1+\theta_2) \\ l_1\dot\theta_1\cos\theta_1 + l_2(\dot\theta_1+\dot\theta_2)\cos(\theta_1+\theta_2) \end{bmatrix}$$

$$= \begin{bmatrix} -l_1\sin\theta_1 - l_2\sin(\theta_1+\theta_2) & -l_2\sin(\theta_1+\theta_2) \\ l_1\cos\theta_1 + l_2\cos(\theta_1+\theta_2) & l_2\cos(\theta_1+\theta_2) \end{bmatrix} \begin{bmatrix} \dot\theta_1 \\ \dot\theta_2 \end{bmatrix} = J \begin{bmatrix} \dot\theta_1 \\ \dot\theta_2 \end{bmatrix} \tag{8-4}$$

式中矩阵

$$J = \begin{bmatrix} -l_1\sin\theta_1 - l_2\sin(\theta_1+\theta_2) & -l_2\sin(\theta_1+\theta_2) \\ l_1\cos\theta_1 + l_2\cos(\theta_1+\theta_2) & l_2\cos(\theta_1+\theta_2) \end{bmatrix} = \begin{bmatrix} \dfrac{\partial x}{\partial\theta_1} & \dfrac{\partial x}{\partial\theta_2} \\ \dfrac{\partial y}{\partial\theta_1} & \dfrac{\partial y}{\partial\theta_2} \end{bmatrix} \tag{8-5}$$

J 称为操作机的雅可比矩阵。操作机的雅可比矩阵是关节速度和操作机臂端的直角坐标速度之间的转换矩阵。

同理，操作机臂端 B 点的加速度可通过对速度方程式两边对时间再次求导得到。

8.3.3　平面两连杆关节型操作机反向运动学分析

在反向运动学问题中，如图 8-7 所示，已知操作机末端执行器的位置 x_B、y_B，速度 $\dot x_B$、$\dot y_B$ 和加速度 $\ddot x_B$、$\ddot y_B$，求操作机各关节的位置参数 θ_1、θ_2，运动参数 $\dot\theta_1$、$\dot\theta_2$（关节速度）和 $\ddot\theta_1$、$\ddot\theta_2$（关节加速度）。

1）位置分析

操作机臂末端的位置坐标为 x_B、y_B，则由式（8-2）可得

$$x_B^2 + y_B^2 = [l_1\cos\theta_1 + l_2\cos(\theta_1 + \theta_2)]^2 + [l_1\sin\theta_1 + l_2\sin(\theta_1 + \theta_2)]^2$$
$$= l_1^2 + l_2^2 + 2l_1l_2\cos\theta_2$$

由此可得

$$\cos\theta_2 = \frac{x_B^2 + y_B^2 - l_1^2 - l_2^2}{2l_1l_2} \qquad \cos\theta_2 \in [-1, +1] \quad (8-6)$$

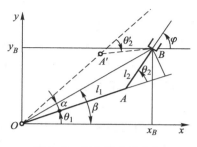

图 8-7 反向运动学分析

如果不满足约束条件，说明给定的臂端目标位置过远，已超出了该操作机的工作空间。

如果所给定的目标点在操作机的工作空间内，则可以得到

$$\sin\theta_2 = \pm\sqrt{1 - \cos^2\theta} \qquad (8-7)$$

所以

$$\theta_2 = \arctan\frac{\sin\theta_2}{\cos\theta_2} \qquad (8-8)$$

这里，在求 θ_2 时，采用了先确定所求关节角的正弦和余弦，然后求这两个变量反正切的方法，这样既可保证求出所有的解，又保证了求出的角度在正确的象限内。

式（8-8）有两个解，它们大小相等，正负号相反，这说明到达所给定的目标点的构型有两个，一个如图 8-7 中的实线所示（θ_2 为正，肘向上），另一个如图中的虚线所示（θ_2 为负，肘向下）。需要指出的是，在两自由度平面关节型操作机的情况下，这两组解所对应的末端执行器的姿态是不同的。

求出关节角 θ_2 后，即可以进一步来求解关节角 θ_1。由图 8-7 可知

$$\beta = \arctan\frac{y_B}{x_B} \qquad (8-9)$$

β 角可在任一象限内，它取决于 x_B、y_B 的符号。

而 α 角可通过余弦定理求得

$$l_2^2 = x_B^2 + y_B^2 + l_1^2 - 2l_1\sqrt{x_B^2 + y_B^2}\cos\alpha$$

故

$$\alpha = \arccos\frac{x_B^2 + y_B^2 + l_1^2 - l_2^2}{2l_1\sqrt{x_B^2 + y_B^2}} \qquad 0 \leq \alpha \leq 180° \qquad (8-10)$$

则

$$\theta_1 = \beta \pm \alpha \qquad (8-11)$$

式中：$\theta_2 < 0$ 时，取 "+"；$\theta_2 > 0$ 时，取 "-"。

2) 速度分析

可通过将式（8-4）两边同乘以一个 J^{-1}（雅可比矩阵的逆矩阵）来求解反向运动学的速度问题，即

$$\begin{bmatrix} \dot{\theta}_1 \\ \dot{\theta}_2 \end{bmatrix} = J^{-1}\begin{bmatrix} \dot{x}_B \\ \dot{y}_B \end{bmatrix} \qquad (8-12)$$

该式表明：操作器各关节的速度，可通过其雅可比矩阵的逆矩阵和给定的操作器臂端的直角坐标系中的速度求得。

当已知操作机臂末端在直角坐标系中的速度，利用上式来求解各关节速度时，首先需要判断其雅可比矩阵是否可以求逆。而一个矩阵有逆的充要条件是其行列式的值不为零。

由式（8-5）可知，其雅可比矩阵的行列式为

$$
\begin{aligned}
|J| = &-l_1 l_2 \sin\theta_1 \cos(\theta_1+\theta_2) - l_2^2 \sin(\theta_1+\theta_2)\cos(\theta_1+\theta_2) + \\
&l_1 l_2 \cos\theta_1 \sin(\theta_1+\theta_2) + l_2^2 \sin(\theta_1+\theta_2)\cos(\theta_1+\theta_2) = l_1 l_2 \sin\theta_2
\end{aligned}
\tag{8-13}
$$

所以，当 $\theta_2 = 0°$ 或 $\theta_2 = 180°$ 时，$|J| = 0$，J^{-1} 不存在。从物理意义上讲，当 $\theta_2 = 0°$ 时，两连杆伸直共线；当 $\theta_2 = 180°$ 时，两连杆重叠共线，在这两种情况下，臂末端只能沿着垂直于手臂的方向运动，而不能沿着连杆 AB 的方向运动，这意味着在该操作机工作空间的边界上，操作机将不再是一个二自由度的操作机，而变成了仅具有一个自由度的操作机。这样的位置称为操作器的奇异位置。在奇异位置，有限的关节速度不可能使臂末端获得规定的速度（类似与曲柄滑块机构的"死点"位置）。

为了进一步了解奇异位置的特点，下面分析关节速度求解的一般表达式。

因
$$
J^{-1} = \frac{1}{l_1 l_2 \sin\theta_2}
\begin{bmatrix}
l_2 \cos(\theta_1+\theta_2) & l_2 \sin(\theta_1+\theta_2) \\
-l_1 \cos\theta_1 - l_2 \cos(\theta_1+\theta_2) & -l_1 \sin\theta_1 - l_2 \sin(\theta_1+\theta_2)
\end{bmatrix}
$$

$$
\begin{aligned}
\begin{bmatrix} \dot\theta_1 \\ \dot\theta_2 \end{bmatrix}
&= J^{-1} \begin{bmatrix} \dot x_B \\ \dot y_B \end{bmatrix} \\
&= \frac{1}{l_1 l_2 \sin\theta_2}
\begin{bmatrix}
l_2 \cos(\theta_1+\theta_2) & l_2 \sin(\theta_1+\theta_2) \\
-l_1 \cos\theta_1 - l_2 \cos(\theta_1+\theta_2) & -l_1 \sin\theta_1 - l_2 \sin(\theta_1+\theta_2)
\end{bmatrix}
\begin{bmatrix} \dot x_B \\ \dot y_B \end{bmatrix}
\end{aligned}
\tag{8-14}
$$

该式表明：在奇异位置，为了使臂末端具有规定的速度，要求关节速度必须达到无穷大；在奇异位置附近，为了使臂末端具有规定的速度，需要有限的却非常高的关节速度 $\dot\theta_1$、$\dot\theta_2 \left(\text{正比于} \dfrac{1}{\sin\theta_2}\right)$。

8.3.4　平面两连杆关节型操作机工作空间分析

工作空间，即操作机的工作范围，指在机器人运动过程中，其操作机臂端所能达到的全部点所构成的空间，通常以腕部中心点在操作机运动时所占有的空间体积来表示，其形状和大小反映了一个机器人的工作能力。操作机的工作空间有可达到的工作空间和灵活的工作空间之分。

可达到的工作空间指的是机器人末端执行器至少可在一个方位上能达到的空间范围。

灵活的工作空间指的是机器人末端执行器在所有方位均能达到的空间范围。

上述平面两连杆关节型操作机的工作空间可以用下式描述：

$$
|l_1 - l_2| \leqslant \sqrt{x_B^2 + y_B^2} \leqslant l_1 + l_2
\tag{8-15}
$$

其工作空间为一圆环面积，该圆环的中心同固定铰链点 O 重合。圆环的内半径和外半径分别为 $|l_1 - l_2|$ 和 $l_1 + l_2$，如图 8-8a 所示。在该工作空间内的每一点，末端执行器可取得两个可能的姿态；而在工作空间边界上的每一点，末端执行器只能有一个可能的姿态。因此，该工作空间为操作机可达到的工作空间。

若对于给定的 $l_1 + l_2$，设计时取 $l_1 = l_2 = l$，即让两连杆等长，则此时工作空间可用下式表示：

$$
0 \leqslant \sqrt{x_B^2 + y_B^2} \leqslant 2l
\tag{8-16}
$$

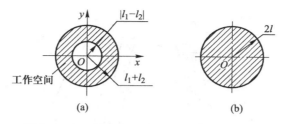

图 8-8 平面两连杆关节型操作机的工作空间

即工作空间为一圆面积。如图 8-8b 所示,在圆心点,末端执行器可取得任意姿态。

8.4 并联机器人简介

对机器人而言,并联机构刚度大、运动惯性小、精度高的优点非常明显。尽管并联机器人的工作空间和灵活性受到一定限制,但与串联机器人能够在结构和性能上形成互补关系,可完成串联机器人难以完成的任务,从而扩大了机器人的应用范围。并联机器人机构可以用于航天飞船和航海潜艇救援对接器、精密操作的搬动器等,近年来还成功地用于虚拟六轴加工中心以及毫米级的微型机器人上。本节将对并联机器人机构做简要介绍。

并联机构(parallel mechanism,简称 PM),可以定义为动平台和定平台,通过至少两个独立的运动链相连接,机构具有两个或两个以上自由度,且以并联方式驱动的一种闭环机构。

根据并联机构的定义,目前的并联机构多具有 2、3、4、5 和 6 个自由度。据不完全统计,现有公开的并联机构有上千种,其中 3、6 个自由度的占 70%,其他自由度的并联机构只占 30%。但经典并联机构(classicad parallel robot)仍然寥寥无几。这里介绍其中常用的几种。

8.4.1 Stewart 平台

在 1965 年,Stewart 提出一种新型的、六自由度的空间并联机构,它由上、下两个平台和 6 个并联的、可独立自由伸缩的伸缩杆组成,伸缩杆和平台之间通过两组球铰链 A、B、C、D、E、F 和 a、b、c、d、e、f 连接,称为 Stewart 平台,如图 8-9 所示。

从图中可见,如果将下平台作为固定平台,以伸缩杆的位移作为输入变量,则可以控制上平台(动平台)的空间位移和姿态。这种新型的六自由度的空间并联机构引起众多研究者的兴趣,经过 50 余年的不断改进和发展,演变出不同的运动学原理和结构的空间并联机构,并在许多科学研究和工业领域得到了广泛应用。Stewart 平台可作为飞行模拟器(图 8-10)及精密定位平台(图 8-11)。

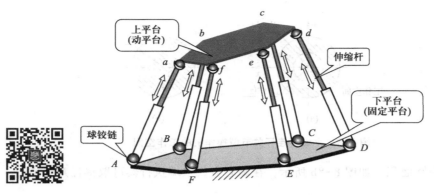

图 8-9　Stewart 平台的工作原理

图 8-10　飞行模拟器

图 8-11　精密定位平台

8.4.2　Delta 并联机器人

Delta 并联机器人是由瑞士洛桑工学院（EPFL）Clavel 在 20 世纪 80 年代初首先提出，并申请专利。其工作原理如图 8-12 所示。

Delta 并联机器人的原理是由 3 组连杆机构和摆动控制臂连接固定平台（上平台）和动平台（下平台）。控制臂的一端固定在上平台上，在电动机或其他作动器的驱动下作一定角度的反复摆动，控制臂另一端通过球铰链与连杆机构连接，连杆机构再通过球铰链与动平台连接，以实现下平台 3 个坐标轴方向上的移动。动平台上固定有机器人的工作端，再由上平台上的电动机通过可伸缩套筒中的机构操纵工作端上的部件。

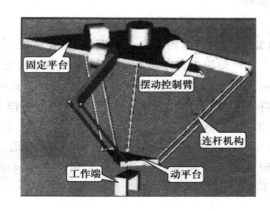

图 8-12　Delta 并联机器人

目前，Delta 并联机器人已经广泛用于化妆品、食品、药品的包装和电子产品的装配工作中，图 8-13 所示为采用 Delta 并联机器人包装巧克力。

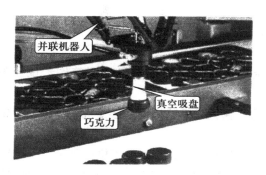

图 8-13 采用 Delta 并联机器人包装巧克力

8.4.3 平面 3-RRR 和球面 3-RRR 并联机构

平面 3-RRR 和球面 3-RRR 并联机构都是由加拿大拉瓦尔（Laval）大学的果斯林（Gosselin）教授提出并进行系统研究的，它们也是并联机构家族中应用较广的类型。

如图 8-14 所示，平面 3-RRR 机构的动平台相对固定平台具有 3 个平面自由度，即 2 个平面内的移动和 1 个绕垂直于该平面轴线的转动，其运动模式与开链 3R 机器人完全一致。由于平面 3-RRR 机构具有平面特征，而且便于一体化加工，多作为精密运动平台的机构本体。

图 8-15 所示是球面 3-RRR 并联机构，该机构所有转动副的轴线交于空间一点，该点称为机构的转动中心。动平台的运动是绕穿过该转动中心的 3 个互相垂直的坐标轴的转动，因此该机构也称为调姿态平台。

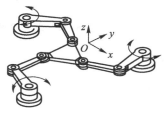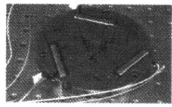

图 8-14 平面 3-RRR

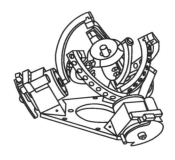

图 8-15 球面 3-RRR 并联机构

习　　题

8-1　图 8-16 所示为一机器人的操作机轴测简图，试绘制该机器人操作机的机构简图。

8-2　图 8-17 所示为一偏置式手腕机构。已知机构的各锥齿轮的齿数及各输入轴的运动转角。

（1）试计算该手腕机构的自由度，并说明该机构是否具有确定的运动。

（2）试分析该手腕机构的结构，说明它是如何实现腕部的回转运动（φ）、俯仰运动（β）和手爪的回转运动（θ）的，并确定它们与输入运动参数的关系式。

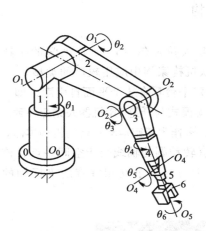

图 8-16　题 8-1 图

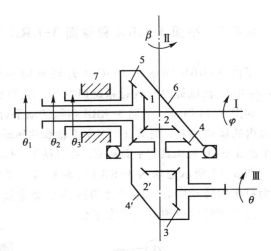

图 8-17　题 8-2 图

第9章 机械系统动力学

9.1 机械的运转过程

9.1.1 机械的运转及其速度波动调节的目的

在对机构进行运动或力分析研究时，一般假定原动件的运动规律为已知，且作等速运动。然而，在实际工作中，机械原动件的运动规律是由作用在机械上的外力、各构件的质量及其转动惯量、原动件的位置等因素所决定的。因而在一般情况下，原动件的速度并不恒定。只有确定了原动件的真实运动规律后，才能应用前述的分析方法求解机构中其他构件的运动规律与受力状况。研究机械系统的真实运动规律，对于设计机械，特别是高速、重载、高精度以及高自动化的机械具有十分重要的意义。所以，分析在外力作用下机械的运转过程及特征，建立机械系统的等效动力学模型和机械运动方程并求解，得出机械原动件的真实运动规律，是本章研究的主要内容之一。

机械运转过程中，外力的变化会引起速度的波动，速度的波动会使运动副中产生附加的动压力，并导致机械振动和噪声，从而减少机械的使用寿命，降低工作效率与质量。另外，外力突然减小或增大时，可能发生飞车或停车事故。所以，研究速度波动产生的原因，掌握通过合理设计来调节速度波动的方法，以便设法将机械运转速度的波动限制在许可的范围之内。

9.1.2 作用在机械上的力

当忽略机械中各构件的重力以及运动副中的摩擦力时，作用在机械上的力可分为工作阻力和驱动力两大类。

1. 工作阻力

工作阻力是指机械工作时需要克服的工作载荷，它决定于机械的工艺特点。有些机械在工作过程中的某个阶段，工作阻力近似为常数（如车床）；有些机械的工作阻力是执行构件位置的函数（如曲柄压力机）；还有一些机械的工作阻力是执行构件速度的函数（如鼓风机、搅拌机等）；也有极少数机械，其工作阻力是时间的函数（如揉面机、球磨机等）。

2. 驱动力

驱动力是指驱使原动件运动的力，其变化规律决定于原动机的机械特性。如蒸汽机、内燃机等原动机输出的驱动力是活塞位置的函数；机械中应用最广泛的电动机，其输出的驱动力矩是转子角速度的函数。

力（或力矩）与运动参数（位移、速度、时间等）之间的关系称为机械特性。图 9-1 所示为交流异步电机的机械特性曲线。

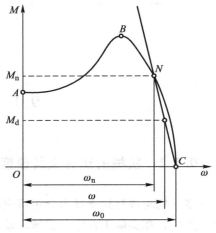

当用解析法研究机械在外力作用下的运动时，原动机发出的驱动力必须以解析式表示。为此，可以将原动机的机械特性曲线作如下线性处理。例如图 9-1 中的曲线 BC 部分，可以近似地以通过点 N 和点 C 的直线代替。点 N 的转矩 M_n 为电动机的额定转矩，它所对应的角速度 ω_n 为电动机的额定角速度。点 C 对应的角速度 ω_0 为同步角速度，这时电动机的转矩为 0。此直线上任意一点所确定的驱动力矩 M_d 可由下式表示：

$$M_d = \frac{M_n(\omega_0 - \omega)}{\omega_0 - \omega_n} \qquad (9-1)$$

式中：M_n、ω_n、ω_0 可从电动机产品目录中查出。

图 9-1　交流异步电机的机械特性曲线

9.1.3　机械运转的三个阶段

1. 启动阶段

图 9-2 所示为机械运转的全过程中原动件的角速度 ω 随时间 t 变化的曲线。在启动阶段，机械原动件的角速度 ω 由零逐渐上升，直至达到正常运转的平均角速度 ω_m 为止。在这一阶段，由于机械所受的驱动力所作的驱动功 W_d 大于为克服工作阻抗力所需的有益功 W_r 和克服有害阻抗力所消耗的损耗功 W_f，所以机械内积蓄了动能 ΔE。根据动能定理，在启动阶段的动能关系可以表示为

$$W_d = W_r + W_f + \Delta E \qquad (9-2)$$

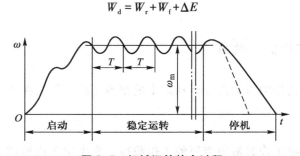

图 9-2　机械运转的全过程

2. 稳定运转阶段

继启动阶段，机械进入稳定运转阶段。在这一阶段，机械原动件的平均角速度 ω_m 保持稳定，即为一常数。

一般情况下，在稳定运转阶段，机械原动件的角速度 ω 还会出现不大的周期性波动，即在一个周期 T 内的各个瞬时 ω 值略有升降，但在一个周期 T 的始末，其角速度 ω 相等，机械的动能也相等（即 $\Delta E = 0$）。所以在一个周期内，机械的总驱动功与总阻抗功相等。这可以表示为

$$W_d = W_r + W_f \tag{9-3}$$

机械在稳定运转阶段的特点为：① 匀速稳定运转，ω = 常数。只有在特殊情况下，原动件才作等角速度运动，如图 9-3 所示。② 周期变速稳定运转，$\omega(t) = \omega(t+T)$，原动件将围绕某一平均角速度 ω_m 作周期性波动，如图 9-2 所示。③ 非周期变速稳定运转，如图 9-4 所示。非周期速度波动大多是由于外力发生突变造成的。

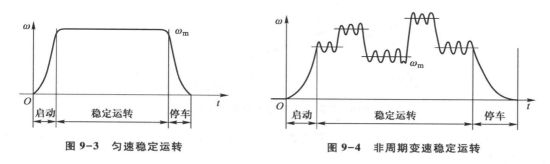

图 9-3　匀速稳定运转　　　　　　图 9-4　非周期变速稳定运转

3. 停机阶段

在机械趋于停止运转的过程中，一般已撤去驱动力，即驱动功 $W_d = 0$，而且工作阻力一般也不再作用，W_r 亦为零。因此，当损耗功逐渐将机械具有的动能消耗完时，机械便停止运转。这一阶段机械功能关系可表示为

$$W_f = -\Delta E \tag{9-4}$$

为了缩短停机所需的时间，可以在机器中安装制动装置以增大损耗功 W_f。启动和停机阶段统称为机械运转的过渡阶段，为了缩短这一过程，在启动阶段，一般常使机械在空载下启动，或者另加一个启动电动机来加大输入功，以达到快速启动的目的。多数机械是在稳定运转阶段进行生产的，所以本章主要研究机械在稳定运转阶段的运转情况。

9.2　机械的等效动力学模型

9.2.1　机械运动方程的一般表达式

在实际机械中，绝大多数的机械只具有一个自由度。对于单自由度的机械系统，比较简便的方法就是根据动能定理建立其运动方程式。设某机械系统由 n 个活动构件组成，在 dt 时间内其总动能的增量为 dE，则根据动能定理，此动能增量应该等于在该瞬间作用于该机械系统的各外力所作的元功之代数和 dW，于是即可列出该机械系统运动方程的微分表达式为

$$dE = dW \tag{9-5}$$

现以图 9-5 所示的曲柄滑块机构为例具体分析说明。图中机构由三个活动构件组成，设已知曲柄 1 为原动件，其角速度为 ω_1；曲柄 1 的质心 S_1 在 O 点，其转动惯量为 J_1；连杆 2 的质量为 m_2，其对质心 S_2 的转动惯量为 J_{S2}，角速度为 ω_2，质心 S_2 的速度为 v_{S2}；滑块 3 的质量为 m_3，其质心 S_3 在 B 点，速度为 v_3。则该机构在 dt 瞬间的动能增量为

$$dE = d\left(\frac{1}{2}J_1\omega_1^2 + \frac{1}{2}m_2v_{S2}^2 + \frac{1}{2}J_{S2}\omega_2^2 + \frac{1}{2}m_3v_3^2 \right) \tag{9-6}$$

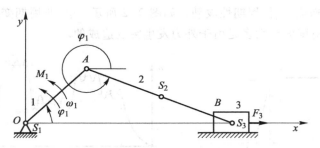

图 9-5　曲柄滑块机构运动方程式的建立

又由图 9-5 可见，在此机构上作用有驱动力矩 M_1 与工作阻力 F_3，在 dt 瞬间其对机构所作的功为

$$dW = (M_1\omega_1 - F_3v_3)dt \tag{9-7}$$

设外力在 dt 瞬时的功率为 N，则式（9-7）又可以写成

$$dW = Ndt = (M_1\omega_1 - F_3v_3)dt \tag{9-8}$$

于是瞬时功率 N 的表达式为

$$N = M_1\omega_1 - F_3v_3 \tag{9-9}$$

现将式（9-6）、式（9-7）代入式（9-5）可得出此曲柄滑块机构的运动方程式为

$$d\left(\frac{1}{2}J_1\omega_1^2 + \frac{1}{2}m_2v_{S2}^2 + \frac{1}{2}J_{S2}\omega_2^2 + \frac{1}{2}m_3v_3^2 \right) = (M_1\omega_1 - F_3v_3)dt \tag{9-10}$$

同理，如果机构由 n 个活动构件组成，并用 E_i 表示构件 i 的动能，则可将式（9-6）中的动能 E 写成如下的一般表达式：

$$E = \sum_{i=1}^{n} E_i = \sum_{i=1}^{n} \left(\frac{1}{2}m_iv_{Si}^2 + \frac{1}{2}J_{Si}\omega_i^2 \right) \tag{9-11}$$

如作用在构件 i 上的作用力为 F_i，力矩为 M_i，力 F_i 的作用点的速度为 v_i，而构件 i 的角速度为 ω_i，则其瞬时功率的一般表达式为

$$N = \sum_{i=1}^{n} N_i = \sum_{i=1}^{n} (F_iv_i\cos\alpha_i \pm M_i\omega_i) \tag{9-12}$$

式中：α_i 为作用在构件 i 上的外力 F_i 与该力作用点的速度 v_i 的夹角；"$\pm$"表示作用在构件 i 上力矩 M_i 与该构件的角速度 ω_i 之方向的异同，如果方向相同则取"$+$"号，反之则取"$-$"号。

由式（9-11）及式（9-12）可得出机械运动方程式微分形式的一般表达式为

$$d\left[\sum_{i=1}^{n} \left(\frac{1}{2}m_iv_{Si}^2 + \frac{1}{2}J_{Si}\omega_i^2 \right) \right] = \left[\sum_{i=1}^{n} (F_iv_i\cos\alpha_i \pm M_i\omega_i) \right]dt \tag{9-13}$$

对于式（9-13），必须首先求出 n 个活动构件的动能与功率的总和，然后才能求解，显然这是相当繁琐的。为了求得简单易解的机械运动方程式，对于单自由度机械系统，可以先将其简化成为一个等效动力学模型，然后再据以列出其运动方程式。

9.2.2　机械系统的等效动力学模型的建立

现仍以图 9-5 所示的曲柄滑块机构为例来说明，因该机构为一单自由度机构系统，现选其原动件曲柄 1 的转角 φ_1 为独立的广义坐标，并将式（9-10）改写成下列形式：

$$\mathrm{d}\left\{\frac{1}{2}\omega_1^2\left[J_1+m_2\left(\frac{v_{S2}}{\omega_1}\right)^2+J_{S2}\left(\frac{\omega_2}{\omega_1}\right)^2+m_3\left(\frac{v_3}{\omega_1}\right)^2\right]\right\}=\omega_1\left(M_1-F_3\frac{v_3}{\omega_1}\right)\mathrm{d}t \tag{9-14}$$

为简化计算，令

$$J_e=J_1+m_2\left(\frac{v_{S2}}{\omega_1}\right)^2+J_{S2}\left(\frac{\omega_2}{\omega_1}\right)^2+m_3\left(\frac{v_3}{\omega_1}\right)^2 \tag{9-15}$$

$$M_e=M_1-F_3\frac{v_3}{\omega_1} \tag{9-16}$$

则式（9-14）可以写成形式简单的运动方程式，即

$$\mathrm{d}\left(\frac{1}{2}J_e\omega_1^2\right)=M_e\omega_1\mathrm{d}t \tag{9-17}$$

由式（9-15）可以看出，J_e 与转动惯量的量纲相同，故称其为等效转动惯量，式中的各速比 $\frac{\omega_2}{\omega_1}$、$\frac{v_{S2}}{\omega_1}$ 以及 $\frac{v_3}{\omega_1}$ 都是独立广义坐标 φ_1 的函数（如为定传动比则为常数），因此等效转动惯量的一般表达式可以写成函数式，即

$$J_e=J_e(\varphi_1) \tag{9-18}$$

于是机构在 $\mathrm{d}t$ 瞬间动能的变化可以表示为

$$\mathrm{d}E=\mathrm{d}\left(\frac{1}{2}J_e\omega_1^2\right) \tag{9-19}$$

又由式（9-16）可知，M_e 与力矩的量纲相同，故称之为等效力矩。同理，式中的传动比 $\frac{v_3}{\omega_1}$ 也是独立广义坐标 φ_1 的函数。又因外力 M_e 与 F_3 在机械系统中可能是运动参数 φ_1、ω_1 与时间 t 的函数，所以等效力矩的一般函数表达式为

$$M_e=M_e(\varphi_1,\ \omega_1,\ t) \tag{9-20}$$

于是外力在 $\mathrm{d}t$ 瞬时的功率可表示为

$$N=M_e\omega_1 \tag{9-21}$$

上述推导可以理解为：对于一个单自由度机械系统的运动研究，可以简化为对一个具有独立广义坐标且其转动惯量为等效转动惯量 $J_e(\varphi_1)$，并在其上作用有一等效力矩 $M_e(\varphi_1,\ \omega_1,\ t)$ 的假想构件（图 9-6a）的运动的研究，这一假想构件称为等效构件，而把具有等效转动惯量 J_e，其上作用有等效力矩 M_e 的等效构件称为单自由度机械系统的等效动力学模型。具有等效转动惯量 $J_e(\varphi_1)$ 的等效构件的动能等于原机构的动能，而作用于其上的等效力矩 $M_e(\varphi_1,\ \omega_1,\ t)$ 的瞬时功率等于原机构上所有外力在同一瞬时的功率和。

当然，等效构件也可选移动构件。例如在图 9-5 所示的曲柄滑块机构中，也可选取滑块 3 为等效构件（其广义坐标为滑块的位移 s_3），其等效动力学模型如图 9-6b 所示，则式（9-14）可改写成下列形式：

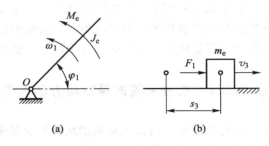

图 9-6 等效动力学模型

$$d\left\{\frac{1}{2}v_3^2\left[J_1\left(\frac{\omega_1}{v_3}\right)^2+m_2\left(\frac{v_{S2}}{v_3}\right)^2+J_{S2}\left(\frac{\omega_2}{v_3}\right)^2+m_3\right]\right\}$$

$$=v_3\left(M_1\frac{\omega_1}{v_3}-F_3\right)dt \qquad (9-22)$$

令

$$m_e=J_1\left(\frac{\omega_1}{v_3}\right)^2+m_2\left(\frac{v_{S2}}{v_3}\right)^2+J_{S2}\left(\frac{\omega_2}{v_3}\right)^2+m_3 \qquad (9-23)$$

$$F_e=M_1\frac{\omega_1}{v_3}-F_3 \qquad (9-24)$$

于是以滑块 3 为等效构件时所建立的运动方程式为

$$d\left(\frac{1}{2}m_ev_3^2\right)=F_ev_3dt \qquad (9-25)$$

式中：m_e 和 F_e 分别具有质量和力的量纲，故分别称为等效质量和等效力。

于是，根据以上分析，若取转动构件为等效构件，则其等效转动惯量及等效力矩的一般计算式为

$$J_e=\sum_{i=1}^{n}\left[m_i\left(\frac{v_{Si}}{\omega}\right)^2+J_{Si}\left(\frac{\omega_i}{\omega}\right)^2\right] \qquad (9-26)$$

$$M_e=\sum_{i=1}^{n}\left(F_i\cos\alpha_i\frac{v_i}{\omega}\pm M_i\frac{\omega_i}{\omega}\right) \qquad (9-27)$$

同理，当取移动构件为等效构件时，其等效质量及等效力的一般计算式为

$$m_e=\sum_{i=1}^{n}\left[m_i\left(\frac{v_{Si}}{v}\right)^2+J_{Si}\left(\frac{\omega_i}{v}\right)^2\right] \qquad (9-28)$$

$$F_e=\sum_{i=1}^{n}\left(F_i\cos\alpha_i\frac{v_i}{v}\pm M_i\frac{\omega_i}{v}\right) \qquad (9-29)$$

需要注意：由于各构件的质量 m_i 和转动惯量 J_{Si} 是定值，等效质量 m_e 和等效转动惯量 J_e 只与速度比的平方有关，而与真实运动规律无关，而速度比又随机构位置变化，即

$$m_e=m_e(\varphi)，J_e=J_e(\varphi)$$

而 F_i、M_i 可能与 φ、ω、t 有关，因此等效力 F_e 和等效力矩 M_e 也是这些参数的函数，即

$$F_e=F_e(\varphi，\omega，t)，M_e=M_e(\varphi，\omega，t)$$

也可将驱动力和阻力分别进行等效处理，得出等效驱动力矩 M_{ed} 和等效驱动力 F_{ed} 或等效阻力矩 M_{er} 和等效阻力 F_{er}，则有

$$M_e=M_{ed}-M_{er}，F_e=F_{ed}-F_{er}$$

9.2.3　机械运动方程式的推演

把表达式

$$d\left(\frac{1}{2}J_e\omega^2\right) = M_e d\varphi \quad 或 \quad d\left(\frac{1}{2}m_e v^2\right) = F_e ds$$

称为能量微分形式的运动方程式。

若已知初始条件为 $t=t_0$ 时 $\varphi=\varphi_0$，$v=v_0$，$\omega=\omega_0$，$m_e=m_{e0}$ 及 $J_e=J_{e0}$，则对上式进行积分可得

回转构件：
$$\frac{1}{2}J_e\omega^2 - \frac{1}{2}J_{e0}\omega_0^2 = \int_{\varphi_0}^{\varphi} M_e d\varphi \tag{9-30}$$

移动构件：
$$\frac{1}{2}m_e v^2 - \frac{1}{2}m_{e0}v_0^2 = \int_{s_0}^{s} F_e d\varphi \tag{9-31}$$

称为能量积分形式的运动方程。

若对微分形式进行变换，则得

回转构件：
$$M_e = \frac{\omega^2}{2}\frac{dJ_e}{d\varphi} + J_e\omega\frac{d\omega}{dt}\frac{dt}{d\varphi} = \frac{1}{2}\omega^2\frac{dJ_e}{d\varphi} + J_e\frac{d\omega}{dt} \tag{9-32}$$

移动构件：
$$F_e = \frac{v^2}{2}\frac{dm_e}{ds} + m_e v\frac{dv}{dt}\frac{dt}{ds} = \frac{1}{2}v^2\frac{dm_e}{ds} + m_e\frac{dv}{dt} \tag{9-33}$$

称为力矩（或力）形式的运动方程。

对于以上三种运动方程，在实际应用中要根据边界条件来选用。

9.3　机械运动方程式的求解

如上所述，对于各种不同的机械，等效力矩（或等效力）可能是位移、速度与时间的函数。等效力矩（或等效力）的函数形式不同，其运动方程式的求解方法也不同，限于篇幅，本节只介绍当取转动构件为等效构件时，等效力矩是位移函数的简单情况。

假设等效力矩的函数形式 $M=M(\varphi)$ 是可以积分的，且其边界条件为已知，即当 $t=t_0$ 时 $\varphi=\varphi_0$，$\omega=\omega_0$ 及 $J_e=J_{e0}$。于是由式（9-30）可得

$$\frac{1}{2}J_e(\varphi)\omega^2(\varphi) = \frac{1}{2}J_{e0}\omega_0^2 + \int_{\varphi_0}^{\varphi} M_e(\varphi)d\varphi \tag{9-34}$$

可求得

$$\omega = \sqrt{\frac{J_{e0}}{J_e(\varphi)}\omega_0^2 + \frac{2}{J_e(\varphi)}\int_{\varphi_0}^{\varphi} M_e(\varphi)d\varphi} \tag{9-35}$$

由式（9-35）即可解出等效构件角速度 $\omega=\omega(\varphi)$ 的函数关系。由此也可求得角速度 ω 随时间 t 的变化规律，因为 $\omega(\varphi)=\dfrac{d\varphi}{dt}$，将上式进行变换并积分可得

$$\int_{t_0}^{t} \mathrm{d}t = \int_{\varphi_0}^{\varphi} \frac{\mathrm{d}\varphi}{\omega(\varphi)}$$

即
$$t = t_0 + \int_{\varphi_0}^{\varphi} \frac{\mathrm{d}\varphi}{\omega(\varphi)} \tag{9-36}$$

于是联立求解式（9-35）与式（9-36），消去 φ 即求得 $\omega=\omega(t)$ 的函数关系。

等效构件的角加速度 α 可按下式计算：

$$\alpha = \frac{\mathrm{d}\omega}{\mathrm{d}t} = \frac{\mathrm{d}\omega}{\mathrm{d}\varphi}\frac{\mathrm{d}\varphi}{\mathrm{d}t} = \omega\frac{\mathrm{d}\omega}{\mathrm{d}\varphi} \tag{9-37}$$

若 M_e = 常数，J_e = 常数，则由力矩形式的运动方程得

$$J_e \frac{\mathrm{d}\omega}{\mathrm{d}t} = M_e$$

即
$$\alpha = \frac{\mathrm{d}\omega}{\mathrm{d}t} = \frac{M_e}{J_e} = \text{常数} \tag{9-38}$$

如果已知边界条件，即当 $t=t_0$ 时 $\varphi=\varphi_0$，$\omega=\omega_0$，则可由式（9-38）积分得到

$$\omega = \omega_0 + \alpha t \tag{9-39}$$

再次积分得
$$\varphi = \varphi_0 + \omega_0 t + \frac{\alpha t^2}{2} \tag{9-40}$$

例 9-1 如图 9-7a 所示，已知 $z_1=20$、$z_2=60$、J_1、J_2、m_3、m_4、M_1、F_4 及曲柄长为 l，现取曲柄为等效构件。求图示位置时的 J_e、M_e。

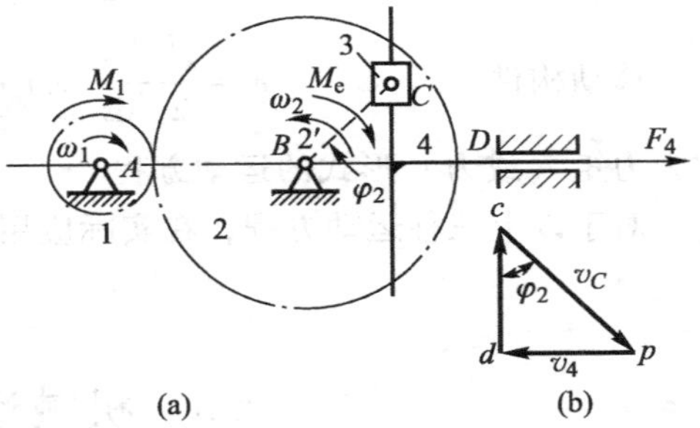

图 9-7 齿轮滑块机构

解 取曲柄为等效构件即取构件 2 为等效构件，由式（9-26）得

$$J_e = J_1(\omega_1/\omega_2)^2 + J_2 + m_3(v_3/\omega_2)^2 + m_4(v_4/\omega_2)^2$$

而 $v_3 = v_C = \omega_2 l$

由图 9-7b 得 $v_4 = v_C \sin\varphi_2 = \omega_2 l \sin\varphi_2$

故
$$\begin{aligned} J_e &= J_1(z_2/z_1)^2 + J_2 + m_3(\omega_2 l/\omega_2)^2 + m_4(\omega_2 l\sin\varphi_2/\omega_2)^2 \\ &= 9J_1 + J_2 + m_3 l^2 + m_4 l^2\sin^2\varphi_2 \end{aligned}$$

由式（9-27）得
$$\begin{aligned} M_e &= M_1(\omega_1/\omega_2) + F_4\cos 180°(v_4/\omega_2) \\ &= M_1(z_2/z_1) - F_4(\omega_2 l\sin\varphi_2/\omega_2) = 3M_1 - F_4 l\sin\varphi_2 \end{aligned}$$

例 9-2 如图 9-8 所示的行星轮系，已知各齿轮的齿数分别为 z_1、z_2、z_3，它们绕质心的转动惯量分别为 J_1、J_2、J_H，行星轮的质量为 m_2，作用在主动轮 1 上的驱动力矩为 M_1，工作阻力矩为 M_H。取构件 1 为等效构件，求等效转动惯量 J_{e1} 和等效阻力矩 M_{er1}。

解 （1）根据等动能条件，计算等效转动惯量 J_{e1}

$$\frac{1}{2}J_{e1}\omega_1^2 = \frac{1}{2}J_1\omega_1^2 + \frac{1}{2}m_2 v_{O2}^2 + \frac{1}{2}J_2(\omega_2^H)^2 + \frac{1}{2}J_H\omega_H^2$$

则转化构件 1 上的等效转动惯量为

$$J_{e1} = J_1 + m_2\left(\frac{v_{O2}}{\omega_1}\right)^2 + J_2\left(\frac{\omega_2^H}{\omega_1}\right)^2 + J_H\left(\frac{\omega_H}{\omega_1}\right)^2$$

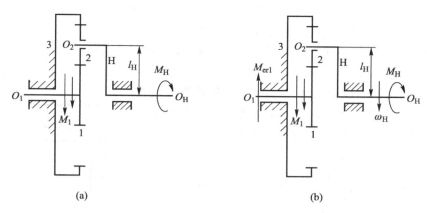

(a)　　　　　　　　　　(b)

图 9-8　轮系

对行星轮系进行运动分析，计算速度比。由

$$i_{13}^{H}=\frac{\omega_1-\omega_H}{\omega_3-\omega_H}=\frac{\omega_1-\omega_H}{0-\omega_H}=1-\frac{\omega_1}{\omega_H}=-\frac{z_3}{z_1}$$

得
$$\frac{\omega_1}{\omega_H}=1+\frac{z_3}{z_1}$$

则
$$\frac{\omega_H}{\omega_1}=\frac{z_1}{z_1+z_3}$$

所以
$$\frac{v_{O2}}{\omega_1}=\frac{\omega_H l_H}{\omega_1}=l_H\frac{z_1}{z_1+z_3}$$

又由
$$i_{23}^{H}=\frac{\omega_2-\omega_H}{\omega_3-\omega_H}=\frac{\omega_2-\omega_H}{0-\omega_H}=-\frac{\omega_2^{H}}{\omega_H}=\frac{z_3}{z_2}$$

得
$$\frac{\omega_2^{H}}{\omega_H}=-\frac{z_3}{z_2}$$

则
$$\frac{\omega_2^{H}}{\omega_1}=\frac{\omega_H}{\omega_1}\frac{\omega_2^{H}}{\omega_H}=\frac{z_1}{z_1+z_3}\left(-\frac{z_3}{z_2}\right)=-\frac{z_1 z_3}{z_2(z_1+z_3)}$$

所以，等效构件 1 上的等效转动惯量为

$$J_{e1}=J_1+m_2\left(\frac{v_{O2}}{\omega_1}\right)^2+J_2\left(\frac{\omega_2^{H}}{\omega_1}\right)^2+J_H\left(\frac{\omega_H}{\omega_1}\right)^2$$

即
$$J_{e1}=J_1+m_2\left(l_H\frac{z_1}{z_1+z_3}\right)^2+J_2\left[\frac{z_1 z_3}{z_2(z_1+z_3)}\right]^2+J_H\left(\frac{z_1}{z_1+z_3}\right)^2$$

（2）根据等功率条件，计算等效阻力矩 M_{er1}。

取构件 1 为等效构件，作用在构件上的驱动力矩 M_1 即等于等效驱动力矩 M_{ed1}。

将作用于 H 的工作阻力矩 M_H 转化到转化构件 1 上，有

$$M_{er1}\omega_1=M_H\omega_H$$

则如图 9-8b 所示，等效构件 1 上假想的等效阻力矩为

$$M_{er1}=M_H\frac{\omega_H}{\omega_1}=M_H\frac{z_1}{z_1+z_3}$$

由该例可知，等效转动惯量、等效力矩和各构件与等效构件的速度比以及等效构件的位置参数有关，但与系统中构件的运动速度无关。

本例中，由于齿轮系的速度比不变，故其等效转动惯量是常数。

例 9-3　如图 9-9 所示，已知电动机转数为 $n_{\mathrm{m}} = 1\ 440$ r/min，减速器的传动比为 $i = 2.5$。选 B 轴为等效构件，等效转动惯量为 $J_{\mathrm{B}} = 0.5$ kg·m²。要求刹住 B 轴后不超过 3 s 停机，制动力矩 M_{f} 至少需要多大？

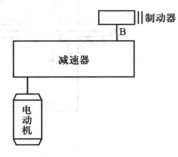

图 9-9　传动装置

解　B 轴的角速度为

$$\omega_{\mathrm{B}} = \frac{n_{\mathrm{m}}}{i} \times \frac{2\pi}{60} = \frac{1\ 440}{2.5} \times \frac{2\pi}{60}\ \mathrm{rad/s} = 60.32\ \mathrm{rad/s}$$

则刹住 B 轴后 B 轴的角加速度为

$$\alpha = \frac{\omega - \omega_0}{t - t_0} = \frac{0 - 60.32}{3}\ \mathrm{rad/s^2} = -20.1\ \mathrm{rad/s^2}$$

制动时，要撤去驱动力矩和工作阻力矩，提供制动力矩 M_{f}（与 B 轴的转动方向相反），即有

$$M_{\mathrm{e}} = M_{\mathrm{ed}} - M_{\mathrm{er}} - M_{\mathrm{f}} = -M_{\mathrm{f}}$$

则由式（9-38），得

$$\frac{\mathrm{d}\omega}{\mathrm{d}t} = \frac{M_{\mathrm{e}}}{J_{\mathrm{B}}} = \frac{-M_{\mathrm{f}}}{J_{\mathrm{B}}} = \alpha$$

可知

$$M_{\mathrm{f}} = -\alpha J_{\mathrm{B}} = -(-20.1) \times 0.5\ \mathrm{N \cdot m} = 10.05\ \mathrm{N \cdot m}$$

结果说明，如要在 3 s 内停机，制动器的制动力矩 M_{f} 应至少为 10.05 N·m。

9.4　机械运转速度波动的调节

9.4.1　产生周期性速度波动的原因

作用在机构上的驱动力矩和阻力矩往往是原动件转角 φ 的周期性函数。例如以单缸二冲程内燃机为原动机，其驱动力矩是随着主轴的转角而发生变化的，其周期为主轴的一转，即 $\varphi_{\mathrm{T}} = 2\pi$；而对于单缸四冲程内燃机而言，则其 $\varphi_{\mathrm{T}} = 4\pi$。又如牛头刨床中的导杆机构，其阻抗力矩的变化周期为曲柄的一转，即 $\varphi_{\mathrm{T}} = 2\pi$，等等。

当机械系统的驱动力矩与阻抗力矩作周期性变化时，其等效力矩 M_{ed} 与 M_{er} 必然是等效构件转角 φ 的周期性函数。

如图 9-10a 所示为某一机构在稳定运转过程中，其等效构件（一般取原动件）在一个周期转角 φ_{T} 中所受等效驱动力矩 $M_{\mathrm{ed}}(\varphi)$ 和等效阻抗力矩 $M_{\mathrm{er}}(\varphi)$ 的变化曲线。在等效构件任意回转角 φ 的位置，其驱动功与阻抗功分别为

$$W_{\mathrm{ed}}(\varphi) = \int_{\varphi_a}^{\varphi} M_{\mathrm{ed}}(\varphi)\,\mathrm{d}\varphi \tag{9-41}$$

$$W_{er}(\varphi) = \int_{\varphi_a}^{\varphi} M_{er}(\varphi)\,\mathrm{d}\varphi \qquad (9-42)$$

在同一位置机械动能的增量为

$$\Delta E = W_{ed}(\varphi) - W_{er}(\varphi) = \int_{\varphi_a}^{\varphi} \left[M_{ed}(\varphi) - M_{er}(\varphi) \right]\mathrm{d}\varphi$$

$$= \frac{1}{2} J_e(\varphi)\omega^2(\varphi) - \frac{1}{2} J_{ea}\omega_a^2 \qquad (9-43)$$

由式（9-43）计算得到的机械动能 $E(\varphi)$ 的变化曲线如图 9-10b 所示。

分析图 9-10 中 bc 段曲线的变化可以看出，由于力矩 $M_{ed} > M_{er}$，因而机械的驱动功大于阻抗功，外力对机械所作的功的盈余量在图中用以"+"号标识的面积来表示，常称之为盈功。在这一段运动过程中，等效构件的角速度由于动能的增加而增大。反之，在图 9-10 中 cd 段，由于 $M_{ed} < M_{er}$，因而驱动功小于阻抗功，外力对机械所作的功的亏缺量在图中用以"-"号标识的面积来表示，常称为亏功。在这一阶段，等效构件的角速度因动能的减少而减小。因为在等效力矩 M_e 和等效转动惯量 J_e 变化的公共周期（如若 M_{ed} 的周期为 2π，M_{er} 的周期为 4π，J_e 的周期为 3π，则其公共周期为 12π，在该公共周期的始末，等效力矩与等效转动惯量的值均分别相同）内，如图 9-10 中对应于等效构件转角由 φ_a 到 $\varphi_{a'}$ 的一段，驱动功等于阻抗功，则机械动能的增量应等于零，即在一个循环内

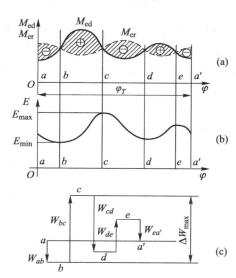

图 9-10 等效力矩与机械动能的变化曲线

$$W_d = W_r, \quad \Delta E = 0$$

即

$$\int_{\varphi_a}^{\varphi_{a'}} (M_{ed} - M_{er})\,\mathrm{d}\varphi = \frac{1}{2} J_{ea'}\omega_{a'}^2 - \frac{1}{2} J_{ea}\omega_a^2 = 0 \qquad (9-44)$$

于是经过等效力矩与等效转动惯量变化的一个公共周期，机械的动能又恢复到原来的值，因而等效构件的角速度的大小也将恢复到原来的数值。由此可知，等效构件的角速度在稳定运转过程中将呈现周期性的波动。

9.4.2 周期性速度波动的调节

1. 平均角速度 ω_m 和速度不均匀系数 δ

为了对机械稳定运转过程中出现的周期性速度波动进行分析，下面先介绍衡量速度波动程度的几个参数。

图 9-11 所示为在一个周期内等效构件角速度的变化。其平均角速度 ω_m 可用下式计算：

$$\omega_m = \frac{1}{\varphi_T} \int_0^{\varphi_T} \omega\,\mathrm{d}\varphi \qquad (9-45)$$

在实际机械工程中，ω_m常近似地用算术平均值来计算，即

$$\omega_m = \frac{\omega_{max} + \omega_{min}}{2} \qquad (9-46)$$

式中：ω_m可以从机械的铭牌上查得额定转速 n（单位为 r/min）后进行换算而得到。

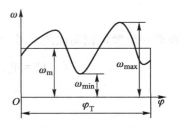

图 9-11   一个运动循环的
角速度变化示意图

一个运动循环内速度波动的绝对幅度并不能客观地反映机械运转的速度波动程度，如图 9-12 所示，还必须考虑 ω_m 的大小。例如，当 $\omega_{max} - \omega_{min} = 5$ rad/s 时，对于 $\omega_m = 10$ rad/s 和 $\omega_m = 100$ rad/s 的机械，显然低速机械的速度波动要显著。因此，机械运转的速度波动程度用速度波动的绝对量与平均速度的比值反映，以 δ 表示，称为机械运转的速度不均匀系数。

$$\delta = \frac{\omega_{max} - \omega_{min}}{\omega_m} \qquad (9-47)$$

由式（9-46）和式（9-47），可以导出

$$\omega_{max} = \omega_m\left(1 + \frac{\delta}{2}\right) \qquad (9-48)$$

$$\omega_{min} = \omega_m\left(1 - \frac{\delta}{2}\right) \qquad (9-49)$$

$$\omega_{max}^2 - \omega_{min}^2 = 2\delta\omega_m^2 \qquad (9-50)$$

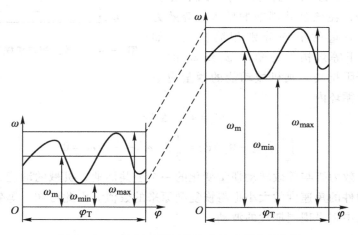

图 9-12   一个运动循环的速度波动程度示意图

当 ω_m 一定时，速度波动系数 δ 越小，$\omega_{max} - \omega_{min}$ 越小，机械越接近匀速运转。速度波动系数 δ 的大小反映了机械变速稳定运转过程中速度波动的大小，是后续内容中飞轮设计的重要指标。部分机械的许用速度波动系数 $[\delta]$ 参见表 9-1。

机械的许用速度波动系数 $[\delta]$ 根据机械的工作要求而确定。例如，驱动发电机的活塞式内燃机，如果主轴的速度波动太大，势必影响输出电压的稳定性，如会使照明灯光忽明忽暗，所以应取较小的许用速度波动系数。而对于石料破碎机、冲床等机械，其速度波动对正常工作影响不大，所以可取较大的许用速度波动系数。

表 9-1 常用机械运转速度不均匀系数的许用值 $[\delta]$

机械的名称	$[\delta]$	机械的名称	$[\delta]$
碎石机	$\frac{1}{5} \sim \frac{1}{20}$	水泵、鼓风机	$\frac{1}{30} \sim \frac{1}{50}$
冲床、剪床	$\frac{1}{7} \sim \frac{1}{10}$	造纸机、织布机	$\frac{1}{40} \sim \frac{1}{50}$
轧压机	$\frac{1}{10} \sim \frac{1}{25}$	纺纱机	$\frac{1}{60} \sim \frac{1}{100}$
汽车、拖拉机	$\frac{1}{20} \sim \frac{1}{60}$	直流发电机	$\frac{1}{100} \sim \frac{1}{200}$
金属切削机床	$\frac{1}{30} \sim \frac{1}{40}$	交流发电机	$\frac{1}{200} \sim \frac{1}{300}$

为了使机械的速度波动系数不超过允许值，应满足条件

$$\delta \leqslant [\delta] \tag{9-51}$$

为此可以在机械中安装一个大转动惯量的回转构件——飞轮，来调节机械的周期性速度波动。因为由式（9-38）分析可知，在等效力矩一定的条件下，加大等效构件的转动惯量，将会使等效构件的角速度变化减小，即可以使机械的运动趋于均匀。

2. 飞轮的简易设计方法

1）基本原理

由图 9-10b 可见，在 b 点处机构出现能量最小值 $E_{\min}$，而在 c 点处出现能量最大值 $E_{\max}$。如果机械的等效转动惯量 $J_e =$ 常数，则当 $\varphi = \varphi_b$ 时，$\omega = \omega_{\min}$；当 $\varphi = \varphi_c$ 时，$\omega = \omega_{\max}$。而在 φ_b 和 φ_c 之间将出现最大盈亏功 $\Delta W_{\max}$，即驱动功与阻抗功之差的最大值，此值可由下式计算：

$$\Delta W_{\max} = E_{\max} - E_{\min} = \int_{\varphi_b}^{\varphi_c} \left[M_{ed}(\varphi) - M_{er}(\varphi) \right] \mathrm{d}\varphi \tag{9-52}$$

如前所述，为了调节机械的周期性速度波动，可以在机械上安装飞轮。设机械的等效转动惯量为 J_e，飞轮的转动惯量为 J_F，则由式（9-52）可得

$$\Delta W_{\max} = \frac{1}{2}(J_e + J_F)(\omega_{\max}^2 - \omega_{\min}^2) = (J_e + J_F)\omega_m^2 \delta \tag{9-53}$$

而由式（9-53）可导出

$$\delta = \frac{\Delta W_{\max}}{\omega_m^2 (J_e + J_F)} \tag{9-54}$$

对于一具体的机械而言，由于最大盈亏功 $\Delta W_{\max}$、平均角速度 ω_m 及构件的等效转动惯量 J_e 都是确定的，故由式（9-54）可知，在机械上安装一具有足够大的转动惯量 J_F 的飞轮后，可以使速度不均匀系数 δ 下降到其许可范围之内，从而满足式（9-51）的要求，达到调节机械周期性速度波动的目的。

飞轮在机械中的作用实质上相当于一个能量储存器。由于其转动惯量很大，当机械出

现盈功时，飞轮可以以动能的形式将多余的能量储存起来，以减小主轴角速度上升的幅度。反之，当出现亏功时，飞轮又可以释放其储存的动能，以弥补能量的不足，从而既节省了动力，又使主轴角速度下降的幅度减小。

2）J_F的近似计算

为了满足式（9-51）的要求，由式（9-51）与式（9-54）可导出飞轮的等效转动惯量的计算公式为

$$J_F = \frac{\Delta W_{\max}}{\omega_m^2 [\delta]} - J_e \tag{9-55}$$

如果$J_e \ll J_F$，则J_e可以忽略不计，于是由上式可以近似得到

$$J_F = \frac{\Delta W_{\max}}{\omega_m^2 [\delta]} \tag{9-56}$$

又如上式中的平均角速度ω_m用额定转速n（单位为 r/min）取代，则有

$$J_F \geqslant \frac{900 \Delta W_{\max}}{\pi^2 n^2 [\delta]} \tag{9-57}$$

式中：J_F为飞轮转动惯量；$[\delta]$为速度不均匀系数的许用值（表 9-1）；ω_m为安装飞轮轴的平均速度，r/min；$W_{\max}$为在最大角速度与最小角速度之间的盈亏功，即最大盈亏功。

由式（9-56）可知，当$\Delta W_{\max}$与ω_m一定时，J_F随δ的变化曲线为一等边双曲线，如图 9-13 所示。

由图可知，加大飞轮的转动惯量，可以使机械运转速度的不均匀系数降低，即使机械运转的速度趋于均匀。但是，由于飞轮的转动惯量不可能无穷大，所以加装飞轮只能使机械运转速度波动程度下降，而不能使其运转速度为绝对均匀。而且当δ的取值过小时，所需的飞轮的转动惯量就会很大，因此若过分追求机械运转速度的均匀性，将会使飞轮过于笨重。

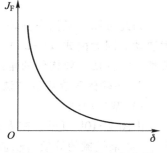

图 9-13　J_F-δ 的变化曲线

另外，当$\Delta W_{\max}$与$[\delta]$一定时，J_F与ω_m的平方成反比，所以为了减小飞轮的转动惯量，最好将飞轮装在高速轴上，并使飞轮的质量尽可能集中在半径较大的轮缘部分，以较小的质量取得较大的转动惯量。另外，一些机械（如锻压机）在一个工作周期中，工作时间很短，而峰值载荷很大，可以利用飞轮在非工作时间内所储存的动能来帮助克服尖峰载荷，从而可以选用较小功率的原动机来拖动，进而达到减少投资及降低能耗的目的。

为计算飞轮的转动惯量，关键是要求出最大盈亏功$\Delta W_{\max}$。对一些比较简单的情况，机械最大动能$E_{\max}$和最小动能$E_{\min}$出现的位置可直接由M_{ed}-φ图中看出，对于较复杂的情况，则可借助于所谓能量指示图来确定，现以图 9-10 为例加以说明，如图 9-10c 所示，取任意点a作为起点，按一定比例用向量线段依次表示相应位置M_{ed}与M_{er}之间所包围的面积W_{ab}、W_{bc}、W_{cd}、W_{de}和W_{ea}的大小和正负，盈功为正，其箭头向上，亏功为负，箭头向下。由于在一个循环的起始位置与终了位置处的动能相等，所以能量指示图的首尾应在同一水平线上，即形成封闭的台阶形折线。由图中明显看出位置点b处动能最小，位置点c处动能最大，而图中折线的最高点和最低点的距离代表了最大盈亏功$\Delta W_{\max}$的

大小。

例 9-4 在柴油发电机机组中，设以柴油机曲轴为等效构件，其等效驱动力矩 M_{ed}-φ 曲线和等效阻力矩 M_{er}-φ 曲线如图 9-14a 所示。已知两曲线所围各面积代表的盈、亏功：$W_1 = -50$ N·m、$W_2 = +550$ N·m、$W_3 = -100$ N·m、$W_4 = +125$ N·m、$W_5 = -500$ N·m、$W_6 = +25$ N·m、$W_7 = -50$ N·m；曲轴的转速为 600 r/min；许用不均匀系数 $[\delta] = 1/300$。若飞轮装在曲轴上，试确定飞轮的转动惯量 J_F。

解 取能量指示图的比例尺 $\mu_E = 10$ N·m/mm，如图 9-14b 所示，以 a 为基点依次作矢量 $\overrightarrow{ab}$、$\overrightarrow{bc}$、…、$\overrightarrow{ga}$ 代表盈亏功 W_1、W_2、…、W_7。由图可见 b 点最低，e 点最高，故 $E_{min} = E_b$，$E_{max} = E_e$。则 ΔW_{max} 即为盈、亏功 W_2、W_3、W_4 的代数和。

$$\Delta W_{max} = (+550-100+125) \text{ N·m} = 575 \text{ N·m}$$

$$J_F = \frac{900 \Delta W_{max}}{\pi^2 n^2 [\delta]} = \frac{900 \times 575}{\pi^2 \times 600^2 \times \frac{1}{300}} \text{kg·m}^2 = 43.69 \text{ kg·m}^2$$

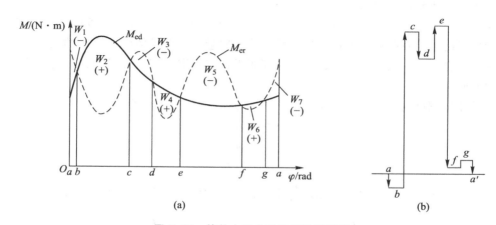

(a)   (b)

图 9-14 等效力矩曲线和能量指示图

3）飞轮尺寸的确定

求得飞轮的转动惯量后，便可根据所希望的飞轮结构，按理论力学中有关不同截面形状的转动惯量计算公式，求出飞轮的主要尺寸。

当飞轮尺寸较大时，其结构可做成轮辐式。它由轮缘、轮辐和轮毂三部分组成（图 9-15）。因与轮缘比较，轮辐和轮毂的转动惯量很小，故常常略去不计，即假定其轮缘的转动惯量就是整个飞轮的转动惯量。设 m 为轮缘的质量，D_1、D_2 分别为轮缘的外径、内径，则轮缘的转动惯量 J_F 为

$$J_F = \frac{m}{2}\left(\frac{D_1^2 + D_2^2}{4}\right) = \frac{m}{8}(D_1^2 + D_2^2) \tag{9-58}$$

又因轮缘的厚度 H 与平均直径 $D = \frac{1}{2}(D_1 + D_2)$ 相比较其值甚小，故可近似认为轮缘的质量集中在平均直径上。于是得

$$J_F = \frac{mD^2}{4} \tag{9-59}$$

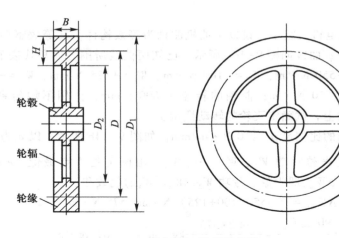

图 9-15　飞轮的结构

式中：mD^2 为飞轮矩或飞轮特性，单位为 kg·m²。

　　对不同结构的飞轮，其飞轮力矩可从设计手册中查到。由式（9-59）可知，当选定了飞轮轮缘的平均直径后，即可求出飞轮轮缘的质量 m。至于平均直径 D 的选择，一方面需考虑飞轮在机械中的安装空间，另一方面还需使其圆周速度不致过大，以免轮缘因离心力过大而破裂。

　　又设轮缘宽度为 B，单位为 m；飞轮材料的密度为 ρ，单位为 kg/m²。则

$$m = \pi DHB\rho$$

于是

$$HB = \frac{m}{\pi D\rho} \tag{9-60}$$

上式中，当选定了飞轮的材料和比值 $\dfrac{H}{B}$ 后，轮缘的剖面尺寸 H 和 B 便可求出。一般取 $\dfrac{H}{B}=$ 1.5~2。对于较小的飞轮，$\dfrac{H}{B}$ 取较大值；对于较大的飞轮，$\dfrac{H}{B}$ 取较小值。

　　当空间位置较小时，可做成小尺寸的实心圆盘式飞轮（图 9-16），其转动惯量为

$$J_{\mathrm{F}} = \frac{m}{2}\left(\frac{D}{2}\right)^2 = \frac{mD^2}{8}$$

于是

$$m = \frac{8J_{\mathrm{F}}}{D^2} \tag{9-61}$$

式中：m 为飞轮质量，单位为 kg。

　　又

$$m = \frac{\pi D^2 B\rho}{4}$$

则

$$B = \frac{4m}{\pi D^2 \rho} \tag{9-62}$$

　　与前面相同，当选定了飞轮的材料和直径 D 后，轮宽 B 便可求出。

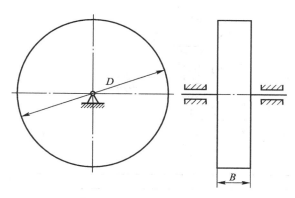

图 9-16 实心圆盘式飞轮

9.4.3 机械的非周期性速度波动及其调节

如果机械在运转过程中，等效力矩 $M_e = M_{ed} - M_{er}$ 的变化是非周期性的，则机械运转的速度将出现非周期性的波动，从而破坏机械的稳定运转状态。若长时间内 $M_{ed} > M_{er}$，则机械越转越快，甚至可能会出现"飞车"现象，从而使机械遭到破坏；反之，若 $M_{ed} < M_{er}$，则机械又会越转越慢，最后将停止不动。为了避免以上两种情况的发生，必须对这种非周期性的速度波动进行调节，以使机械重新恢复稳定运转。为此就需要设法使等效驱动力矩与等效工作阻力矩恢复平衡关系。

对于非周期性速度波动，安装飞轮并不能达到调节非周期速度波动的目的，因为飞轮的作用只是"吸收"和"释放"能量，而不能创造能量，也不能消耗能量。非周期速度波动的调节问题可分为以下两种情况：

若等效驱动力矩 M_{ed} 是等效构件角速度 ω 的函数，且随着 ω 的增大而减小，则该机械系统具有自动调节非周期速度波动的能力。以电动机为原动件的机械，一般都具有较好的自调性。

对于没有自调性或自调性较差的机械系统（如以蒸汽机、内燃机或汽轮机为原动机的机械系统），则必须安装调速器以调节可能出现的非周期速度波动。

机械式离心调速器的工作原理如图 9-17 所示。当工作载荷减小时，机械系统的主轴转速 ω_1 升高，调速器中心轴的转速 ω_2 也将随之升高。此时，由于离心力的作用，两重球将随之飞起，带动滑块及滚子上升，并通过连杆机构关小节流阀，以减小进入原动机的工作介质（燃气、燃油等）。其调节结果是令系统的输入功与输出功相等，从而使机械在略高的转速下重新达到稳态。反之，机械可在略低的转速下重新达到稳定运动。因此，从本质上讲，调速器是一种反馈控制机构。

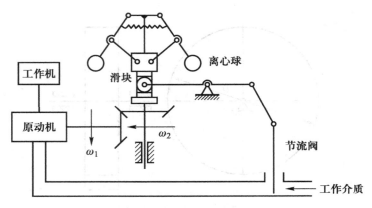

图 9-17　机械式离心调速器工作原理图

习　题

　　9-1　如图 9-18 所示为一机床工作台的传动系统。设已知各齿轮的齿数，齿轮 3 的分度圆半径 r_3，各齿轮的转动惯量，齿轮 1 直接装在电动机轴上，故 J_1 中包含了电动机转子的转动惯量，工作台和被加工零件的重量之和为 G。当取齿轮 1 为等效构件时，求该机械系统的等效转动惯量 J_e。

　　9-2　图 9-19 所示的搬运器机构中，已知：滑块质量 $m = 20$ kg（其余构件质量忽略不计），$l_{AB} = l_{ED} = 100$ mm，$l_{BC} = l_{CD} = l_{EF} = 200$ mm，$\varphi_1 = \varphi_2 = \varphi_3 = 90°$。求由作用在滑块 5 上的阻力 $F_5 = 1$ kN 而换算到构件 1 的轴 A 上的等效阻力矩 M_{er} 及换算到轴 A 的滑块质量的等效转动惯量 J_e。

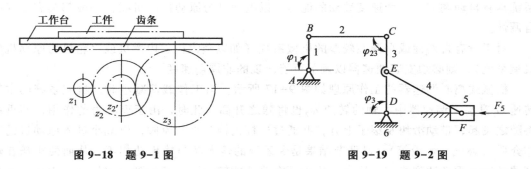

图 9-18　题 9-1 图　　　　　　　　图 9-19　题 9-2 图

　　9-3　图 9-20 所示的车床主轴箱系统中，带轮直径 $d_0 = 80$ mm，$d_1 = 240$ mm，各齿轮齿数为 $z_{1'} = z_{2'} = 20$，$z_2 = z_3 = 40$，各轮转动惯量为 $J_{1'} = J_{2'} = 0.01$ kg·m^2，$J_2 = J_3 = 0.04$ kg·m^2，$J_0 = 0.02$ kg·m^2，$J_1 = 0.08$ kg·m^2，作用在主轴 III 上的阻力矩 $M_3 = 60$ N·m。当取轴 I 为等效构件时，试求机构的等效转动惯量 J_e 和阻力矩的等效力矩 M_{er}。

　　9-4　如图 9-21 所示的齿轮驱动的连杆机构，已知齿轮 1 的齿数为 z_1，绕其质心的转动惯量为 J_1；齿轮 2 的齿数为 z_2，其连同 AB 对其质心 A 的转动惯量是 J_1；滑块 3 的质心

在 B 点，质量为 m_3；构件 4 的质量为 m_4；作用在主动轮 1 上的驱动力矩为 M_1，作用在构件 4 上的工作阻力为 F_4。若取构件 2 为等效构件，求转化到构件 2 的等效转动惯量 J_{e1}、M_1，转化到构件 2 的等效驱动力矩 M_{ed2} 和 F_4，转化到构件 2 的等效阻力矩 M_{er2}。

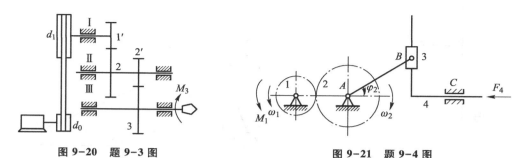

图 9-20　题 9-3 图　　　　　　　　图 9-21　题 9-4 图

9-5　图 9-22 所示为一导杆机构，设已知 $l_{AB} = 150$ mm，$l_{AC} = 300$ mm，$l_{CD} = 550$ mm，质量为 $m_1 = 5$ kg（质心 S_1 在 A 点），$m_2 = 3$ kg（质心 S_2 在 B 点），$m_3 = 10$ kg（质心 S_3 在 CD 的中点），绕质心的转动惯量为 $J_{S1} = 0.05$ kg·m²，$J_{S2} = 0.002$ kg·m²，$J_{S3} = 0.2$ kg·m²，力矩 $M_1 = 1\,000$ N·m，$F_3 = 5\,000$ N。若取构件 3 为等效构件，试求 $\varphi_1 = 45°$ 时，机构的等效转动惯量 J_{e3} 及等效力矩 M_{e3}。

9-6　图 9-23 所示的定轴轮系中，已知加于轮 1 和轮 3 上的力矩 $M_1 = 80$ N·m，$M_3 = 100$ N·m；各轮的转动惯量 $J_1 = 0.1$ kg·m²，$J_2 = 0.225$ kg·m²，$J_3 = 0.4$ kg·m²；各轮的齿数 $z_1 = 20$，$z_2 = 30$，$z_3 = 40$。在开始转动的瞬时，轮 1 的角速度等于零。求在运动开始后经过 0.5 s 时轮 1 的角加速度 α_1 和角速度 ω_1。

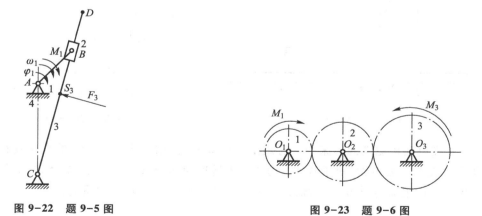

图 9-22　题 9-5 图　　　　　　　　图 9-23　题 9-6 图

9-7　在图 9-24 所示的定轴轮系中，已知各轮齿数分别为 $z_1 = z_{2'} = 20$，$z_2 = z_3 = 40$，各轮对其轮心的转动惯量分别为 $J_1 = J_{2'} = 0.01$ kg·m²，$J_2 = J_3 = 0.04$ kg·m²，作用在轮 1 上的驱动力矩 $M_d = 60$ N·m，作用在轮 3 上的阻力矩 $M_r = 120$ N·m。设该轮系原来静止，试求在 M_d 和 M_r 作用下，运转到 $t = 15$ s 时，轮 1 的角速度 ω_1 和角加速度 α_1。

9-8　某四缸汽油机的曲柄输入力矩 M_d 随曲柄转角的变化曲线如图 9-25 所示，其运动周期 $\varphi_T = \pi$，曲柄的平均转速 $n_m = 620$ r/min。当用该机驱动一个阻抗力矩为常数的机械时，如果要求其速度不均匀系数 $\delta = 0.01$，试求：

（1）装在曲柄上的飞轮的转动惯量 J_F（其他构件的转动惯量略去不计）；

（2）飞轮的最大角速度 ω_{max} 与最大角速度 ω_{min} 及其对应的曲柄转角位置 φ_{max} 和 φ_{min}。

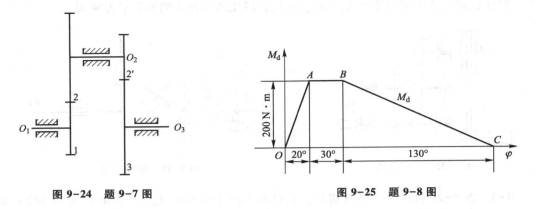

图 9-24　题 9-7 图　　　　　　　　　图 9-25　题 9-8 图

9-9　剪床电动机的输出转速为 $n_m = 1\,500$ r/min，驱动力矩 M_{ed} 为常数；作用于剪床主轴的阻力矩 M_{er} 变化规律如图 9-26 所示；机械运转的速度波动系数 $\delta = 0.05$；机械各构件的等效转动惯量忽略不计。试求安装于电动机主轴的飞轮转动惯量 J_F 及电动机的平均功率 P_d。

9-10　已知：等效阻力矩 M_{er} 变化曲线如图 9-27 所示，等效驱动力矩 M_{ed} 为常数，$\omega_m = 100$ rad/s，$[\delta] = 0.05$，不计机器的等效转动惯量 J。求：（1）驱动力矩 M_{ed}；（2）最大盈亏功 ΔW_{max}；（3）在图上标出 φ_{max} 和 φ_{min} 的位置；（4）飞轮转动惯量 J_F。

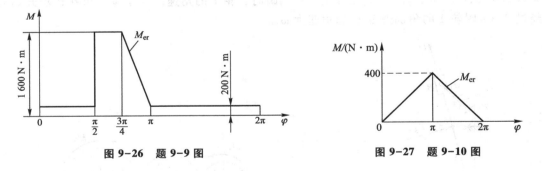

图 9-26　题 9-9 图　　　　　　　　　图 9-27　题 9-10 图

9-11　在电动机驱动的剪床中，已知作用在剪床主轴上的阻力矩 M_{er} 的变化规律如图 9-28 所示。设驱动力矩 M_{ed} 等于常数，剪床主轴转速为 60 r/min，机械运转不均匀系数 $\delta = 0.15$。求：（1）驱动力矩 M_{ed} 的数值；（2）安装在主轴上的飞轮转动惯量。

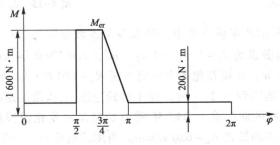

图 9-28　题 9-11 图

第10章 机械的平衡

机械在运转时，构件所产生的不平衡惯性力将在运动副中引起附加的动压力。这不仅会增大运动副中的摩擦和构件中的内应力，降低机械效率和使用寿命，而且由于这些惯性力的大小和方向一般都是周期性变化的，所以必将引起机械及其基础产生受迫振动。如果其振幅较大，或其频率接近于机械的共振频率，将引起极其不良的后果，不仅会影响机械本身的正常工作和使用寿命，而且还会使附近的工作机械及厂房建筑受到影响甚至破坏。

机械平衡的目的就是设法将构件的不平衡惯性力加以平衡以消除或减小惯性力的不良影响。由此可知，机械的平衡是现代机械的一个重要问题，尤其在高速机械及精密机械中，更具有特别重要的意义。

但应指出，有一些机械却是利用构件产生的不平衡惯性力所引起的振动来工作的，如振实机、按摩机、蛙式打夯机、振动打桩机、振动运输机等。对于这类机械，则存在如何合理利用不平衡惯性力的问题。

10.1 机械平衡的类型

10.1.1 转子的平衡

绕固定轴回转的构件，常统称为转子。如汽轮机、发电机、电动机以及离心机等机器，都以转子作为工作的主体。这类构件的不平衡惯性力可利用在该构件上增加或除去一部分质量的方法予以平衡，即通过调节转子自身质心的位置来达到消除或减小惯性力不平衡的目的。这类转子又分为刚性转子和挠性转子两种。

1. 刚性转子的平衡

在一般机械中，转子的刚性都比较好，其共振转速较高，转子的工作转速一般低于 $(0.6 \sim 0.75)n_{c1}$（n_{c1} 为转子的第一阶共振转速）。在此情况下，转子产生的弹性变形较小，这类转子被称为刚性转子。其平衡按理论力学中的力系平衡理论进行。如果只要求其惯性力平衡，则称为转子的静平衡；如果同时要求其惯性力和惯性力矩的平衡，则称为转子的动平衡。刚性转子的平衡是本章介绍的主要内容。

2. 挠性转子的平衡

在机械中还有一类转子，如航空涡轮发动机、汽轮机、发电机等机器中的大型转子，其质量和跨度都很大，而径向尺寸却较小，故导致其共振转速减小，而其工作转速 n 又往

往很高 $[n \geqslant (0.6 \sim 0.75)n_{c1}]$，故转子在工作过程中将会产生较大的弯曲变形，从而使其惯性力显著增大。这类转子称为挠性转子。其平衡原理是基于弹性梁的横向振动理论。由于这个问题比较复杂，需专门研究，本章只做简单介绍。

10.1.2　机构的平衡

作往复运动或平面复合运动的构件，其所产生的惯性力无法在该构件上平衡，而必须就整个机构加以研究。设法使各运动构件惯性力的合力和合力偶得到完全或部分平衡，以消除或降低其不良影响。由于惯性力的合力和合力偶最终均由机械的基础所承受，故又称这类平衡问题为机械在机座上的平衡。

10.2　刚性转子的平衡设计

为了使转子得到平衡，在设计时就要根据转子的结构，通过计算将转子进行平衡设计。下面分别就刚性转子的静平衡和动平衡计算加以讨论。

10.2.1　静平衡设计

对于轴向尺寸较小的盘状转子（转子的轴向宽度 b 与其直径 D 之比 $b/D<0.2$），如齿轮、盘形凸轮、带轮、叶轮、螺旋桨等，它们的质量可以近似认为分布在垂直于其回转轴线的同一平面内。在此情况下，若其质心不在回转轴线上，则当其转动时，其偏心质量就会产生惯性力。因这种不平衡现象在转子静态时就表现出来，故称其为静不平衡。对这类转子进行静平衡时，可利用在转子上增加或去除一部分质量的方法，使其质心与回转轴心重合，可以使转子的惯性力得到平衡。

图 10-1 所示为一盘状转子，根据其结构（如其上有凸台等），已知其具有偏心质量 m_1、m_2，它们各自的回转半径为 r_1、r_2，方向如图 10-1 所示。当转子以角速度 ω 回转时，各偏心质量所产生的离心惯性力为

$$\boldsymbol{F}_i = m_i \omega^2 \boldsymbol{r}_i \quad (i=1, 2, \cdots) \qquad (10\text{-}1)$$

式中：$\boldsymbol{r}_i$ 表示第 i 个偏心质量的矢径。

为了平衡这些离心惯性力，可在转子上加一平衡质量 m_b。使其产生的离心惯性力 $\boldsymbol{F}_b$ 与各偏心质量的离心惯性力 $\boldsymbol{F}_i$ 相平衡。由于这些惯性力形成一平面汇交力系，故得到静平衡的条件为：分布于转子上的各个偏心质量（包括平衡质量）产生的离心惯性力的矢量和为零或质径积矢量和为零，即

$$\sum \boldsymbol{F} = \sum \boldsymbol{F}_i + \boldsymbol{F}_b = 0 \qquad (10\text{-}2)$$

设平衡质量 m_b 的矢径为 $\boldsymbol{r}_b$，则上式可化为

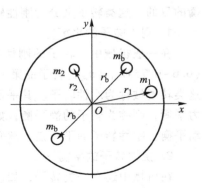

图 10-1　盘状转子

$$m_1 \boldsymbol{r}_1 + m_2 \boldsymbol{r}_2 + m_b \boldsymbol{r}_b = 0 \tag{10-3}$$

式中：$m_i \boldsymbol{r}_i$ 称为质径积，为矢量。

平衡块的质径积 $m_b \boldsymbol{r}_b$ 的大小和方位，可用下述方法求得。如图 10-1 所示的建立直角坐标系，根据力平衡条件，由 $\sum F_x = 0$ 及 $\sum F_y = 0$ 可得

$$(m_b \boldsymbol{r}_b)_x = -\sum m_i r_i \cos \alpha_i \tag{10-4}$$

$$(m_b \boldsymbol{r}_b)_y = -\sum m_i r_i \sin \alpha_i \tag{10-5}$$

其中：α_i 为第 i 个偏心质量 m_i 的矢径 $\boldsymbol{r}_i$ 与 x 轴正向的夹角（从 x 轴正向到 $\boldsymbol{r}_i$，沿逆时针方向为正）。平衡质径积的大小为

$$m_b r_b = \left[(m_b r_b)_x^2 + (m_b r_b)_y^2 \right]^{1/2} \tag{10-6}$$

根据转子结构选定 r_b 后，即可定出平衡质量 m_b，而其相位角 α_b 可由下式求得：

$$\alpha_b = \arctan \left[(m_b r_b)_y / (m_b r_b)_x \right] \tag{10-7}$$

式中：α_b 所在的象限要根据式中分子分母的正负号来确定。

显然也可以在 $\boldsymbol{r}_b$ 的反方向 $\boldsymbol{r}_b'$ 处除去一部分质量 m_b' 使转子得到平衡，只要保证 $m_b r_b = m_b' r_b'$ 即可。

根据上面的分析可知，对于静不平衡的转子，不论它有多少个偏心质量，都只需要在同一个平衡面内增加或去除一个平衡质量即可获得平衡，故又称为单面平衡。

10.2.2　动平衡设计

对于轴向尺寸较大的转子（$b/D \geqslant 0.2$），如内燃机曲轴、电动机转子和机床主轴等，其质量就不能再视为分布在同一平面内了。这时偏心质量往往是分布在若干个不同的回转平面内，如图 10-2 所示的曲轴即为一例。在这种情况下，即使转子的质心在回转轴线上（图 10-3），由于各偏心质量所产生的离心惯性力不在同一回转平面内，因而将形成惯性力偶，所以仍然是不平衡的。而且该力偶的作用方位是随转子的回转而变化的，故不但会在支承中引起附加动压力，也会引起机械设备的振动。这种不平衡现象只有在转子运转的情况下才能显示出来，故称其为动不平衡。对这类转子进行动平衡，要求转子在运转时其各偏心质量产生的惯性力和惯性力偶矩同时得以平衡。

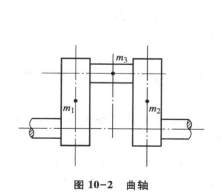

图 10-2　曲轴

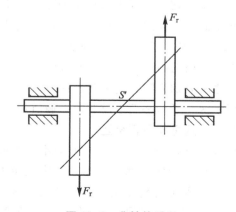

图 10-3　曲轴的质心

　　图 10-4a 所示为一长转子，根据其结构，设已知其偏心质量 m_1、m_2 及 m_3 分别位于回转平面 1、2 及 3 内，它们的回转半径分别为 r_1、r_2 及 r_3，方向如图所示。当此转子以角速度 ω 回转时，它们产生的惯性力 F_{I1}、F_{I2} 及 F_{I3} 形成一空间力系。

　　故转子动平衡的条件是：各偏心质量（包括平衡质量）产生的惯性力的矢量和为零，以及这些惯性力构成的力矩矢量和也为零，即

$$\sum \boldsymbol{F} = 0, \quad \sum \boldsymbol{M} = 0 \tag{10-8}$$

下面我们研究其平衡计算问题。

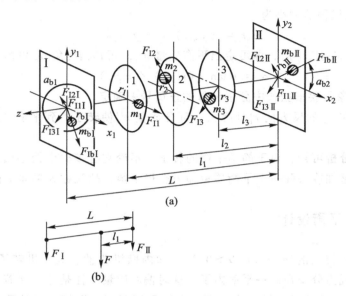

图 10-4　平衡计算问题

　　由理论力学可知，一个力可以分解为与其平行的两个分力，如图 10-4b 所示。因此可将力 F 分解成 F_I、F_{II} 两个分力，其大小分别为

$$F_I = Fl_1/L, \quad F_{II} = F(L-l_1)/L \tag{10-9}$$

方向与力 F 一致。为了使转子获得动平衡，首先选定两个回转平面 I 及 II 作为平衡基面（将来即在这两个面上增加或去除平衡质量），再将各离心惯性力按上述方法分别分解到平衡基面 I 及 II 内，即将 F_{I1}、F_{I2}、F_{I3} 分解为 F_{I1I}、F_{I2I}、F_{I3I}（在平衡基面 I 内）和 F_{I1II}、F_{I2II}、F_{I3II}（在平衡基面 II 内）。这样就把空间力系的平衡问题，转化为两个平面汇交力系的平衡问题。只要在平衡基面 I 及 II 内适当地各加一平衡质量，使两平衡基面内的惯性力之和分别为零，这个转子便可得以动平衡。

　　至于两个平衡基面 I 及 II 内平衡质量的大小和方位的确定，与前面静平衡计算的方法完全相同，这里就不再赘述。

　　由以上分析可知，对于任何动不平衡的刚性转子，无论其具有多少个偏心质量以及分布于多少个回转平面内，都只要在选定的两个平衡基面内分别加上或去除一个适当的平衡质量，即可得到完全平衡。故动平衡又称为双面平衡。由于动平衡同时满足静平衡条件，所以经过动平衡的转子一定是静平衡的；反之，经过静平衡的转子则不一定动平衡。

平衡基面的选取需要考虑转子的结构和安装空间，以便于安装或去除平衡质量。此外，还要考虑力矩平衡的效果，两平衡基面间的距离应适当大一些。同时在条件允许的情况下，将平衡质量的矢径 r_b 也取大一些，力求减小平衡质量 m_b。

10.3　刚性转子的平衡实验

在设计时，经过上述平衡计算，在理论上已经平衡的转子，由于制造和装配的不精确、材质的不均匀等原因，仍会产生新的不平衡。这时已无法用计算来进行平衡，而只能借助于平衡实验，用实验的方法来确定其不平衡量的大小和方位，然后利用增加或去除平衡质量的方法予以平衡。下面分别介绍静平衡实验和动平衡实验。

10.3.1　静平衡实验

如图 10-5 所示，在作静平衡时，把转子支承在两水平放置的摩擦很小的导轨（图 10-5a）或滚轮（图 10-5b）上。当存在偏心质量时，转子就会在支承上转动直至质心处于最低位置时才能停止，这时可在质心相反的方向上加上校正平衡质量，再重新使转子转动，反复增减平衡质量，直至转子在支承上呈随遇平衡状态，即说明转子的质心已与其轴线重合，即转子已达到静平衡。

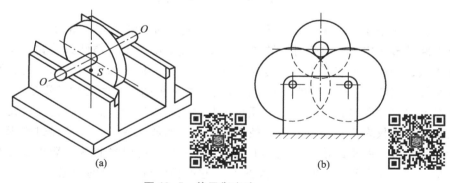

(a)　　　　　　　　　　　　(b)

图 10-5　静平衡实验

上述这种静平衡实验设备，结构比较简单，操作也很方便，如能降低其转动部分的摩擦也能达到一定的平衡精度。但这种静平衡设备在进行静平衡时需经过多次反复实验，所以工作效率较低。因此对于批量转子的平衡，必须要有能够直接、迅速地测出转子偏心质量的大小和方位，并直接进行快速平衡的设备。现今有一种单面平衡机，通过测量转子旋转时转子不平衡惯性力所引起的支承的振动或支承所受的动载荷来确定转子不平衡量的大小及相位，是一种比较理想的转子静平衡设备。

10.3.2　动平衡实验

转子的动平衡实验一般需在专用的动平衡机上进行。动平衡机有各种不同的形式，各种动平衡机的构造及工作原理也不尽相同，有通用平衡机、专用平衡机（如陀螺平衡机、曲轴平衡机、涡轮机转子平衡机、传动轴平衡机等），但其作用都是用来测定需加于两个平衡基面中的平衡质量的大小及方位。动平衡实验机主要由驱动系统、支承系统、测量指示系统等部分组成。当前工业上使用较多的动平衡机是根据振动原理设计的，测振传感器将转子转动所引起的振动转换成电信号，通过电子线路加以处理和放大，最后用电子仪器显示出被实验转子的不平衡质径积的大小和方位。

图 10-6 所示是一种动平衡机的工作原理示意图。

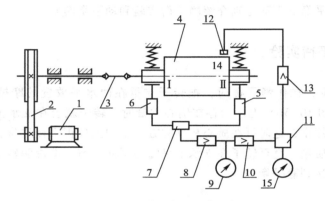

图 10-6　动平衡机工作原理

被实验转子 4 放在两弹性支承上，由电动机 1 通过带传动 2 驱动，转子与带轮之间用双万向联轴节 3 连接。实验时，转子上的偏心质量所产生的惯性力使弹性支承产生振动，而此机械振动通过传感器 5 与 6 转变为电信号，而由传感器 5、6 得到的振动电信号同时传到解算电路 7，它对信号进行处理，以消除两平衡基面之间的相互影响，而只反映一个平衡基面（如平衡基面 II ）中偏心质量引起的振动电信号，然后经过选频放大器 8，将信号放大，并由仪表 9 显示不平衡质径积的大小。而放大后的信号又经过整形放大器 10 转变为脉冲信号，并将此信号送到鉴相器 11 的一端。鉴相器的另一端接受的是基准信号。基准信号来自光电头 12 和整形放大器 13，它的相位与转子上的标记 14 相对应，频率与转子转速相同。鉴相器两端信号的相位差由相位表 15 读出。我们可以标记 14 为基准，根据相位表的读数，确定偏心质量的相位。

在确定一个平衡基面中应加平衡质量的大小、方位后，再以同样方法确定另一平衡基面中应加的平衡质量的大小及方位。

前面提到的转子平衡实验都是在专用的平衡机上进行的。而对于一些尺寸很大的转子，如几十吨重的大型发电机转子等，要在实验机上进行平衡是很困难的。另外，有些高速转子，虽然在制造期间已经通过平衡实验达到良好的平衡状态，但由于装运、蠕变和工作温度过高或电磁场的影响等原因，仍会发生微小变形而造成不平衡。在这些情况下，一般可进行现场平衡。所谓现场平衡，就是通过直接测量机器中转子支架的振动，来反映转子的不平衡量的大小及方位，进而确定应加平衡质量的大小及方位，然后采用加重或去重进行平衡。

10.4　平面机构的平衡设计

如前所述，绕定轴转动的构件，在运动中所产生的惯性力可以在构件本身上加以平衡。而对于机构中作往复运动或平面复合运动的构件，其在运动中产生的惯性力不可能在构件本身上予以平衡，必须就整个机构设法加以平衡。具有往复运动构件的机构在许多机械中是经常使用的，如汽车发动机、高速柱塞泵、活塞式压缩机、振动剪床等，由于这些机械的速度比较快，所以平衡问题常常成为产品质量的关键问题之一，促使人们开展对有关这些机构平衡问题的研究。

当机构运动时，其各运动构件所产生的惯性力可以合成为一个通过机构质心的总惯性力和一个总惯性力偶矩，这个总惯性力和总惯性力偶矩全部由基座承受。因此，为了消除机构在基座上引起的动压力，就必须设法平衡这个总惯性力和总惯性力偶矩。故机构平衡的条件是作用于机构质心的总惯性力 F_I 和总惯性力偶矩 M 分别为零，即

$$F_I = 0, \quad M = 0 \tag{10-10}$$

不过，在实际的平衡计算中，总惯性力偶矩对基座的影响应当与外加的驱动力矩和阻抗力矩一并研究（因这三者都将作用到基座上），但是由于驱动力矩和阻抗力矩与机械的工作性质有关，单独平衡惯性力偶矩往往没有意义，故这里只讨论总惯性力的平衡问题。

设机构的总质量为 m，其质心 S' 的加速度为 $a_{S'}$，则机构的总惯性力 $F_I = -ma_{S'}$。由于质量 m 不可能为零，所以欲使总惯性力 $F_I = 0$，必须使 $a_{S'} = 0$，即应使机构的质心静止不动。根据这个推论，在对机构进行平衡时，就是运用增加平衡质量等方法，使机构的质心静止不动。

10.4.1　机构惯性力的完全平衡法

完全平衡是机构的总惯性力恒为零，而为了达到完全平衡的目的，可采取下述措施。

1. 利用对称机构平衡

如图 10-7 所示的机构，由于其左、右两部分对 A 点完全对称，故可使惯性力在轴承 A 处所引起的动压力得到完全平衡。在图 10-8 所示的 ZG12-6 型高速冷镦机中，就利用了与此类似的方法获得了较好的平衡效果，使机器转速提高到 350 r/min，而振动仍较小。它的主传动机构为曲柄滑块机构 ABC，平衡装置为四杆机构 $AB'C'D'$。由于杆 $C'D'$ 较长，C' 点的运动近似于直线，加在 C' 点处的平衡质量 m' 即相当于滑块 C 的质量 m。

如上所述，利用对称机构可得到很好的平衡效果，只是采用这种方法将大大增加了机构的体积。

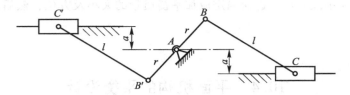

图 10-7 对称布置方式

2. 利用平衡质量平衡

在图 10-9 所示的铰链四杆机构中，设构件 1、2、3 的质量分别为 m_1、m_2、m_3，其质心分别位于 S_1'、S_2'、S_3' 处。为了进行平衡，先设构件 2 的质量 m_2 用分别集中于 B、C 点内的两个质量 m_{2B} 及 m_{2C} 来代换，而 m_{2B} 及 m_{2C} 的大小为

$$m_{2B} = m_2 l_{CS'2}/l_{BC}$$

$$m_{2C} = m_2 l_{BS'2}/l_{BC}$$

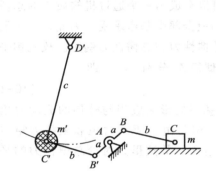

图 10-8 ZG12-6 型高速冷镦机

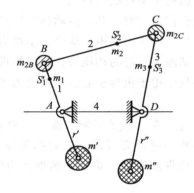

图 10-9 平面四杆机构动替代平衡示意图

然后，可在构件 1 的延长线上加一平衡质量 m' 来平衡构件 1 的质量 m_1 和 m_{2B}，使构件 1 的质心移到固定轴 A 处。所需的平衡质量 m' 可按下式求得：

$$m' = (m_{2B} l_{AB} + m_1 l_{AS'1})/r' \tag{10-11}$$

同理，可在构件 3 的延长线上加一平衡质量 m''，使其质心移至固定轴 D 处，m'' 可按下式求得：

$$m'' = (m_{2C} l_{DC} + m_3 l_{DS'3})/r'' \tag{10-12}$$

在加上平衡质量 m' 及 m'' 以后，机构的总质心 S' 应位于 AD 线上一固定点，即 $\boldsymbol{a}_{S'} = 0$，所以机构的惯性力已得到平衡。

运用同样的方法，可以对图 10-10 所示的曲柄滑块机构进行平衡，即增加平衡质量 m'、m'' 后，使机构的总质心移到固定轴 A 处。而平衡质量 m' 及 m'' 可由下式求得：

$$m' = (m_2 l_{BS'2} + m_3 l_{BC})/r' \tag{10-13}$$

$$m'' = [(m' + m_2 + m_3) l_{AB} + m_1 l_{AS'1}]/r'' \tag{10-14}$$

据研究，完全平衡 n 个构件的单自由度机构的惯性力，应至少加 $2n$ 个平衡质量，这样一来，机构的质量将大大增加。因此，实际上往往不采用这种方法，而采用下面介绍的部分平衡法。

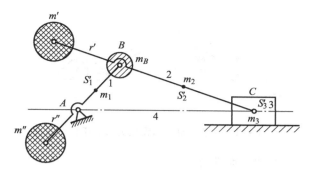

图 10-10 曲柄滑块机构两点动替代平衡示意图

10.4.2 机构惯性力的部分平衡法

部分平衡是平衡掉机构总惯性力的一部分。

1. 利用平衡机构平衡

在图 10-11a 所示的机构中，当曲柄 AB 转动时，滑块 C 和 C' 的加速度方向相反，它们的惯性力方向也相反，故可以相互抵消。但由于两滑块运动规律不完全相同，所以是部分平衡。

在图 10-11b 所示的机构中，当曲柄 AB 转动时，两连杆 BC、$B'C'$ 和摇杆 CD、$C'D$ 的惯性力也可以部分抵消。

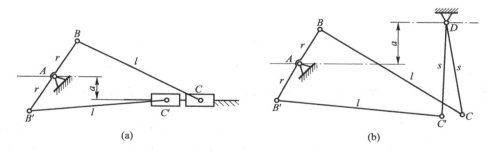

(a)   (b)

图 10-11 非完全对称布置机构

2. 利用平衡质量平衡

对图 10-12 所示的曲柄滑块机构进行平衡时，先运用质量代换将连杆 2 的质量 m_2 用集中于 B、C 两点的质量 m_{2B}、m_{2C} 来代换；将曲柄 1 的质量 m_1 用集中于 B、A 两点的质量 m_{1B}、m_{1A} 来代换。此时，机构产生的惯性力只有两部分，即集中在点 B 的质量 m_B（$=m_{2B}+m_{1B}$）所产生的离心惯性力 $\boldsymbol{F}_B$ 和集中于点 C 的质量 m_C（$=m_{2C}+m_3$）所产生的往复惯性力 $\boldsymbol{F}_C$。而为了平衡离心惯性力 $\boldsymbol{F}_B$，只要在曲柄的延长线上加一平衡质量 m'，使之满足下式即可：

$$m' = m_B l_{AB}/r \tag{10-15}$$

而往复惯性力 $\boldsymbol{F}_C$ 因其大小随曲柄转角 φ 的不同而不同，所以其平衡问题就不像平衡离心惯性力 $\boldsymbol{F}_B$ 那样简单。下面介绍往复惯性力的平衡方法。

由运动分析可得滑块 C 的加速度方程为

$$a_C \approx -\omega^2 l_{AB}\cos\varphi \tag{10-16}$$

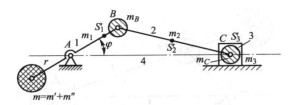

图 10-12　曲柄滑块机构惯性力部分平衡示意图

因而集中质量 m_C 所产生的往复惯性力为

$$F_C \approx m_C \omega^2 l_{AB} \cos \varphi \qquad (10\text{-}17)$$

为了平衡惯性力 $\boldsymbol{F}_C$，可在曲柄的延长线上距点 A 为 r 的地方再加上一个平衡质量 m''，并使

$$m'' = m_C l_{AB}/r \qquad (10\text{-}18)$$

将平衡质量 m'' 产生的离心惯性力 $\boldsymbol{F}''$ 分解为一水平分力 $\boldsymbol{F}''_h$ 和一铅垂分力 $\boldsymbol{F}''_v$，则有

$$F''_h = m'' \omega^2 r \cos(180° + \varphi) = -m_C \omega^2 l_{AB} \cos \varphi$$

$$F''_v = m'' \omega^2 r \sin(180° + \varphi) = -m_C \omega^2 l_{AB} \sin \varphi$$

由于 $\boldsymbol{F}''_h = -\boldsymbol{F}_C$，故 $\boldsymbol{F}''_h$ 已与往复惯性力 $\boldsymbol{F}_C$ 平衡。不过此时又多了一个新的不平衡惯性力 $\boldsymbol{F}''_v$，此铅垂方向的惯性力对机械的工作也很不利。为了减小此不利因素，可取

$$F''_h = \left(\frac{1}{3} \sim \frac{1}{2}\right) F_C$$

即取

$$m'' = \left(\frac{1}{3} \sim \frac{1}{2}\right) m_C l_{AB}/r \qquad (10\text{-}19)$$

即只平衡往复惯性力的一部分。这样，既可以减少往复惯性力 $\boldsymbol{F}_C$ 的不良影响，又可使铅垂方向产生的新的不平衡惯性力 $\boldsymbol{F}''_v$ 不致太大，同时所需加的平衡质量也较小。一般说来，这对机械的工作较为有利。

对于四缸、六缸、八缸发动机来说，若各缸往复质量取得一致，在各缸适当的排列下，往复质量之间即可自动达到力与力矩的完全平衡，对消除发动机的振动很有利。为此，对同一台发动机，应选用相同质量的活塞，各连杆的质量、质心位置也应保持一致。所以，在一些高质量发动机的生产中，采用了全自动连杆质量调整机、全自动活塞质量分选机等先进设备。

3. 利用弹簧平衡

如图 10-13 所示，通过合理选择弹簧的刚度系数 k 和弹簧的安装位置，可以使连杆 BC 的惯性力得到部分平衡。

最后还需指出，在一些精密的设备中，要想获得高品质的平衡效果，仅在最后才作回转构件的平衡检测是不够的，应在回转构件生产的全过程中（即原材料的准备、加工装配各个环节）都要注意平衡问题。

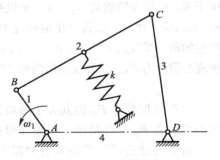

图 10-13　弹簧平衡

习　题

10-1　什么是静平衡？什么是动平衡？各至少需要几个平衡平面？静平衡、动平衡的力学条件各是什么？

10-2　动平衡的构件一定是静平衡的，反之亦然，对吗？为什么？在图 10-14 所示的两根曲轴中，设各曲拐的偏心质径积均相等，且各曲拐均在同一轴平面上。试说明两者各处于何种平衡状态。

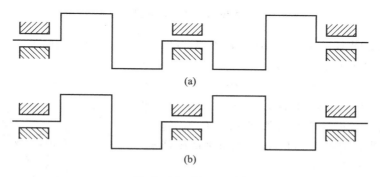

图 10-14　题 10-2 图

10-3　如图 10-15a 所示的转子，其工作的转速 $n = 300$ r/min，其一阶临界转速 $n_{01} = 6\ 000$ r/min，现在两个支撑轴承的垂直方向分别安装测振传感器，测得的振动线图如图 10-15b 所示，试问：（1）该转子是刚性转子还是挠性转子？若此转子的工作转速为 6 500 r/min，则该转子又属于哪种转子？（2）该转子是否存在不平衡质量？（3）能否从振动线图上判断其是静不平衡还是动不平衡？

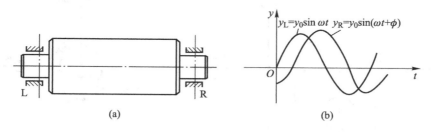

图 10-15　题 10-3 图

10-4　如图 10-16 所示盘形转子中，存在 4 个不平衡质量。它们的大小及其质心到转子中心的距离分别为 $m_1 = 10$ kg，$r_1 = 100$ mm，$m_2 = 8$ kg，$r_2 = 150$ mm，$m_3 = 7$ kg，$r_3 = 200$ mm，$m_4 = 5$ kg，$r_4 = 100$ mm，试对该转子进行平衡设计。

10-5　图 10-17 所示为一均质圆盘转子，工艺要求在圆盘上钻 4 个圆孔，圆孔的直径及孔心到转轴 O 的距离分别是 $d_1 = 40$ mm，$r_1 = 120$ mm，$d_2 = 60$ mm，$r_2 = 100$ mm，$d_3 = 50$ mm，$r_3 = 110$ mm，$d_4 = 70$ mm，$r_4 = 90$ mm；方位如图。试对该转子进行平衡设计。

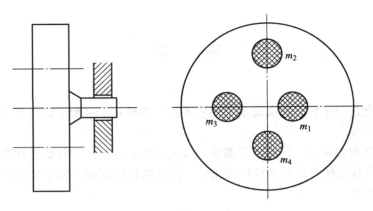

图 10-16 题 10-4 图

10-6   在如图 10-18 所示的刚性转子中，已知各不平衡质量和向径的大小分别是 $m_1 =$ 100 kg，$r_1 = 400$ mm，$m_2 = 15$ kg，$r_2 = 300$ mm，$m_3 =$ 20 kg，$r_3 = 200$ mm，$m_4 = 20$ kg，$r_4 = 300$ mm，方向如图所示，且 $l_{12} = l_{34} = l_{23} = 200$ mm。在对该转子进行平衡设计的时候，若设计者欲选择 T' 和 T'' 作为平衡平面，并取加重半径 $r_b' = r_b'' = 500$ mm。试求平衡质量 m_b'、m_b'' 的大小和 r_b'、r_b'' 的方向。

10-7   图 10-19 所示为一用于航空燃气轮机的转子，其质量为 100 kg，其质心至两平衡平面 I 及 II 的距离分别为 $l_1 = 200$ mm，$l_2 = 800$ mm，转子的转速为 $n = 9\,000$ r/min，试确定：在平衡平面 I、II 内许用不平衡质径积。

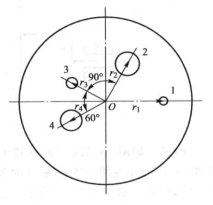

图 10-17 题 10-5 图

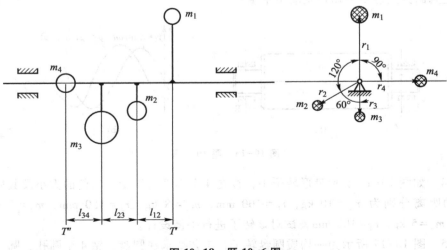

图 10-18 题 10-6 图

10-8 在如图 10-20 所示的曲柄滑块机构中,已知各杆长度 $l_{AB} = 100$ mm,$l_{BC} = 300$ mm,曲柄和连杆的质心 S_1、S_2 的位置分别为 $l_{AS1} = 100$ mm $= l_{BS2}$,滑块 3 的质量 $m_3 = 0.4$ kg,试求此曲柄滑块机构惯性力完全平衡的曲柄质量 m_1 和连杆质量 m_2 的大小。

10-9 为什么作往复运动的构件和作平面复合运动的构件不能在构件本身内获得平衡,而必须在基座上平衡?机构在基座上平衡的实质是什么?

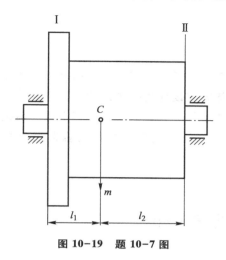

图 10-19 题 10-7 图

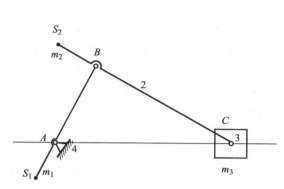

图 10-20 题 10-8 图

第11章 机械执行系统方案设计

机械系统主要由原动机、传动系统、执行系统和控制系统所组成，机械系统的总体方案设计主要是指对这几部分的方案设计，机械系统总体方案设计是机械设计过程中极其重要的一步，对机械的性能、尺寸、外形、质量及生产成本具有重大的影响。其中执行系统方案设计的好坏对机械系统能否完成预期的工作任务以及产品质量的优劣都起着重要的作用。

11.1　机械系统总体方案设计

机械系统设计是一个复杂的分析、规划、推理与决策的过程，蕴含人类对机械系统的发明和创新。机械系统设计的目的：根据既定目标，获取机械系统的设计信息，包括文字说明、设计方案、技术数据、设计图样和工艺方案，经过评估、改进和制造，最终形成满足设计要求的机械产品。机械系统设计一般要经过产品规划、方案设计、技术设计、施工设计等几个阶段。表 11-1 详细介绍了这四个设计阶段的设计内容和应完成的任务。

表 11-1　机械产品设计过程

设计阶段	设计内容	阶段成果
产品规划设计	在市场调查的基础上，进行产品需求分析、市场预测、可行性分析，确定设计目标、主要设计参数及限制性条件，提出设计任务书	调研报告 可行性分析报告 设计任务书
总体方案设计	根据设计任务书中的设计任务，进行功能分析，提出较理想的功能原理，拟订总体运动方案，对可行方案进行评价和决策，选定最优设计方案	总体设计方案 机械系统运动简图
技术设计	进行分析计算和结构设计，绘制总装配图、部装图和零件图，编制设计计算说明书	全套设计图样 设计说明书
施工设计	进行工艺设计、工装设计、试制、试运行及性能测试，并进行改进完善设计	工艺流程卡片 工装设计图、安装图 使用说明书

　　总体方案设计应尽可能考虑人机关系、环境条件以及与加工装配、运行管理系统等之间的联系，使机械系统与外部系统相互协调、相互适应，以求设计更加完善。方案设计阶段不仅需要扎实的理论知识、丰富的实践经验和最新的信息，更需要科学的设计思想和方法，需要设计者具有现代设计的思想。

11.1.1　机械产品现代设计思想

　　科学技术的迅猛发展使得机械产品设计已不再属于工程技术范畴，而是自然科学、人文科学和社会科学相互交叉、科学理论与工程技术高度融合所形成的一门现代设计科学。系统论、控制论、信息论、智能理论等现代理论已经进入机械设计领域，优化设计、可靠性设计、工业造型设计、计算机辅助设计、价值工程、反求工程等技术促进机械设计的深入，使机械设计摆脱了传统以经验为主的模式，进入了现代设计阶段。

　　现代机械设计思想主要有以下几方面。

　1. 设计的理论性

　　传统的机械设计偏重经验，设计过程中大量采用经验数据和经验公式。传统的设计主要是改型设计，设计方法主要是仿照和类比，因而忽视了创新设计的重要性，甚至忽略了方案的设计阶段。机械设计虽属工程设计，具有很强的工程性，但也具有很强的理论性。

　　近年来，与机械设计有关的理论有了长足的发展，机械学科与其他学科交叉形成新的现代设计理论，例如方案设计中采用形态学矩阵大大扩大了方案的数量；与运筹学中优化理论相结合形成机械优化设计理论与方法；与人工智能理论相结合形成了机械设计专家系统，大量的设计理论和实验数据构成了庞大的知识库，在推理机中不仅应用精确的方法，还应用模糊论，使结论更可靠，更科学。

　　由此可见，各种现代设计方法和设计系统都是以现代科学理论为基础的，强调设计的理论性是现代机械设计的重要思想。

　2. 设计的创造性

　　人类文明的源泉是创造，而设计的本质就是创造性的思维活动。尤其在方案设计阶段，更应敢于创新，充分发挥创造力。

　　由于传统设计中仿型设计、改型设计多，只需借鉴现成资料，改变现有产品中的某些结构或尺寸，或只需消化引进产品，仿照生产，因此往往从一开始就进入了常规设计，跃过了创新构思的方案设计阶段。这就像生物遗传中只有继承，没有变异。生物遗传没有突变，生物就不可能进化，设计中只有仿照，没有创新就出不了新型产品。

　　满足设计任务书中的基本要求，不应是设计的最终目标，为使产品更具竞争力，现代设计提倡创造性思维方式，进行创新设计。在拟订方案的过程中冲破定型的思维方式，不断提出：是否可找到新的更好的设计方案？是否可使用其他的设计方法？是否可增加新的功能？是否可进一步改善性能、延长使用寿命？是否可进一步减轻重量、降低成本？当这些问题一个个解决时，设计便取得成功，便可得到一个功能更全、质量更高、成本更低的新的设计方案。

　3. 设计的系统性

　　强调用系统工程处理机械系统设计问题。设计时应分析各部分的有机联系，力求系统整体最优。同时考虑技术系统与外界的联系，即人–机–环境的大系统关系。设计时，必须从系统的角度来全面考虑各方面的问题。既要考虑产品本身，还要考虑对系统和环境的影响；不仅要考虑技术领域，还要考虑经济、社会效益；不但要考虑当前问题，还需考虑长远发展。例如汽车设计，不仅要考虑汽车本身的有关技术问题，还要考虑使用者的安全、舒适、操作方便等；另外，还需考虑汽车的燃料供应、车辆存放、环境污染、道路发展以及国家能源政策、资源条件、道路建设、城市规划等政策及社会条件限制等问题。

4. 设计的最优化

由于机构、原动机的类型很多，组合的方式也很多，所以能满足设计基本要求的可行性设计方案相当多。传统的设计方法是按类比方式，凭现成的资料、手册、数据和经验确定一个方案，经校核后能满足要求，即认为可行，予以确认。

现代设计则认为设计的方案不仅要可行，还必须最优。设计过程中要避免主观直接的决策，强调客观的优化决策。设计者在方案拟订阶段，必须从方案群中探索出一组既满足设计要求又各有特色的待选方案，然后以科学的标准来评价各方案，评价值最高者为最佳方案。

随着信息高速公路的开通，信息传输技术已达到了一个新阶段，设计图样的异地甚至跨国传输、设计方案的实时异地讨论、异地现场修改都已成为现实。每个跨世纪的机械设计人员，必须充分注重现代机械设计的思想，冲破传统设计的框框，掌握现代设计的新理论、新技术、新方法，建立起现代设计的观念。

11.1.2　总体方案设计的内容

总体方案设计的主要内容有如下几个方面：

（1）执行系统的方案设计。主要包括执行系统的功能原理设计、运动规律设计、执行机构的形式设计、执行系统的协调设计和执行系统的方案评价与决策。

（2）原动机类型的选择和传动系统的方案设计。传动系统方案设计主要包括传动类型和传动路线的选择、传动链中机构的顺序安排和传动比的分配。

（3）控制系统和其他辅助系统的设计。辅助系统主要包括润滑系统、冷却系统、监测系统和支撑系统等。

11.1.3　总体方案设计的评价与决策

评价就是从多种方案中寻求一种既能实现预期功能要求，又具备性能优良、价格低廉的设计方案，这也是机械系统方案设计的最终目标。机械系统的方案设计是一个多解性问题。面对多种设计方案，设计者必须分析比较各方案的性能优劣、价值高低，经过科学评价和决策才能获得最满意的方案。机械系统方案设计的过程，就是一个先通过分析、综合，使待选方案数目由少变多，再通过评价、决策使待选方案数目由多变少，最后获得满意方案的过程。通过创造性构思产生多个待选方案，再以科学的评价和决策优选出最佳的设计方案，而不是主观地确定一个设计方案，通过校核来确定其可行性，这是现代设计方法与传统设计方法的重要区别之一。如何通过科学评价和决策来确定最满意的方案，是机械系统方案设计阶段的一个重要任务。

1. 评价指标体系

评价一个设计方案的优劣，需要有一定的依据，这些依据称为评价准则。它包含两个方面的内容：一是设计目标，二是设计指标。

设计目标是指从哪些方面、以什么原则来评价方案，达到什么标准为优，这是一项定性的评价，如结构越简单越好、尺寸越小越好、效率越高越好、加工制造越方便越好、操作越容易越好、成本越低越好等。

设计指标是指具体的约束限制，如机构的运动学和动力学参数等。由于在执行机构的形式设计完成后，已初步进行了各执行机构的运动设计和动力设计，故这一项通常是可以进行定量评价的。对于不符合设计指标的方案，需通过重新设计来达到设计指标，若重新设计后仍达不到设计指标的，则必须放弃。评价就是在由约束条件限定的可行域范围内，按设计目标寻找优选方案。

机械系统设计方案的优劣通常应从技术、经济和安全可靠三方面予以评价。但是，由于在方案设计阶段还不可能具体地涉及机械的结构和强度设计等细节，因此评价指标应主要考虑技术方面的因素，即功能和工作性能方面的指标应占有较大的比例。表11-2列出了机械系统设计方案的评价指标。需要指出的是，表11-2中所列的各项评价指标体系，是根据机械系统设计的主要性能要求和机械设计专家的咨询意见设定的。对于具体的机械系统，这些评价指标和具体内容还需要依实际情况加以增减和完善，以形成一个比较合适的评价体系。

表 11-2 机械系统设计方案评价体系

序号	评价指标	具体内容
1	系统功能	运动规律或运动轨迹、工艺动作的准确性、特定的功能要求
2	运动性能	运转速度、行程可调性、运动精度等
3	动力性能	承载能力、增力特性、传力特性等
4	工作性能	寿命长短、可操作性、安全性、可靠性、适用范围等
5	结构紧凑性	尺寸、质量、结构复杂性等
6	经济性	加工难易、制造成本、能耗大小等
7	社会性	振动、噪声、外观造型、环境保护等

2. 评价方法

以上的评价指标各方面有时可能是互相矛盾的，例如精确性、经济性、紧凑性可能不会两全。又如平稳性、精确性、可靠性互相制约，液压、气压传动平稳性良好，但运动精确性不够，而且容易漏油、漏气，可靠性差。因此，亟需一个合理的评价方法来综合运用评价标准进行科学评价。系统运动方案的常用评价方法有价值工程评价法、系统工程评价法和模糊综合评价法。

1）价值工程评价法

价值工程是以提高产品实用价值为目的，以功能分析为核心，以最低成本去实现机械

产品的必要功能的方法。价值工程的评价指标是价值，其定义为

$$V = F/C \tag{11-1}$$

式中：V 为价值；F 为功能；C 为寿命周期成本。

机械运动方案的评价可以按它的各项功能求出的综合评价值为评价对象，以金额为评价尺度，找出某一功能的最低成本。这种方法要求有充分的实际数据作为依据，可靠性强，可比性好。而目标成本实际上是不断变化的，需要不断收集资料进行分析，并适当地调整收集到的成本值。有了运动方案功能成本和功能评价值就可以对几个运动方案进行评价。但是，由于方案设计阶段不确定的因素较多，因此困难较大。所以，对某一种机械产品一定要在大量资料积累之后才能够有效地进行评价。此外，该方法由于强调机械的功能和成本，因此可以对不同工作原理的方案进行评价，以便从多种方案中选出最佳方案。

2）系统工程评价法

系统工程评价法是将整个机械运动方案作为一个系统，从整体上评价方案适合总功能要求的情况，以便从多种方案中客观地、合理地选择最佳方案。

系统工程评价就是根据预定的系统目标，在系统调查和可行性研究的基础上，主要从技术和经济等方面，就各种系统设计的方案所能满足需要的程度与消耗和占用的各种资源进行评审和选择，并选出技术上先进、经济上合理、实施上可行的最优或满意的方案。

系统的评价因素主要有性能、成本、可靠性、实用性、兼容性、适应性、能量消耗等。解决评价问题时要确定一些主要指标，同时对每一指标给出评价系数而加以权衡，通过权衡求出系统的综合评定价值，对各种不同方案进行比较，确定出最优方案。但是，系统分析与评价人员应尽量避免自己成为决策者，也不应代替决策者进行决策。

3）模糊评价法

模糊评价法的评分标准是将定性评价中使用的模糊概念，如"不好""不太好""较好""好""很好"等用 [0，1] 区间内的连续数值来表达评价值，使得评价值更趋精确、合理，评价结果更为准确。此方法的使用日趋普遍。

评价结果为设计者的决策提供了依据，但究竟选择哪种方案，还取决于设计者的决策思想。在通常情况下，评价值最高的方案为整体最优方案，但最终是否选择这一方案，还需依设计问题的具体情况由设计者做出决策。例如，在实际工作中，有时为了满足某些特殊要求，并不一定选择总价值最高的方案，而是选择总价值稍低、但某些评价项目评价值较高的方案。

11.2 机械执行系统的功能原理和运动规律设计

机械执行系统方案设计包括功能原理设计、运动规律设计、执行机构的形式设计、执行机构的尺度设计和方案的评价与决策等内容。

11.2.1 执行系统的功能原理设计

任何一部机械的设计都是为了实现某种预期的功能要求，包括工艺要求和使用要求。所谓功能原理设计，就是根据机械预期实现的功能，考虑选择何种工作原理来实现这一功能要求。它是机械执行系统方案设计的第一步，也是十分重要的一步。

1. 功能原理的构思与选择

实现同一功能要求，可以有许多不同的工作原理。选择的工作原理不同，执行系统的方案也必然不同。功能原理设计的任务就是根据机械预期实现的功能要求，构思出所有可能的功能原理，加以分析比较，从中选出既能很好地满足功能要求、工艺动作又简单的工作原理。例如，要求设计一个齿轮加工设备，其预期实现的功能是在轮坯上加工出轮齿，为了实现这一功能要求，既可以选择仿形原理，也可以选择范成原理。若选择仿形原理，则工艺动作除了有切削运动、进给运动外，还需要准确的分度运动；若采用范成原理，则工艺动作除了切削运动和进给运动外，还需要刀具与轮坯之间的范成运动等。又如，为了加工螺栓上的螺纹，可以采用车削加工原理、套螺纹工作原理和滚压工作原理。这几种不同的螺纹加工原理适用于不同的场合，满足不同的加工需要和加工精度要求，其执行系统的运动方案也不相同。

2. 功能分析法

功能分析法是将系统的总功能分解成若干简单的功能元，通过对功能元的求解，然后进行组合，可以得到机械产品方案的多种解。功能分解和原理方案组合的过程也是一个创新的过程。

原理方案的组合可采用形态综合法，即以系统的功能元为纵坐标，各功能元的解为横坐标，构成形态学矩阵，见表 11-3。从每项功能元中取出一种解进行组合，即得到系统的解，最多可以组合的原理方案个数为

$$N = n_1 n_2 \cdots n_i \cdots n_m \tag{11-2}$$

式中：m 为功能元数；n_i 为第 i 种功能元解的个数。

表 11-3 原理方案组合的形态学矩阵

功能元	功能元解							
	1	2	3	$\cdots$	n_1	n_2	n_i	n_m
U_1	t_{11}	t_{12}	t_{13}	$\cdots$	t_{1n_1}			
U_2	t_{21}	t_{22}	t_{23}		$\cdots$	t_{1n_2}		
$\vdots$	$\vdots$	$\vdots$						
U_i	t_{i1}	$\cdots$	$\cdots$	$\cdots$		$\cdots$	t_{in_i}	
U_m	t_{m1}	t_{m2}	$\cdots$	$\cdots$			$\cdots$	t_{mn_m}

根据机构形态学矩阵，组成能完成系统总功能的不同机构系统运动方案，然后根据评估指标，优先选出符合要求的最佳方案。

功能分析法设计步骤如图 11-1 所示。

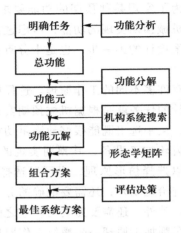

图 11-1　功能分析法设计步骤

11.2.2　执行系统的运动规律设计

实现同一工作原理，可以采用不同的运动规律。选择的运动规律不同，执行系统的方案也不同。所谓运动规律设计，就是根据工作原理所提出的工艺要求，构思出能够实现该工艺要求的各种运动规律，然后从中选取最为简单适用的运动规律，作为机械系统运动方案。

实现机械产品的功能是靠工艺动作来完成的，即一系列工艺动作的目的是完成所需实现的功能。工艺动作的分解往往对应于功能的分解。例如，缝纫机的缝纫功能分解为刺布、挑线、钩线和送布料四大功能，它们所对应的动作为机针上下运动、挑线杆供线和收线、梭子钩线和推送布料四大动作。又如，啤酒灌装机的灌装功能分解为送瓶、灌装、压盖、出瓶四大功能，可用对应的四个动作来完成。同一功能可以由不同的工艺动作来实现，因而工艺动作的构思也是相当重要的。

根据功能原理方案构思设计出实现这种原理的运动规律（即执行构件的运动规律），并拟订这些运动规律的运动参数。运动规律与运动参数定得是否合适，很大程度上取决于设计人员的专业知识和实践经验，需对其进行进一步的评价与修改。切忌将思路局限在机构上，而尽量采用先进、简单的技术。

11.3　执行机构形式设计

机构系统运动方案设计是根据功能原理方案中提出的工艺动作过程及各工艺动作的运动规律要求，选择相应的若干执行机构的形式，按某种方式将其组合成一个机构系统。

实现同一种运动规律，可以采用不同形式的机构，从而得到不同的方案。所谓执行机构形式设计，就是根据各基本动作或动作的要求，构思出所有能实现这些动作或运动规律的机构，从中选出最佳方案。

选择执行机构并不仅仅是简单的挑选，而是包含着创新。因为要得到一个好的运动方案，必须构思新颖、灵巧的机构系统。这一系统的各执行机构不一定是现存的，为此，应根据机构组成与演变原理，创造新的机构；或者在充分掌握各执行机构的运动、动力学特性的基础上，进行巧妙地组合，往往也能获得新颖、灵巧而又简单的机构系统。

机构系统运动方案设计是一种机构系统型综合设计方法。而平面机构的型综合是研究一定数量的构件和运动副可以组成多少种机构形式的综合过程。通过机构的型综合，可提供用相同数目的构件数和运动副数组合而成的各种机构形式，为设计新机械提供了择优选择的条件。

根据型综合得到的机构系统运动方案，画出的表示机构及其系统的结构形式、连接和组合方式的示意图，称为机构系统简图，它是进行机构系统运动简图设计的基础。

11.3.1 执行机构形式设计的原则

执行机构形式设计时应注意遵循以下基本原则：

1）满足执行构件的工艺动作和运动要求

满足执行构件的运动要求，包括运动形式、运动规律或运动轨迹方面的要求，是执行机构形式设计时首先要考虑的基本因素。

2）尽量简化和缩短运动链，选择较简单的机构

实现同样的运动要求，应尽量采用构件数和运动副数目最少的机构。因为，运动链愈短，构件和运动副数目就愈少，制造费用愈低，机械的重量愈轻；可以减少运动副摩擦带来的功率损耗，提高机械效率；可以减少运动链的累积误差，提高传动精度和工作可靠性，也可以提高机械系统的刚性。因此，在进行执行机构形式设计时，有时宁可采用具有较小设计误差但结构简单的近似机构。此外，还应考虑运动副类型的选择，它直接影响机械的结构、耐用性及机械的效率和灵敏度。一般情况，转动副容易保证运动副元素的配合精度，效率高；移动副元素效率低，且可能发生自锁；高副元素形状一般较复杂，磨损快，但较容易实现执行构件的运动规律和轨迹。

3）尽量减小机构的尺寸

设计机械时，在满足工作要求的前提下，希望机械结构紧凑、尺寸小、重量轻。而机械的尺寸和重量随机构形式设计的不同有较大的差别。例如，在相同的参数下，行星轮系的尺寸和重量较定轴轮系的显著减小；在从动件移动行程较大的情况下，采用圆柱凸轮要比盘形凸轮尺寸更为紧凑等。

4）具有良好的传力性能和动力特性

在进行执行机构形式设计时，应注意选用具有最大传动角、最大增力系数和效率较高的机构，这样可以减小主动轴上的力矩，从而减小原动机的功率、机构的尺寸和重量。

机构中若有虚约束，则要求提高加工和装配精度，否则将会产生很大的附加内应力，甚至会产生楔紧现象，使虚约束成为真正的约束，从而使运动发生困难。因此，在进行执行机构形式设计时，应尽量避免采用虚约束。若为了改善受力状况、增加机构刚度或减轻

机构重量而必须引入虚约束，则必须注意结构、尺寸等方面设计的合理性，必要时还需增加均载等辅助装置。

对于高速运转的机构，如果作往复运动或平面复杂运动的构件惯性质量较大，或转动构件上有较大的偏心质量，则在机构形式设计时，应考虑进行平衡设计，以减小机械运转中的动载荷，使构件和机构达到最佳平衡状态。否则会引起很大振动，甚至破坏机械的正常工作条件。

5）保证机械的安全运转

在进行执行机构形式设计时，必须考虑机械的安全运转问题，以防止发生机械损坏或出现生产和人身事故的可能性。例如，为了防止机械因过载而损坏，可采用具有过载保护性的带传动或摩擦传动机构；又如，为了防止起重机械的起吊部分在重物作用下自行倒转，可在运动链中设置具有自锁功能的机构，如蜗杆机构等。

执行机构形式设计的方法有两大类，即机构的选型和构型。

11.3.2 机构的选型

所谓机构的选型，是指利用发散思维的方法，将前人创造发明出的各种机构按照运动形式或实现的特定功能进行分类，然后根据设计要求尽可能地将所有可能的机构形式搜索到，通过比较和评价，确定合适的机构类型。

常用执行构件的运动形式、功能及其应用实例列于表 11-4 中，可供机构选型时参考。

利用这种方法进行机构选型，方便、直观。设计者只需根据给定的工艺动作的运动形式，从有关手册中查阅相应机构即可。若所选机构的类型不能令人满意，则需要创造新机构，以满足设计任务的要求。

表 11-4 常用执行机构的运动形式、功能及其应用实例

执行构件的运动形式及功能	机构类型	典型应用实例
匀速转动	平行四边形机构、双转块机构、圆柱齿轮机构、锥齿轮机构、蜗杆机构、齿轮针轮机构、蜗杆针轮机构、摆线针轮机构	减速、增速和变速，机车车轮联动机构、联轴器
	行星轮系、谐波传动机构、挠性件传动机构、摩擦轮机构	减速、增速、运动的合成与分解、远距离传动、无级变速，减速器
非匀速转动	双曲柄机构、转动导杆机构、曲柄滑块机构、铰链四杆机构、非圆齿轮机构、挠性件传动机构	惯性振动筛、刨床、发动机、联轴器、机床、自动机、压力机
往复移动	曲柄滑块机构、移动导杆机构、齿轮齿条机构、凸轮机构、楔块机构、螺旋机构、挠性件机构、气动机构、液动机构	冲、压、锻等机械装置，缝纫机针头机构，插床，配气机构，压力机械，夹紧装置，车床进刀装置，升降机
往复摆动	曲柄摇杆机构、摇杆滑块机构、摆动导杆机构、曲柄摇块机构、等腰梯形机构、凸轮机构、齿轮齿条机构、非圆齿轮齿条机构、挠性件传动机构、气动机构、液动机构	自动装卸，破碎机、车门启闭机构、牛头刨机构、液压摆缸、汽车转向机构

续表

执行构件的运动形式及功能	机构类型	典型应用实例
间歇运动	棘轮机构、槽轮机构、凸轮机构、不完全齿轮齿条机构、气动机构、液动机构	自动包装机的转位、间歇回转，单向离合器、超越离合器、电影放映机、分度装置、间歇回转工作台、移动工作台
实现特定轨迹和位置	平面四杆机构、平行四边形机构、凸轮机构、行星轮机构、挠性件滑轮机构	鹤式起重机的直线轨迹、搅拌机构的封闭曲线轨迹、各种花纹图案，升降机、万能绘图仪、直线移送机构、花编机、实现方形轨迹的等宽凸轮机构、导引升降装置
夹压锁紧	连杆机构、凸轮机构、螺旋机构、斜面机构、棘轮机构、气动机构、液动机构	利用机构的死点位置或反行程、自锁性质实现夹压锁紧，利用阀控制
合成与分解运动	差动齿轮机构、差动螺旋机构、差动棘轮机构、差动连杆机构	用于微小的间歇进给、汽车差速器、机车车厢间的连接螺旋、数学运算机构

11.3.3　机构的构型

当采用选型的方法初选出的机构形式不能完全实现预期的要求，或虽能实现功能要求但存在着结构复杂、运动精度不够、动力性能欠佳或占据空间较大等缺点时，设计者可以采用创新构型的方法，重新构筑机构的形式，这是比机构选型更具有创造性的工作。

机构创新构型的基本思路是：在初选的机构方案基础上，通过机构创新构型的方法进行突破，获得新的机构。常用机构创新构型的方法有以下几种。

1. 机构的变异

为了实现某一功能要求，或为了使机构具有某些特殊的性能，改变现有机构的结构，演变发展出新机构的方法，称为机构变异构型。机构变异构型的方法主要有以下几种：

1）机构的倒置

将机构的运动构件与机架的转换，称为机构的倒置。按照运动相对性原理，机构倒置后各构件间的相对运动关系不变，但可以得到不同特性的机构。在连杆机构一章，曲柄摇杆机构、双曲柄机构和双摇杆机构及带移动副的连杆机构之间都可以看作在满足曲柄存在条件时利用机构倒置法得到的。又如将定轴圆柱内啮合齿轮机构的内齿轮作为机架，则得到图 11-2 所示的行星齿轮机构。

2）机构的扩展

以原有机构作为基础，增加新的构件，构成一个新机构，称为机构扩展。机构扩展后，原有各构件间的相对运动关系不变，但所构成的新机构的某些性能与原机构有很大差别。图 11-3 所示的三自由度挖掘机就是在摆动液压缸机构 1-2-3-12 上顺序增加杆组 4-5-6、7-8-9 和 10-11，从而实现构件 11 的挖掘工作。

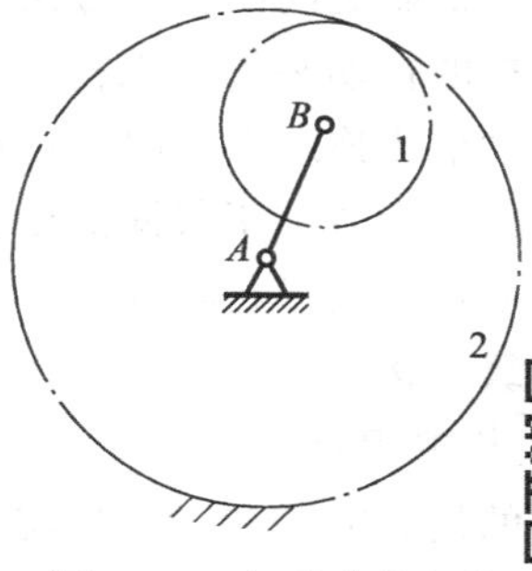

图 11-2　行星齿轮机构

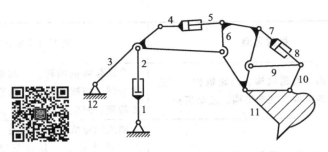

图 11-3 三自由度挖掘机机构

3）机构局部结构的改变

改变机构局部结构，可以获得有特殊运动特性的机构。图 11-4 为左边极限位置附近有停歇的导杆机构。此机构之所以有停歇的运动性能，是因为将导杆槽的中线某一部分做成了圆弧形，且圆弧半径等于曲柄的长度。图 11-5 所示的机构中，构件 2 可视为槽轮展开而形成的。

因此，改变构件的形状和尺寸是机构创新设计的重要方法之一。

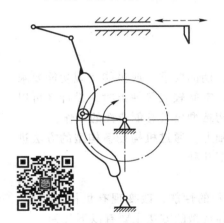

图 11-4 实现间歇运动的导杆机构

图 11-5 移动槽轮机构

4）运动副的变换

改变机构中运动副的形式，可构型出不同运动性能的机构。运动副的变换方式有很多种，常用的有高副与低副之间的变换、运动副尺寸的变换和运动副类型的变换。

高副与低副之间的变换方法，即为第 2 章介绍的高副低代方法。图 11-6a 所示为手套自动加工机的传动装置。机构由原动件 1、杆组 2-3、4-5 和机架 6 组成，为 II 级机构。当原动件曲柄 1 连续回转时，可使输出件 5 实现大行程的往复移动。但由于构件 3 和 4 组成的移动副在上方，不仅润滑困难，且易污染产品。因此，为了改善这一条件，将有关运动副进行变换，所得机构如图 11-6b 所示。该机构由原动件 1、杆组 2-3-4-5 及机架 6 组成，为 III 级机构。

2. 机构的组合

机构的组合方式和组合机构的类型有很多，关于这方面的内容详见本书 7.3，这里不再赘述。

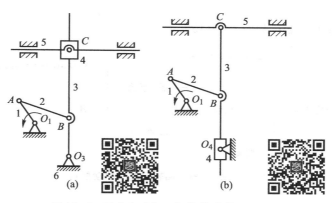

图 11-6　手套自动加工机的传动装置

3. 采用其他物理效应

随着科学技术的迅速发展，现代机械已不再是纯机械系统，而是集机、电、液为一体，充分利用力、声、光、磁等工作原理驱动或控制的机械。利用上述工作原理驱动或控制的机构，由于巧妙地利用了一些其他工作介质和工作原理，比传统机构更能方便地实现运动和动力的转换，并能实现某些传统机构难以完成的复杂运动。图 11-7 所示为工作台送进机构，液压缸（或气缸）1 驱动两凸轮 2 和 3，当活塞往复移动时，带动两凸轮绕各自的转轴转动，从而使工作台 4 上下往复移动。图 11-8 所示为增力机构，液压缸（或气缸）1 驱动移动凸轮 2，控制压紧摆杆 3 压紧工件 4，并保持自锁。

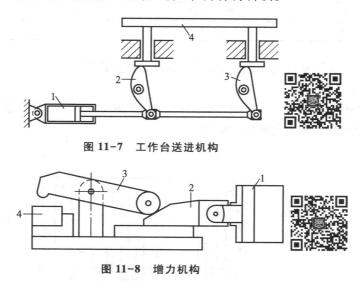

图 11-7　工作台送进机构

图 11-8　增力机构

例 11-1　设计便携式手动剃须刀的原理方案，要求体积小，使用方便，价格低廉。

解　1）功能分析

剃须刀的总功能是须肤分离。

2）工作原理分析

机械式去须的原理有拔须、剪须、剃须等。剃须可采用移动刀剃削或回转刀剃削。刀具运动要均匀，以提高去须效果并保护皮肤。现选取往复手动回转刀剃削的工作原理进行分析。

3）功能分解

回转刀剃削的功能树如图 11-9 所示。

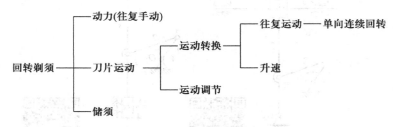

图 11-9　回转刀剃削的功能树

4）功能求解

各功能元解的形态学矩阵见表 11-5。

表 11-5　回转刀剃削的形态学矩阵

功能元解 功能元	1	2	3
手动	往复移动	往复摆动	
往复移动-连续回转	齿条齿轮	滑块曲柄	
往复摆动-连续回转	扇形齿轮	摇杆曲柄	
升速	定轴轮系	周转轮系	摩擦轮系
运动调节	离心调速	飞轮	
储须	盒式	袋式	

由此可组成往复移动或往复摆动各 48 种方案供选择。

5）原理方案确定

通过评价决策，选择一种较好的原理方案（图 11-10），即采用往复式移动—齿条齿轮—定轴轮系—飞轮—盒式储须组合。

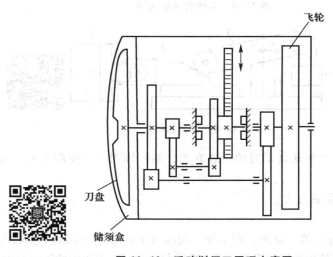

图 11-10　手动剃须刀原理方案图

11.4　执行系统协调设计

根据功能原理的设计要求，确定了实现各功能元的机构形式后，需要将各执行机构形成一个整体，使这些机构以一定的次序协调动作、互相配合，完成机械预定的总功能，同时应满足在空间布置上的协调性和操作上的协同性的要求，这一过程称为执行系统的协调设计。

11.4.1　执行系统协调设计的原则

执行系统协调设计的主要原则如下：

1）满足各执行机构动作先后顺序的要求

执行系统中各执行机构的动作过程和先后顺序必须符合工艺过程所提出的要求，以确保系统中各执行机构最终完成的动作及物质、能量、信息传递的总体效果能满足设计要求。

2）满足各执行机构动作在时间上同步的要求

为了保证各执行机构的动作不仅能够以一定的先后顺序进行，而且整个系统能够周而复始地循环协调工作，必须使各执行机构的运动循环时间间隔相同，或按工艺要求成一定的倍数关系。

3）满足各执行机构在空间布置上的协调性要求

各执行机构的空间位置应协调一致，对于有位置制约的执行系统，必须进行各执行机构在空间位置上的协调设计，以保证在运动过程中各执行机构间及机构与环境间不发生干涉。

4）满足各执行机构操作上的协同性要求

当两个或两个以上的执行机构同时作用于同一对象完成同一执行动作时，各执行机构之间的运动必须协调一致。

5）各执行机构的动作安排要有利于提高劳动生产率

为了提高生产率，应尽量缩短执行系统的工作循环周期。通常有两种办法：一是尽量缩短各执行机构工作行程和空回行程的时间；二是在前一个执行机构回程结束之前，后一个即将开始工作行程，即在不产生干涉的前提下，充分利用两个执行机构的空间裕量。

6）各执行机构的布置要有利于系统的能量协调和效率的提高

当系统中包含多个低速大功率执行机构时，宜采用多个运动链并行的连接方式；当系统中有几个功率不大、效率均很高的执行机构时，采用串联方式比较适宜。

11.4.2　执行系统协调设计的方法

根据生产工艺的不同，机械的运动循环可分为两大类：一类是机械中各执行机构的运动规律是非周期性的，它随工作条件的不同而改变，具有相当大的随机性，例如起重机、建筑机械和某些工程机械；另一类是机械中各执行机械的运动规律是周期性的，即经过一定的时间间隔后，各执行构件的位移、速度和加速度等运动参数周期性地重复，生产中大多数机械都属于这种固定运动循环的机械。本节主要介绍固定运动循环的机械执行系统协调设计的方法。

对于固定运动循环的机械，当采用机械方式集中控制时，通常用分配轴或主轴与各执行机构的主动件连接起来，或者用分配轴上的凸轮控制各执行机构的主动件。各执行机构主动件在主轴上的安装方位，或者控制各执行机构主动件的凸轮在分配轴上的安装方位，均是根据系统协调设计的结果来决定的。

执行系统协调设计的步骤如下：

1）确定机械的工作循环周期

根据设计任务书中所定的机械的理论生产率，确定机械的工作循环周期。机械的运动循环是指一个产品在加工过程中的整个工艺动作过程（包括工作行程阶段、空回行程阶段和停歇阶段）所需要的总时间，它通常以 T 表示。在机械的工作循环内，其各执行机构必须实现符合工件（产品）的工艺动作要求和确定的运动规律、有一定顺序的协调动作。

执行机构完成某道工序的工作行程、空回行程和停歇所需时间的总和，称为执行机构的运动循环周期。各执行机构的运动循环与机器的工作循环，一般来说在时间上应是相等的。但是，也有不少机器，从实现某一工艺动作过程要求出发，某些执行机构的运动循环周期与机器的工作循环周期并不相等。此时，在机器的一个工作循环内有些执行机构可完成若干个运动循环。

2）确定各执行构件的各个行程段及其所需时间

根据机器生产工艺过程，分别确定各个执行机构的工作行程阶段、空回行程阶段和可能具有的若干个停歇阶段。确定各执行构件在每个行程阶段所需花费的时间及对应于原动件（主轴或分配轴）的转角。

3）确定各执行构件动作间的协调配合关系

根据机械生产过程对工艺动作先后顺序和配合关系的要求，协调各执行构件各行程阶段的配合关系。此时，不仅要考虑动作的先后顺序，还应考虑各执行机构在时间和空间上的协调性，即不仅要保证各执行机构在时间上按一定顺序协调配合，而且要保证不会产生空间位置上的相互干涉。

11.4.3　机械运动循环图

用来描述各执行构件间运动协调配合关系的图称为机械运动循环图。

由于机械在主轴或分配轴转动一周或若干周内完成一个运动循环，故运动循环图常以主轴或分配轴的转角为坐标来编制。通常选取机械中某一主要的执行构件为参考件，取其有代表性的特征位置作为起始位置（通常以生产工艺的起始点作为运动循环的起始点），由此来确定其他执行构件的运动相对于该主要执行构件运动的先后次序和配合关系。

为了清楚地了解执行系统中各执行机构在完成总功能中的作用和次序，必须先绘出整个机器中各执行机构的运动循环图。运动循环图不但表明了各机构的配合关系，给出各执行机构运动设计的依据，同时也是设计控制系统和调试设备的重要依据。

运动循环图主要有直线式、圆周式和直角坐标式三种形式，其绘制方法和特点见表11-6。

表 11-6 机械运动循环图的形式、绘制方法和特点

形式	绘制方法	特点
直线式	将机械在一个运动循环中各执行构件各行程阶段的起止时间和先后顺序，按比例绘制在直线坐标轴上	绘制方法简单，能清楚表示一个运动循环中各执行构件运动的顺序和时间关系；直观性差，不能显示各执行构件的运动规律
圆周式	以极坐标系原点为圆心作若干同心圆，每个圆环代表一个执行构件，由各相应圆环引径向直线表示各执行构件不同运动状态的起始和终止位置	能比较直观地看出各执行机构主动件在主轴或分配轴上的相位；当执行机构较多时，同心圆环太多，不能一目了然，无法显示各构件的运动规律
直角坐标式	用横坐标表示机械主轴或分配轴转角，纵坐标表示各执行构件的角位移或线位移，各阶段之间用直线相连	不仅能清楚地表示各执行构件动作的先后顺序，而且能表示各执行构件在各阶段的运动规律

下面以牛头刨床为例说明机构运动循环图的绘制方法。

如图 11-11a 所示为牛头刨床简图，牛头刨床机构各执行构件的运动要求如下：

（1）刨刀作往复直线运动，具有急回特性；

（2）工作台作间歇直线运动，切削时作单向间歇直线运动。

执行构件间协调要求是：以曲柄导杆机构中的曲柄为定标构件，曲柄回转一周为一个运动循环。工作台的横向进给必须在滑枕空行程开始一段时间以后开始，在空回行程结束以前完成，才能保证刨刀与移动工件不发生干涉。

牛头刨床在主执行机构（图 11-11b）的一个运动循环（曲柄 1 转角 $\theta = 0° \sim 360°$）内，滑块 5（刀具）作切削运动（工作行程，工作行程的曲柄转角与行程速度变化系数相关）和退刀运动（回程）。牛头刨床的刨刀铰接在滑块上。假设在开始退刀时工件作进给运动，当退刀过程中刀具与已经作进给运动的工件发生位置干涉时，刀具会绕其轴线转动而避免干涉。因此，牛头刨床理论上可以在回程的起始点开始作进给运动。

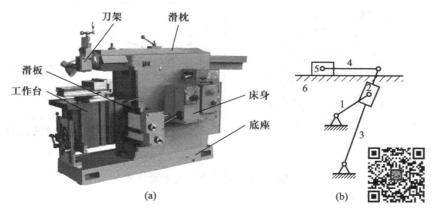

(a)　　　　　　　　　(b)

图 11-11 牛头刨床的主执行机构

执行构件滑枕和工作台间运动配合关系的圆环式运动循环图如图 11-12b 所示。此循环图绘制的步骤大致如下：

（1）选择定标构件。由于两执行构件的工作循环周期是相同的，即在导杆机构的曲柄旋转 360°的时间内完成一个工作循环。由于导杆机构的曲柄既是切削运动执行机构的原动件，又是工作台进给运动组合部分的运动源头，故选择曲柄作定标构件，显然是恰当的。

（2）作一圆环表示曲柄在一个工作循环中的转角，根据导杆机构的行程速度变化系数 K，求出其极位夹角 θ，从而可将圆环分为两部分：圆环上半部分的圆心角为 180°+θ，对应刨刀工作时曲柄的转角；下半部分的圆心角为 180°-θ，对应刨刀空回行程时曲柄的转角。

（3）在上述圆环内部再画一个圆环，表示进给运动组合部分中，曲柄摇杆机构的曲柄在一个工作循环中的转角。以外环中所表示的刨头运动规律为基准，并在内环中合理地安排好工作台停动时间所对应的曲柄的转角位置，那么，由此两圆环所组成的循环图可以形象、准确地表示设计者对两执行构件间运动协调配合的要求。

直角坐标式运动循环图，其绘制原理基本上与上述相同，只是在直线式循环图中引入纵坐标来表示执行构件的位移或速度甚至加速度的大小。这样的循环图，不仅能表示执行构件间运动的先后顺序，而且能表示各执行构件在各种行程中的运动规律以及各执行构件间在运动上的配合关系。所以，这是一种比较复杂也比较完善的运动循环图。

图 11-12 所示为按给定的行程速度变化系数设计的牛头刨床机构三种形式的运动循环图。

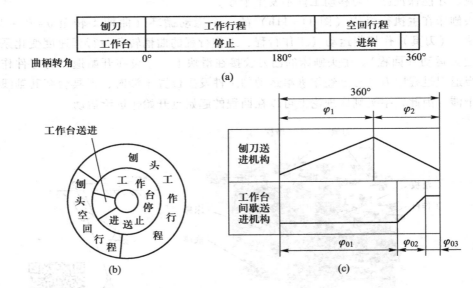

刨刀	工作行程		空回行程
工作台	停止		进给

曲柄转角　0°　　　　　180°　　　　360°

(a)

(b)　　　　(c)

图 11-12　牛头刨床运动循环图

习 题

11-1 功能原理设计的步骤和主要内容有哪些？

11-2 何谓形态学矩阵？其功用是什么？

11-3 机械系统方案的评价目标是什么？

11-4 如何合理选用机构？在选型时应考虑哪些问题？

11-5 机构的组合与变异有何重要意义？各有哪些方法？

第12章 机械传动系统方案设计

机械的传动系统是在原动机和执行系统之间的中间装置，其根本任务是将原动机的运动和动力按执行系统的需要进行转换并传递给执行系统。传动系统的功能包括以下几个方面。

1. 减速或增速

一般原动机的速度往往与执行系统的要求不一致，通过传动系统实现减速或增速以达到工作要求的目的。

2. 变速

许多执行系统需要在多种工作转速下工作，当不宜对原动机进行调速时，用传动系统可以方便地实现变速的目的。变速器有两种：一种是仅可获得有限的几种输入与输出的变化关系，称之为有级变速；另一种是输入与输出速度关系可在一定范围内无级别地连续变化，称为无级变速。

3. 增大转矩

当原动机输出的转矩较小，不能满足执行系统工作的力要求时，通过传动系统可以实现增大转矩的目的，此时机构的运动速度要降低，实现减速增矩的目的。

4. 改变运动形式

原动机的输出运动多为回转运动，合理设计传动系统可实现将回转运动改变为执行系统要求的移动、摆动或间歇运动等形式。

5. 分配运动和动力

传动系统可将一台原动机的运动和动力通过串、并联方式分配给执行系统的不同部分，驱动几个执行机构运动，即实现能量的分路传递的目的。

6. 实现较远距离的运动和动力传递

在大型设备中各个执行机构间距离较大，依靠传动装置可以实现大距离的运动和动力传递，例如带传动和链传动。

7. 实现某些操纵和控制功能

传动系统可操纵和控制某些机构，使机器启停、接合、分离、制动和反向等。

12.1 机械传动系统方案设计过程

当完成了执行系统方案的初步设计和原动机的预选型后，即可根据执行机构所需要的运动和动力要求及原动机的类型和性能参数来进行传动系统的方案设计。通常其设计过程如下。

1. 确定传动系统的总传动比

2. 选择传动类型

根据设计任务书中所规定的功能要求，对动力、传动比或速度变化的具体要求以及原动机的工作特性，选择适合的传动装置类型。

3. 拟订传动链的布置方案

根据机构占用的空间位置、运动和动力传递路线以及所选传动装置的传动特点和适用条件，合理拟订传动路线，安排各传动机构的先后顺序，以完成从原动机到各执行机构之间的传动系统的总体布置方案。

4. 分配传动比

根据传动系统的总体方案，将总传动比合理分配至各级传动机构中。

5. 确定各级传动机构的基本参数和主要几何尺寸

根据机构的运动性能、减速比等参数来合理确定各级传动机构的基本参数和主要几何尺寸，根据设计手册，计算传动系统的各项运动学和动力学参数，为各级传动机构的结构设计、强度计算和传动系统方案评价提供依据和指标。

6. 绘制传动系统运动简图

传动系统方案设计是一项复杂且具有创造性和普遍性的工作，需要综合运用多种知识和丰富的实践经验，进行多方案分析比较和评价，才能设计出较为合理的方案。通常设计方案应满足以下基本要求：传动系统应满足机器的功能要求，性能优良；传动效率高，结构简单紧凑，占用空间小；安全可靠，易于操作，便于维修；可制造性好，加工成本低；不污染环境等。

12.2 传动类型的选择

传动装置的类型很多，选择不同类型的传动机构，将会得到不同形式的传动系统。为了得到理想的传动方案需要合理选择传动类型。

12.2.1 传动机构的类型及特点

1. 按传动的方式分

机械中应用的传动有多种类型，按其工作原理可分为机械传动、流体传动、电力传动和磁力传动四种类型。本节主要论述机械传动。

1）机械传动

利用机构所实现的传动称为机械传动，其优点是工作平稳、可靠，对环境的干扰不敏感。缺点是响应速度较慢、控制欠灵活。

机械传动按传动原理又可分为啮合传动和摩擦传动两大类（表12-1）。啮合传动传动比恒定、传递功率大，尺寸小（除链传动外）、速度范围广、工作可靠、寿命长，但加工制造复杂、噪声大、需安装过载保护装置；摩擦传动工作平稳、噪声小、结构简单、容易制造、价格低、有吸收冲击和过载保护能力，但传动比不稳定、传递功率较小、速度范围小、轴与轴承承载大、寿命较短。

表 12-1 机械传动按传动原理分类

机械传动	啮合传动	直接传动	单级传动	齿轮传动
				非圆齿轮传动
				蜗杆传动
				螺旋传动
			轮系传动	定轴轮系传动
				周转轮系传动
				渐开线少齿差行星齿轮传动
				摆线针轮传动
				谐波传动
		挠性啮合传动		链传动
				同步带传动
	摩擦传动	直接传动		摩擦轮传动
				摩擦式无级变速传动
		挠性摩擦传动		带传动
				带式无级变速传动
				绳传动

2）液压、液力传动

利用液压泵、阀、执行器等液压元器件实现的传动称为液压传动；液力传动则是利用叶轮通过液体的动能变化来传递能量的。

液压液力传动的主要优点是速度、扭矩和功率均可连续调节；调速范围大，能迅速换向和变速；传递功率大；结构简单，易实现系列化、标准化，使用寿命长；易实现远距离控制、动作快速；能实现过载保护。缺点主要是传动效率低，不如机械传动准确；制造、安装精度要求高；对油液质量和密封性要求高。

3）气压传动

以压缩空气作为工作介质的传动称为气压传动。

气压传动的优点是易快速实现往复移动、摆动和高速转动，调速方便；气压元件结构简单，适合标准化、系列化，易制造，易操纵；响应速度快，可直接用气压信号实现系统控制，完成复杂动作；管路压力损失小，适于远距离输送；与液压传动相比，经济且不易污染环境，安全，能适应恶劣的工作环境。缺点是传动效率低；因压力不能太高，故不能传递大功率；因空气的可压缩性，故载荷变化时，传递运动不太平稳；排气噪声大。

4）电气传动

利用电动机和电气装置实现的传动称为电气传动。

电气传动的特点是传动效率高、控制灵活、易于实现自动化。

由于电气传动的显著优点和计算机技术的应用，传动系统也正在发生着深刻变化。在传统系统中作为动力源的电动机虽仍在大量应用，但已出现了具有驱动、变速与执行等多重功能的伺服电机，从而使原动机、传动机构、执行机构朝着一体化的最小系统发展。目前，它已在一些系统中取代了传动机构，而且这种趋势还会增强。

2. 按传动比和输出速度的变化情况分

按传动比和输出速度的变化情况对传动类型分类见表 12-2，一般分为以下几类：

1）定传动比传动

输入与输出转速对应，适应于执行机构的工况固定、或其工况与原动机对应变化的场合。

2）变传动比有级变速传动

一个输入转速可对应于若干个输出转速，适用于原动机工况固定，而执行机构有若干种工况的场合，或用于扩大原动机的调速范围。

3）变传动比无级变速传动

一个输入转速对应于某一范围内无限多个输出转速，适用于执行机构工况很多或最佳工况不明确的情况。

4）变传动比周期性变速传动

输出角速度是输入角速度的周期性函数，以实现函数传动或改善动力特性。

表 12-2　按传动比和输出速度变化情况对传动类型分类

传动类型		输出速度	传动类型举例
定传动比传动		恒定	齿轮传动，链传动，带传动，蜗杆传动，螺旋传动，不调速的电力、液压及气压传动
变传动比传动	有级变速	恒定	带塔轮的带传动，滑移齿轮变速箱
		可调	电力、液压传动中的有级调速传动
	无级变速	恒定	机械无级变速器，液力偶合器和变矩器，电磁滑块离合器，磁粉离合器，流体黏性传动
		可调	内燃机调速传动，电力、液压及气动无级调速传动
	周期性变速	恒定	非圆齿轮传动，凸轮机构，连杆机构及组合机构

12.2.2　传动类型的选择原则

机械传动类型的选择关系整个机械系统的方案设计、机器的工作性能、可靠性、尺寸、质量和成本，只有通过多种方案的分析比较，才能较合理地选用传动类型。选择传动类型的依据主要有以下几方面：

（1）工作机的性能和工况；

（2）原动机的机械特性和调速性能；

（3）对机械传动系统的尺寸、质量和布置上的要求；

（4）工作环境，如对多尘、高温、低温、潮湿、腐蚀、易燃、易爆等恶劣环境的适应性与噪声的限制等；

（5）经济性，如传动效率、制造费用、运行费用、维护费用等；

（6）操作和控制方式，以及制造能力和环境保护等。

在选择传动类型时，应遵循下列原则：

（1）对于小功率传动，应在满足工作性能的需要下，选用结构简单的传动装置，尽可能降低制造成本。

（2）对于大功率传动，应优先考虑传动效率，节约能源，降低运行成本和维护费用。

（3）当执行机构要求变速时，若能与动力机调速比相适应，可直接连接或采用定传动比的传动装置；当执行机构要求变速范围大，用动力机调速不能满足机械特性和经济性要求时，应采用变传动比传动；除执行机构要求连续变速外，尽量采用有级变速。

（4）当执行系统载荷频繁变化、且有可能过载时，为保证安全运转，应考虑选用有过载保护性能的传动类型，或在传动系统中增设过载保护装置；当执行系统转动惯量较大或有紧急停车要求时，应考虑安装制动装置。

（5）主、从动轴要求同步时应采用无滑动的传动装置。

（6）传动装置的选用必须与制造水平相适应，尽可能选用专业厂家生产的标准传动装置，如减速器、变速器和无级变速器等。

以上介绍的只是传动类型选择的基本原则。在选择传动类型时，同时满足以上各原则往往比较困难，有时甚至相互矛盾或制约。例如，要求传动效率高时，传动件的制造精度往往也高，其价格也必然会高；要求外廓尺寸小时，零件材料相对较好，其价格也相应较高。因此在选择传动类型时，应对机器的各项要求综合考虑，以选择较合理的传动形式。

需要指出的是，在现代机械设计中，随着各种新技术的应用，机械传动系统不断简化已经成为一种趋势。例如，利用伺服电机、步进电机、微型低速电动机以及电动机调频技术等，在一定条件下可简化或完全替代机械传动系统，从而使复杂传动系统的效率低、可靠性差、外廓尺寸大等问题得到缓解或避免。此外，随着微电子技术和信息处理技术的不断发展，对机械自动化和智能化的要求愈来愈高，单纯的机械传动有时已不能满足要求，因此应注意机、电、液、气传动的结合，充分发挥各种技术的优势，使设计方案更加合理和完善。

12.3 传动链的方案设计

选择了传动类型后，相同的传动机构按不同的传动路线及不同的顺序布置，就会形成不同效果的传动方案。只有合理的安排传动路线，恰当布置传动机构，才能使整个传动系统获得理想的性能。

12.3.1 传动链的选择

根据运动和动力的传递路线，传动链常可分为下列四种：

1. 串联式单路传动

串联式单路传动的传动路线如图12-1所示。这种传动路线结构简单，但传动机构数目越多，传动系统的效率越低，因此应尽量减少机构数目。当系统中只有一个执行机构和一个原动机时，宜采用此传动路线。

2. 并联式分路传动

并联式分路传动的传动路线如图12-2所示。当系统有多个执行机构，而只有一个原动机，可采用图12-2所示的传动路线。

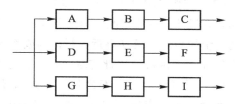

图 12-2　并联式分路传动的传动路线

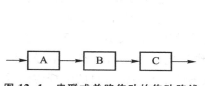

图 12-1　串联式单路传动的传动路线

牛头刨床中就是这种传动路线，由一个电动机同时驱动工作台横向进给机构和刨刀架纵向移动。

3. 并联式多路联合传动

并联式多路联合传动的传动路线如图12-3所示。当系统只有一个执行机构，但需要多个运动且每个运动传递的功率都较大时宜采用这种传动路线。

轧钢机、球磨机中常采用这种传动路线。

4. 混合式传动

混合式传动是上述几种路线的组合，常用的传动路线如图12-4所示。

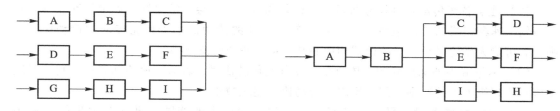

图 12-3　并联式多路联合传动的传动路线　　　　图 12-4　混合式传动常用的传动路线

齿轮加工机床中刀具和工作的传动系统采用这种传动路线。

传动路线的选择主要是根据执行机构的工作特性、执行机构和原动机的数目以及传动系统性能的要求来决定，以传动系统结构简单、尺寸紧凑、传动链短、传动精度高、效率高、成本低为原则。

12.3.2　传动链顺序的布置

布置传动机构顺序时,一般应考虑以下几点:

（1）机械运转平稳、减小振动。一般将传动平稳、动载荷小的机构放在高速级。如带传动传动平稳,能缓冲吸振,且有过载保护,故一般布置在高速级;而链传动运转不均匀,有冲击,应布置在低速级。又如斜齿轮传动的平稳性比直齿轮传动的好,故常用在高速级或要求传动平稳的场合。

（2）提高传动系统的效率。蜗杆机构传动平稳,但效率低,一般用于中、小功率间隙运动的场合。对于采用锡青铜为蜗轮材料的蜗杆传动,应布置在高速级,以利于形成润滑油膜,提高承载能力和传动效率。

（3）结构简单紧凑、易于加工制造。带传动布置在高速级不仅使传动平稳,而且可减小传动装置尺寸。一般将改变运动形式的机构（如螺旋传动、连杆机构、凸轮机构等）布置在传动系统的最后一级（靠近执行机构或作为执行机构）,可使结构紧凑。大尺寸、大模数的锥齿轮加工较困难,因此应尽量放在高速级并限制其传动比,以减小其直径和模数。

（4）承载能力大、寿命长。开式齿轮传动的工作环境较差,润滑条件不好,磨损严重,寿命较短,应布置在低速级。对采用铝铁青铜或铸铁作为蜗轮材料的蜗杆传动常布置在低速级,使齿面滑动速度较低,以防止产生胶合或严重磨损。

12.3.3　各级传动比的分配

将传动系统的总传动比合理地分配到各级传动机构,可以使各级传动机构尺寸协调、减小零件尺寸和机构重量;可以得到较好的润滑条件和传动性能。分配传动比时通常需考虑以下原则:

（1）各级传动比应在合理的范围内选取（表 12-3）,在特殊情况下也不要超过所允许的最大值。

（2）注意各级传动零件尺寸协调,结构匀称合理,不会干涉碰撞。如带传动和单级圆柱齿轮减速器组成的传动装置中,一般应使带传动的传动比小于齿轮传动的传动比。否则,有可能大带轮半径大于减速器的中心高,使带轮与机座碰撞。

（3）尽量减小外廓尺寸和整体重量。在分配传动比时,若为减速传动装置,则一般应按传动比逐级增大的原则分配;反之,传动比应逐级减小。

（4）设计减速器时,尽量使各级大齿轮浸油深度大致相同（低速级大齿轮浸油稍深）,各级大齿轮直径相接近,应使高速级的传动比大于低速级。

表 12-3　常用机构传递速度、传动比及功率范围

传动机构种类	平带	V 带	摩擦轮	齿轮	蜗杆	链
圆周速度/（m/s）	5~25	5~30	15~25	15~120	15~35	15~40
减速比	≤5	≤8~15	7~10	≤4~8	≤80	≤6~10
最大功率/kW	200	750~1 200	150~250	50 000	550	3 750

12.3.4 传动系统方案设计分析实例

1. C1325 自动车床刀架机械传动系统的分析

1）刀架机械传动系统的功能分析

系统功能要求：自动换刀和轴向进给。

刀架机械传动系统的功能又可分为如下几个分功能或元功能：

（1）转位。为了完成工件若干个工序的加工，在转塔刀架上固定着若干组刀具，为使各组刀具能依次参加工作，转塔刀架需相应转位（每次绕转塔刀架轴线转过 60°）。

（2）让刀。为了在转塔刀架转位时刀具和工件不发生碰撞而损坏，转塔刀架应先向右退出一段距离后再转位。

（3）定位。为保证加工精度，在加工时转塔刀架应精确定位，而在转位时应先将定位销拔出。

（4）进、退刀。转塔刀架在非转位期间，应在进刀凸轮的控制下，精确地实现所预定的进、退刀运动。

2）刀架机械传动系统的工作过程分析

如图 12-5 所示，刀架机械传动系统的工作过程如下：在一组刀具加工完毕后，在压簧 12 的作用下，进刀凸轮机构的推杆 13 回程，通过其扇形齿轮 6 与齿条 7 的啮合传动，使整个活动支架 8（连同转塔刀架 9）向右退回进行退刀。而与此同时，齿轮 1 的离合器接合并开始转动，通过宽齿轮 2、锥齿轮传动 3、圆柱凸轮机构 4，将定位销 10 拔出；同时，曲柄 5 回转，使活动支架 8 向右快速后退一段距离，进行让刀。并在此后退行程将结束时，槽轮 11 开始使转塔刀架转位。在其转位的后半周，继续回转着的曲柄 5 使整个活动支架 8（连同转塔刀架 9）开始向左复位。在转位结束时，圆柱凸轮机构 4 的推杆使定位销 10 重新插入转塔刀架的定位孔中进行定位。在转塔刀架定位后，齿轮 1 的离合器脱开并停止转动。活动支架 8（连同转塔刀架 9）在进刀凸轮机构、扇形齿轮和齿条的作用下，向左作进刀运动。在进刀完毕后，又重复上述的退刀、让刀、转位、复位、定位运动。

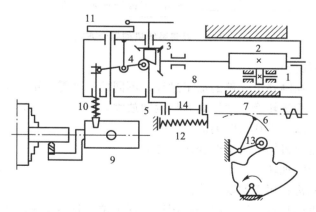

图 12-5 自动车床刀架传动系统

3）刀架系统的工作循环图

刀架系统的工作循环图如图 12-6 所示。

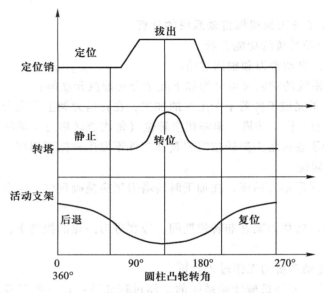

图 12-6 刀架系统的工作循环图

4）刀架系统传动路线分析

系统的传动主要以串联方式为主，但在 Ⅰ、Ⅱ 处采用了特殊的并联方式，如图 12-7 所示。

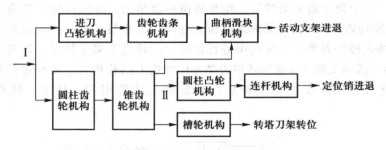

图 12-7 刀架系统机构组合方式

5）各机构的功能分析

进刀凸轮机构：控制整个工件的加工过程，不同的工件需要更换不同的凸轮。

齿轮齿条机构：用于转换运动形式并将运动放大。

曲柄滑块机构：以增大让刀距离。

圆柱齿轮和锥齿轮机构：用于改变运动方向。

槽轮机构：用于实现转位。

并联曲柄滑块机构：用于实现让位。

并联圆柱凸轮机构与串联连杆机构：用于实现定位，且容易满足时序要求。

2. 肥皂压花机的传动路线分析及传动比的分配

肥皂压花机是在肥皂块上利用模具压制花纹和字样的自动机械，其传动系统的机构简图如图 12-8 所示。按一定尺寸切制好的肥皂块 12 由推杆 11 送至压模工位，下模具 7 上移，将皂块推至固定的上模具 8 下方，靠压力在皂块上、下两面同时压制出图案，下模具返回时，凸轮机构 13 的顶杆将皂块推出，完成一个运动循环。

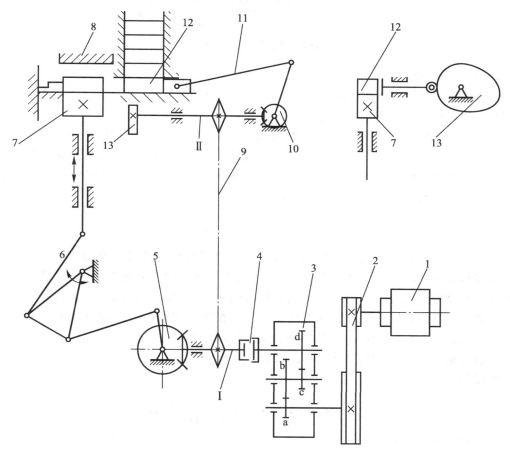

图 12-8　肥皂压花机传动系统的机构简图

1）传动路线分析

该机的工作部分包括三套执行机构，分别完成规定的动作。曲柄滑块机构（连杆 11）完成皂块送进运动，六杆机构（连杆 6）完成模具的往复运动，凸轮机构（凸轮 13）完成成品移位运动。三个运动相互协调，连续工作。因整机功率不大，故共用一个电动机。考虑执行机构工作频率较低，故需采用减速传动装置。减速装置为三套执行机构共用，由一级 V 带传动和两级齿轮传动组成。带传动兼有安全保护功能，适宜在高速级工作，故安排在第一级。当机器要求具有调速功能时，可将带传动改为带式无级变速传动。传动系统中，链传动是为实现较大距离的传动而设置的，锥齿轮传动（齿轮 5 和 10）用于改变传动方向。

该机械的传动系统为三路并联分流传动，其中模的往复运动路线为主传动链，皂块送进运动和成品移位运动路线为辅助传动链。具体传动路线如图 12-9 所示。

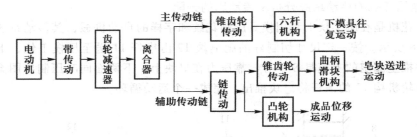

图 12-9　肥皂压花机的传动路线

2）传动比分配

该机的工作条件：电动机转速 1 450 r/min，每分钟压制 50 块肥皂，要求传动比误差为±2%。现进行传动比分配并确定相关参数。

（1）主传动链（电动机—下模具往复移动）。锥齿轮传动的作用主要是改变传动方向，可暂定其传动比为 1。这时，每压制一块肥皂，六杆机构带动下模完成一个运动循环，相应分配轴 Ⅰ 应转动一周，故轴 Ⅰ 的转速为 $n_{\mathrm{I}} = 50$ r/min。因已知电动机转速 $n_{\mathrm{d}} = 1\ 450$ r/min，由此可知，该传动链总传动比的预定值为

$$i'_{\text{总}} = \frac{n_{\mathrm{d}}}{n_{\mathrm{I}}} = \frac{1\ 450}{50} = 29$$

设带传动及二级齿轮减速器中高速级和低速级齿轮传动的传动比分别为 i_1、i_2、i_3，根据多级传动的传动比分配时"前小后大"及相邻两级之差不宜过大的原则，取 $i_1 = 2.5$，则减速器的总传动比为 29/2.5 = 11.6，两级齿轮传动平均传动比为 3.4。从有利于实现两级传动等强度及保证较好的润滑条件出发，按二级展开式圆柱齿轮减速器传动比分配原则，一般取 $i'_2 = 1.2 i'_3$，则由 $i'_2 i'_3 = 11.6$ 可求得 $i'_2 = 3.7$，$i'_3 = 3.11$。

选取各轮齿数为 $z_{\mathrm{a}} = 23$，$z_{\mathrm{b}} = 86$，$z_{\mathrm{c}} = 21$，$z_{\mathrm{d}} = 65$。

实际传动比为

$$i_2 = \frac{z_{\mathrm{b}}}{z_{\mathrm{a}}} = \frac{86}{23} = 3.739 , \quad i_3 = \frac{z_{\mathrm{d}}}{z_{\mathrm{c}}} = \frac{65}{21} = 3.095$$

主传动链的实际总传动比为

$$i_{\text{总}} = i_1 i_2 i_3 = 2.5 \times 3.739 \times 3.095 = 28.93$$

则传动比误差为

$$\Delta i = \frac{i'_{\text{总}} - i_{\text{总}}}{i'_{\text{总}}} = \frac{29 - 28.93}{29} = 0.24\%$$

按传动比误差小于 2% 的要求，且各传动比均在常用范围之内，故该传动链传动比分配方案可用。

（2）辅助传动链。皂块送进和成品移位运动的工作频率应与模具往复运动频率相同，即在一个运动周期内，三套执行机构各完成一次运动循环，即送进—压花—移位。因此，分配轴 Ⅱ 必须与分配轴 Ⅰ 同步，即 $n_{\mathrm{II}} = n_{\mathrm{I}}$，故链传动和锥齿轮传动的传动比均应为 1。

12.4 原动机的选择

原动机的类型很多，特性各异。在进行机械系统总体方案设计时，原动机的机械特性和各项性能与机械执行系统的负载特性和工作要求是否相匹配，将在很大程度上决定整个机械系统的工作性能和构造特性。因此，合理选择原动机的类型是机械系统方案设计中的一个重要问题。

12.4.1 原动机的类型及特点

原动机的动力源主要有电、液及气三种，原动机有电动机、液压马达、气马达和直线油缸、气缸等，设计过程中应对各种原动机的性能、价格以及应用现场有哪些动力源等问题进行了解。

原动机的运动形式主要是回转运动、往复摆动和往复直线运动等。当采用电动机、液压马达、气动马达和内燃机等原动机时，原动件作连续回转运动；液压马达和气动马达也可作往复摆动；当采用油缸、气缸或直线电动机等原动机时，原动件作往复直线运动。有时也用重锤、发条、电磁铁等作原动机。在机械系统运动方案设计中，应充分考虑原动机运动形式及工作转速（频率）的差异。

常用原动机的类型和主要特点见表 12-4。

表 12-4 常用原动机的类型及主要特点

原动机类型	主要特点
三相异步电机	结构简单、价格便宜、体积小、运行可靠、维护方便、坚固耐用；能保持恒速运行及经受较频繁的启动、反转及制动；但启动转矩小，调速困难。一般机械系统中应用最多
同步电机	能在功率因子 $\cos\varphi=1$ 的状态下运行，不从电网吸收无功功率，运行可靠，保持恒速运行；但结构较异步电机复杂，造价较高，转速不能调节。适用于大功率离心式水泵和通风机等
直流电机	能在恒功率下进行调速，调速性能好，调速范围宽，启动转矩大；但结构较复杂、维护工作量较大、价格较高；机械特性较差，需直流电源
控制电机	能精密控制系统位置和角度、体积小、重量轻；具有宽广而平滑的调速范围和快速响应能力，其理想的机械特性和调速特性均为直线。广泛用于工业控制、军事、航空航天等领域
内燃机	功率范围宽、操作简便、启动迅速；但对燃油要求高、排气污染环境、噪声大、结构复杂。多用于工程机械、农业机械、船舶、车辆等

续表

原动机类型	主要特点
液压马达	可获得很大的动力和转矩，运动速度和输出动力、转矩调整控制方便，易实现复杂工艺过程的动作要求；但需要有高压油的供给系统，油温变化较大时，影响工作稳定性；密封不良时，污染工作环境；液压系统制造装配要求高
气动马达	工作介质为空气，易远距离输送、无污染，能适应恶劣环境、动作速度快；但工作稳定性较差，噪声大；输出转矩不大，传动时速度较难控制。适用于小型轻载的工作机械

12.4.2 原动机的选择

1. 原动机的选择原则

在进行机械系统方案设计时，主要根据以下原则选择原动机：

(1) 应满足工作环境对原动机的要求。如能源供应，降低噪声和环境保护等要求。

(2) 原动机的机械特性和工作制度应与机械系统的负载特性（包括功率、转矩、转速等）相匹配，以保证机械系统有稳定的运行状态。

(3) 原动机应满足工作机的启动、制动、过载能力和发热的要求。

(4) 应满足机械系统整体布置的需要。

(5) 在满足工作机要求的前提下，原动机应具有较高的性价比，运行可靠，经济性指标（原始购置费用、运行费用和维修费用）合理。

2. 原动机的选择步骤

1) 确定机械系统的负载特性

机械系统的负载由工作负载和非工作负载组成。工作负载可根据机械系统的功能由执行机构或构件的运动和受力求得；非工作负载是指机械系统所有额外消耗，如机械内部的摩擦消耗，可用效率加以考虑；辅助装置的消耗，如润滑系统、冷却系统的消耗等。

2) 确定工作机的工作制度

工作机的工作制度是指工作负载随执行系统的工艺要求而变化的规律，包括长期工作制、短期工作制和断续工作制三大类，常用载荷-时间曲线表示。工作负载有恒载和变载、断续和连续运行、长期和短期运行等形式。由此来选择相应工作制度的原动机。原动机的实际工作制度与工作机的是相同的，但在各种不同的工作制度下，原动机的允许功率是完全不同的，如国家标准对内燃机的标称功率分为四级，分别为 15 分钟功率、1 小时功率、12 小时功率和长期运行功率，其中 15 分钟输出功率最大。

3) 选择原动机的类型

影响原动机类型选择的因素较多，首先应考虑能源供应及环境要求，选择确定原动机的种类，再根据驱动效率、运动精度、负载大小、过载能力、调速要求、外形尺寸等因素，综合考虑工作机的工况和原动机的特点，具体分析，以选得合适的类型。

需要指出的是，电动机有较高的驱动效率和运动精度，其类型和型号繁多，能满足不同类型工作机的要求，而且还具有良好的调速、启动和反向功能，因此可作为首选类型，当然对于野外作业和移动作业，宜选用内燃机。

4）选择原动机的转速

可根据工作机的调速范围及传动系统的结构和性能要求来选择。转速选择过高，导致传动系统传动比增大，结构复杂，效率降低；转速选择过低，则原动机本身结构增大，价格提高。

一般原动机的转速范围可由工作机的转速乘以传动系统的常见总传动比得出。

5）确定原动机的容量

原动机的容量通常用功率表示。在确定了原动机的转速后，可由工作机的负载功率（或转矩）和工作制度来确定原动机的额定功率。机械系统所需原动机功率 P_d 可表示为

$$P_d = K\left(\frac{P_g}{\eta_i} + \frac{P_f}{\eta_j}\right)$$

式中：P_g 为工作机所需功率；P_f 为各辅助系统所需的功率；η_i 为从工作机经传动系统到原动机的效率；η_j 为从各辅助装置经传动系统到原动机的效率；K 为考虑过载或功耗波动的余量因数，一般取 1.1~1.3。

需要指出的是，所确定的功率 P_d 是在工作机的工作制度与原动机工作制度相同的前提下所需的原动机额定功率。

根据系统所需原动机功率、转速和确定的原动机的类型，查有关手册选择原动机的型号。

习　题

12-1　机械传动系统方案设计时应考虑哪些基本要求？设计的步骤如何？

12-2　如何合理选用机构？在机构选型时应考虑哪些问题？

12-3　为什么在许多机械传动系统设计中，第一级多采用带传动，而末级则采用大减速比的传动机构？

12-4　欲设计一机构，其原动件连续回转，输出件往复摆动，且在一极限位置的角速度和角加速度同时为零，现初拟下列两种方案：

方案1：采用凸轮机构，试问应选何种从动件运动规律？

方案2：采用连杆机构，绘出一种能满足上述要求的机构运动简图。

12-5　若主动件作等速转动，其转速 $n = 100$ r/min，从动件作往复移动，行程为100 mm，从动件工作行程为近似等速运动，回程为急回运动，行程速度变化系数 $K = 1.4$。试列出能实现这一运动要求的可能方案。

参 考 文 献

[1] 孙桓，陈作模. 机械原理 [M]. 8 版. 北京：高等教育出版社，2013.

[2] 郑文纬，吴克坚. 机械原理 [M]. 7 版. 北京：高等教育出版社，1997.

[3] 赵卫军. 机械原理 [M]. 西安：西安交通大学出版社，2003.

[4] 杨家军. 机械原理 [M]. 3 版. 武汉：华中科技大学出版社，2014.

[5] 邹慧君，傅祥志. 机械原理 [M]. 3 版. 北京：高等教育出版社，2016.

[6] 于靖军. 机械原理 [M]. 北京：机械工业出版社，2015.

[7] 师忠秀. 机械原理课程设计 [M]. 北京：机械工业出版社，2012.

[8] 李立斌. 机械创新设计基础 [M]. 长沙：国防科技大学出版社，2002.

[9] 张东生. 机械原理 [M]. 重庆：重庆大学出版社，2014.

[10] 王德伦，高媛. 机械原理 [M]. 北京：机械工业出版社，2014.

[11] 华大年，华志宏，吕静平. 连杆机构设计 [M]. 上海：上海科学技术出版社，1995.

[12] 石永刚，徐振华. 凸轮结构设计 [M]. 上海：上海科学技术出版社，1995.

[13] 殷鸿梁，朱邦贤. 间歇运动机构设计 [M]. 上海：上海科学技术出版社，1996.

[14] 吕庸厚，沈爱红. 组合机构设计与应用创新 [M]. 北京：机械工业出版社，2008.

[15] 孔建益. 机械原理 [M]. 3 版. 北京：机械工业出版社，2019.

[16] 孟宪源. 现代机构手册 [M]. 北京：机械工业出版社，2007.

[17] 杨廷力. 机构系统基本理论 [M]. 北京：机械工业出版社，1996.

[18] 朱龙根，黄雨华. 机械系统设计 [M]. 2 版. 北京：机械工业出版社，2001.

[19] 申永胜. 机械原理教程 [M]. 3 版. 北京：清华大学出版社，2015.

[20] 马履中. 机械原理与设计 [M]. 北京：机械工业出版社，2015.

[21] 张策. 机械原理与机械设计 [M]. 2 版. 北京：机械工业出版社，2011.

[22] 吴克坚，于晓红，钱瑞明. 机械设计 [M]. 北京：高等教育出版社，2003.

[23] 黄茂林，秦伟. 机械原理 [M]. 2 版. 北京：机械工业出版社，2010.

[24] 于红英，王知行. 机械原理 [M]. 3 版. 北京：高等教育出版社，2015.

[25] 牛鸣岐，王保民，王振甫. 机械原理课程设计手册 [M]. 重庆：重庆大学出版社，2001.

[26] 廖汉元，孔建益. 机械原理 [M]. 北京：机械工业出版社，2007.

[27] 张春林，曲继方，张美麟. 机械创新设计 [M]. 2 版. 北京：机械工业出版社，2007.

[28] 熊滨生. 现代连杆机构设计 [M]. 北京：化学工业出版社，2006.

[29] 黄纯颖，唐进元. 机械创新设计 [M]. 北京：高等教育出版社，2000.

[30] 陈国华. 机械机构及应用 [M]. 北京：机械工业出版社，2008.

[31] 陈晓华. 机械原理学习指导 [M]. 北京：中国计量出版社，2001.

[32] 吕仲文. 机械创新设计 [M]. 北京：机械工业出版社，2004.

[33] 张春林. 机械原理 [M]. 北京：高等教育出版社，2013.

［34］孟宪源，姜琪. 机构构型与应用［M］. 北京：机械工业出版社，2004.

［35］孙恒. 机械原理教学指南［M］. 北京：高等教育出版社，1998.

［36］曲继方. 机构创新原理［M］. 北京：科学出版社，2001.

［37］朱龙英. 机械设计基础［M］. 3 版. 北京：机械工业出版社，2017.

［38］王玉新. 机构创新设计方法学［M］. 天津：天津大学出版社，1996.

［39］安子军. 机械原理教程［M］. 3 版. 北京：国防工业出版社，2015.

［40］张伟社. 机械原理教程［M］. 2 版. 西安：西北大学出版社，2013.

［41］朱理. 机械原理［M］. 2 版. 北京：高等教育出版社，2010.

［42］张春林. 机械原理教学参考书［M］. 北京：高等教育出版社，2009.

［43］朱龙英. 机械原理［M］. 西安：西安电子科技大学出版社，2009.

郑重声明

高等教育出版社依法对本书享有专有出版权。任何未经许可的复制、销售行为均违反《中华人民共和国著作权法》，其行为人将承担相应的民事责任和行政责任；构成犯罪的，将被依法追究刑事责任。为了维护市场秩序，保护读者的合法权益，避免读者误用盗版书造成不良后果，我社将配合行政执法部门和司法机关对违法犯罪的单位和个人进行严厉打击。社会各界人士如发现上述侵权行为，希望及时举报，本社将奖励举报有功人员。

反盗版举报电话　（010）58581999　58582371　58582488

反盗版举报传真　（010）82086060

反盗版举报邮箱　dd@hep.com.cn

通信地址　北京市西城区德外大街 4 号
　　　　　高等教育出版社法律事务与版权管理部

邮政编码　100120

防伪查询说明

用户购书后刮开封底防伪涂层，利用手机微信等软件扫描二维码，会跳转至防伪查询网页，获得所购图书详细信息。用户也可将防伪二维码下的 20 位密码按从左到右、从上到下的顺序发送短信至 106695881280，免费查询所购图书真伪。

反盗版短信举报

编辑短信"JB，图书名称，出版社，购买地点"发送至 10669588128

防伪客服电话

（010）58582300